ULRICH ENZENSBERGER PARASITEN

DIE ANDERE BIBLIOTHEK

Herausgegeben von Hans Magnus Enzensberger

Parasiten

EIN SACHBUCH
VON ULRICH ENZENSBERGER

Eichborn Verlag ⋖═ Frankfurt am Main 2001

ISBN ↓

ISBN 3-8218-4501-5
Copyright © Eichborn AG
Frankfurt am Main, 2001

»Des Abends kehre ich nach Hause zurück, betrete mein Arbeitszimmer, werfe an der Schwelle die mit Schmutz und Staub bedeckte Kleidung des Tages ab und lege königliche Gewänder an, wie sie sich am Hofe ziemen; habe ich mich so würdig hergerichtet, betrete ich die klassischen Bereiche der Alten, die mich herzlich empfangen und mir Nahrung gewähren, welche die eigentlich meine ist, für die ich geboren bin.«

Niccolò di Bernardo dei Machiavelli

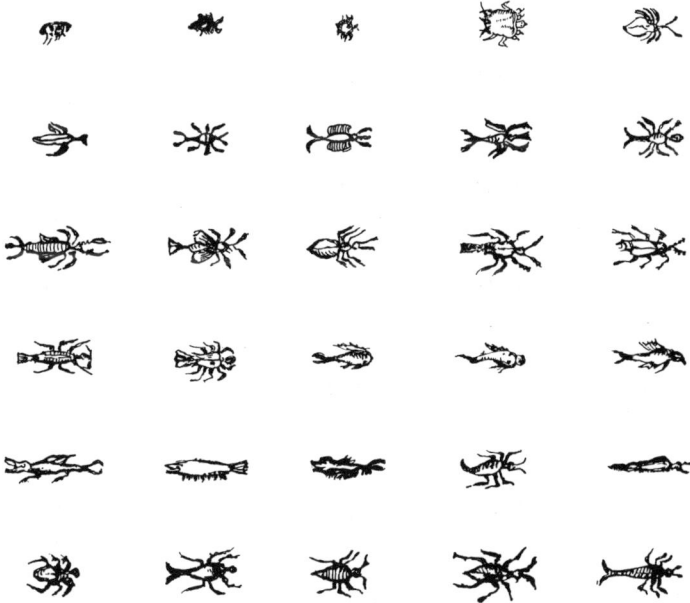

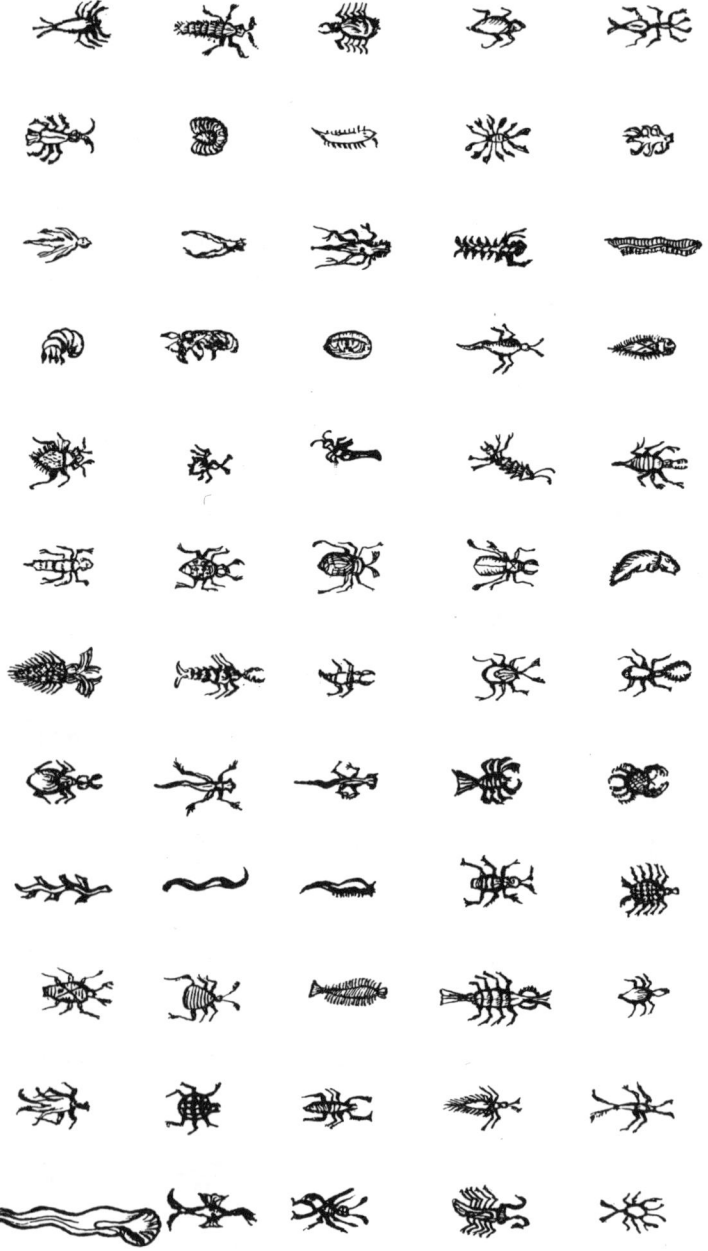

Hundert Jahre lang waren sie Dauerthema. *Eine Obsession. Nach dem Zweiten Weltkrieg wurde es still um sie. Das letzte Kartoffelkäferjahr ist lange her. Aber das muß nichts heißen. Man kennt das ja. Plötzlich kommen sie wieder, zu Millionen aus dem Unsichtbaren. Plötzlich sind wieder überall Parasiten.*

Zu hören ist mehr über sie als zu lesen. Das Thema ist empfindlich. Niemand will sich etwas nachsagen lassen. Solange es geht, wird es diskret abgehandelt. Ein Aushang im Kindergarten. Auf den Wissenschaftsseiten wird rituell darauf verwiesen, wie sehr die Grenzen zur Symbiose verschwimmen. Vorsicht ist auch das Motto der politischen Kommentatoren. Keiner will als Faschist dastehen. Aber das Potential ist da.

Da bringt zum Beispiel, der Spiegel *berichtet's im Juli 1999, das russische Adoptivkind eines TV-Moderators diesem die Krätze ins Haus:* »Gierig frißt das Milbenweibchen ein paar Hautzellen. Von den Pausensnacks gestärkt, bohrt sich das augenlose Spinnentier tief in die Hornhaut hinein. In der Haut entstehen dabei zentimeterlange Hohlräume, in denen der Parasit seine Eier ablegt und Kot ausscheidet.«

Daneben ein Farbphoto. Elektronenmikroskop. Kein lieber ausgestorbener Kuschel-Dino, nein – ein

Drache aus einem entsetzlichen Albtraum, der sich über gigantische Hautschuppenklippen wälzt. Aus dem Osten.

Der Parasit ist ein Thema, das einen überkommt. Es juckt, man kratzt sich geistesabwesend. Es ist Juni. In der Ferne ruft ein Kuckuck. Eine kaum wahrnehmbare Schwellung. Vielleicht geht sie ja von selber wieder weg. Selbstheilung. Aber der Nagelpilz hält sich nicht dran. Er ißt mit am Tisch des Herrn. Etwas Heiliges ist um diese Kommunion. Man könnte um sich schlagen beim Gedanken an die unauflösliche Verquickung aller Biomasse.

Der abstoßende Mitesser. Man steht vor dem Spiegel und drückt. Schnell, bevor jemand kommt. Ein kleiner gelber Spritzer landet auf dem Glas, die eigene, unverwechselbare DNA.

I

Tafelfreund der Götter – Erwählter Beamter –
Als Schmeichler verleumdet – Kolax – Leidensgenosse
des Sokrates – Komödienfigur – Nobler Freund –
Verächter korrupter Politik – Sportler – Feind
der Banausen – Freier Künstler wie Platon – Bühnenstar –
Abschied von Athen – Parasitus in Rom – Adjutant – Klient
– In der Krise – Vom Patron verlassen – Kornwurm,
der Kenner – Gnathoniker – Phormios Meisterschaft –
Ade Palliata, ade Republik – Bei Maecenas und Plutarch
– Hofschauspieler und Denkmal – Unsterbliche Stilfigur –
Lukians Parasitik – Vollendeter Kyniker – Vollendeter
Epikureer – Schmausgelehrter – Unter Veilchen erstickt

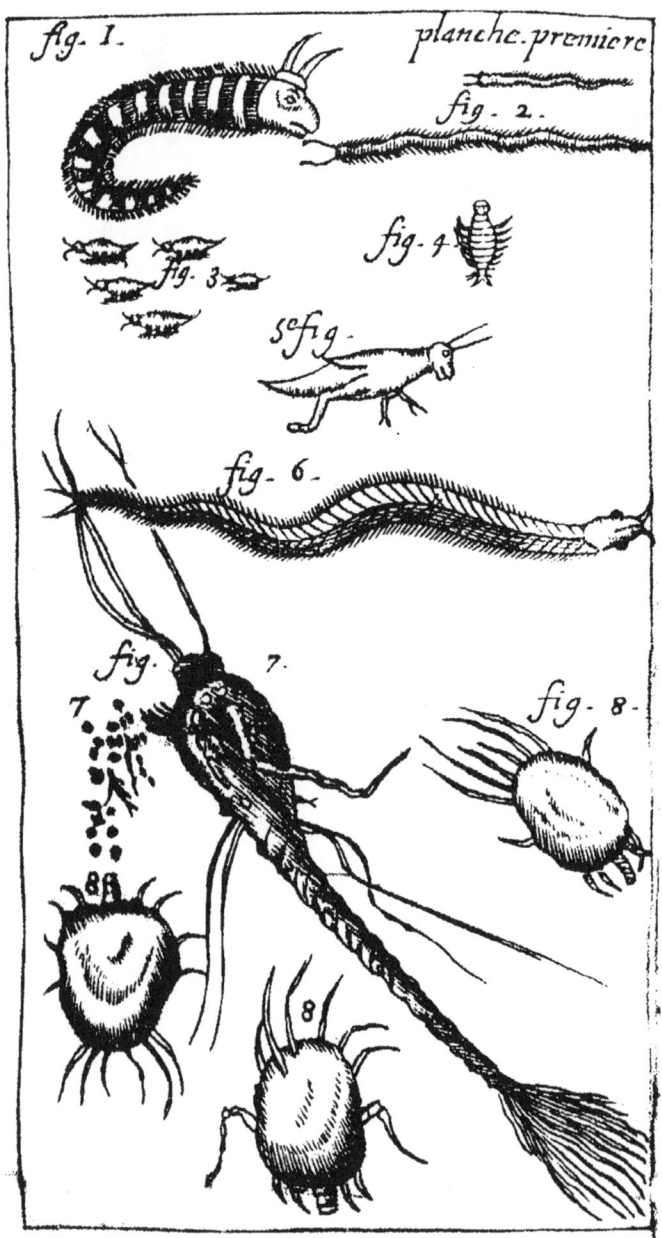

UNSERE AHNEN sind so alt wie das Abendland. Sitos (σῖτος), altgriechisch, heißt: Getreide, heiliges Getreide, Brot, Speise. Para (παρά): an (der Seite einer Person). Wörtlich ist also παράσιτος ein *neben, mit oder bei einem anderen Essender*.

Kein Mensch hätte an eine Zecke, einen Kuckuck, einen Bandwurm, an eine Mistel, eine Sommerwurz, einen Schimmelpilz, an ein Tier oder eine Pflanze, an einen Bettler, einen Bonzen, an einen reichen Müßiggänger gedacht. Das Wort bezeichnete im antiken Griechenland einen hochgeachteten religiösen Beamten; das bezeugt, unter Berufung auf eine Vielzahl uralter Quellen, etwa zweihundert Jahre nach Christus der späthellenistische Schriftsteller Athenaios.

Keinen Beamten mit Pensionsberechtigung wohlgemerkt, sondern einen von der Gemeinde gewählten Beamten auf Zeit.

Uns oblag die Auswahl des Getreides, des Brotes, der Speise für das kultische Opfermahl. Nur das beste vom besten kam als Götterspeise in Betracht. Wir sammelten es ein. Wo, ist unklar. Manche Kommentatoren meinen, in den Tempeldomänen. Jedenfalls war diese Speise nicht immer leicht zu beschaffen. Es hat dabei, so scheint es, hie und da auch Schwierigkeiten gegeben. Wir durften nämlich die Wahl nicht ablehnen. Wenn einer das Parasitenamt ausschlägt, soll er deswegen vor Gericht gestellt werden, hieß es in den Königsgesetzen, dem Athenaios zufolge:

»Polemon schreibt über Parasiten: Der Name Parasit ist jetzt ehrenrührig, aber bei den Alten finden wir ihn

13

als etwas Heiliges, entsprechend dem Opfergenossen. Im Heraklestempel in Kynosarges bei Athen steht ein Inschriftenstein mit einem Volksbeschluß, der von Alkibiades eingebracht wurde, als Stephanos, Sohn des Thukydides, Ratsschreiber war.

Dort heißt es: ›Die Monatsopfer soll der Priester im Verein mit den Parasiten darbringen. Die Parasiten nehme man nach Väterbrauch aus den Bastarden und deren Söhnen. Wenn einer das Parasitenamt ablehnt, soll er vor Gericht gestellt werden.‹«

Daß die Parasiten des Herakles unehelich geboren sein mußten, schmälerte nicht die Würde unseres Amtes. Den mächtigen Halbgott selbst, den Nationalhelden der Griechen, hatte Göttervater Zeus gezeugt, indem er in Gestalt des Gatten der Königin Alkmene diese beschlief.

Um uns unser schweres Amt zu erleichtern, hat man uns entschädigt. So bestimmte eine Säule im Tempel der Dioskuren, daß wir jeweils ein Drittel von den zwei großen Ochsen bekommen sollten, die Kastor und Pollux geopfert wurden. War die Speise zur Hand, dann schritt man zur Götterbewirtung, zu den θεοξένια. Eine Tafel wurde gedeckt, und, da die Alten im Liegen speisten, ein Lager aus weichen Kissen bereitet. Dann wurde der Gott zu Gast geladen. Dabei durften wir als Tischgenossen nicht fehlen. Der Priester allein genügte nicht.

Der Ritus des παρασιτεῖν stammte aus jenen sagenumwobenen Zeiten, als der Glaube an den Kommunionscharakter des Speiseopfers noch lebendig war. Bei den Privatopfern ergab sich die *unio mystica* zwischen Gott und Mensch ganz von selbst dadurch, daß die Bürger, die das Opfer darbrachten, selbst vom Opferfleisch aßen. Dagegen mußten bei den öffentlichen Opfern im Namen der Gemeinde Vertreter derselben teilnehmen. Diese Volksvertreter waren wir. Wir schmausten stellvertretend für die Gemeinde, um dem Gott Gesellschaft zu leisten.

Freilich erfreuten sich nicht alle Götter unserer Unterhaltung. Herakles war berühmt für seine gewaltigen Zechgelage und seinen übermenschlichen Appetit. Von Typhon getötet, so der Mythos, erweckte ihn der Duft einer gebratenen Wachtel wieder zum Leben. Daß er als einsamer Gast nicht glücklich gewesen wäre, leuchtet ein. Leibesübungen scheinen unsere Anwesenheit begünstigt zu haben. Die herakleischen Heiligtümer in Kynosarges und in Marathon, wo unser Wirken bezeugt ist, waren berühmte Sportplätze; Apollon, der göttliche Sportfreund des Herakles, wurde mit unserer Hilfe im marathonischen Delion verehrt. Und in der griechischen und römischen Komödie trugen wir später am Gürtel immer ein kleines Fläschchen mit Öl, mit dem die Sportler in den Ringschulen, in den Palaistren, sich salbten. Aber auch Athene weilte in unserer Mitte.

Die Säule in Kynosarges wurde, folgt man Athenaios, während des Peloponnesischen Krieges aufgestellt, der 431 v. Chr. begann; doch taucht das Wort Parasit erst hundert Jahre später das erstemal auf, und zwar in einer Komödie. Wie es dort hineingeriet, ist bis heute ein tiefes Geheimnis.

Das Zentrum der Macht in Athen war das Stadthaus, das Prytaneion, wo seit uralten Zeiten der Staatsherd brannte. Das Prytaneion war der Sitz der höchsten Beamten, die vornehmste Stätte staatlicher Repräsentation. Seit Solon hatten die Prytanen, die Abgeordneten der ersten abendländischen Demokratie, das gesetzliche Recht, am Gemeindetisch zu speisen. Täglich brachten sie der Hestia, der Göttin des Herdes und Heimes, wichtige Opfer. Und ständig fanden Mahlzeiten statt. Männer, die sich um den Staat besonders verdient gemacht hatten, zum Beispiel durch einen sportlichen Sieg bei den panhellenischen Festspielen oder aber auch durch die Ermordung eines Tyrannen, erhielten hier lebenslänglich kostenlos

Speis und Trank, eine Ehre, die sich auf würdige Nachkommen auch vererbte. Was sie taten, hieß parasitieren.
Hier tafelten die Botschafter, die sehr vornehmen Ehren-
gäste, hierher wurde man geladen von den höchsten Funk-
tionären.

War das Prytaneion das Tor, durch das wir ins Licht der
Geschichte traten?

IN HEROLD, ein Vorläufer, kündigte uns angeblich an: Kolax, der Schmeichler.

Κόλαξ war ein höchst ungebräuchliches Wort. Vor der
Zeit des Sokrates ist es nur einmal belegt, bei Asios von
Samos, einem Dichter des siebten oder sechsten vorchrist-
lichen Jahrhunderts, der Elegien schrieb; und zwar in der
Zusammensetzung *Knisokolax*. *Knisos* ist der Fettdampf,
der Geruch und Duft von fettem, in Feuer angezündetem
Fleisch, besonders beim Opfer. Opferduft.

Die von Athenaios überlieferte Stelle lautet: »Lahm, ge-
brandmarkt, uralt, einem Landstreicher gleich, traf er ein,
als Meles Hochzeit hielt, der *Knisokolax*, uneingeladen,
nach Suppe verlangend, in der Mitte der Gäste steht er,
heroisch, erstanden aus Dreck.«

423 v. Chr. wurde bei den Städtischen Dionysien in
Athen von Aristophanes das Stück *Nephelai, Die Wolken*,
uraufgeführt, gewann aber nur den dritten Preis. Die
Handlung: Ein Bauer hat über seine Verhältnisse geheiratet und geht pleite. Sein Sohn hat nur Wagenrennen
im Kopf, der Vater will ihn zu Philosophen in die Schule
geben. Der Junge soll lernen, beim Konkursverfahren »die
schlechtere Sache zur besseren zu machen«. Da er aber
zu faul ist, muß der Alte selbst die Schulbank drücken.

16

Und zwar bei einem gewissen Chairephon und einem Sokrates. *Dem* Sokrates. Der war 423 etwa fünfundvierzig Jahre alt.

Auf dem Weg zum Phronisterion – das heißt zur Denkerbude, zur Denkerei – trifft der Alte auf einen Studenten, der eine neue sensationelle Leistung der sokratischen Schule rühmt: Mit Hilfe eines Flohfußwachsabdruckes hat Chairephon soeben das Problem gelöst, wie viele Flohfußlängen sein eigener Fuß mißt. Der Empfang in der Denkerei ist frostig. Meister Sokrates liegt in einer Hängematte und beobachtet die Sonne. Die Schüler kriechen am Boden und treiben Erdkunde, während ihr emporgereckter Hintern sich der Astronomie widmet.

Der Chor stellt die neuen, sokratischen Götter vor:

»Die himmlischen Wolken sind's / Der Müßigen göttliche Mächte, / Die Gedanken, Idee, Begriffe, die uns Dialektik verleihen und Logik / Und den Zauber des Worts und den blauen Dunst, Übertölpelung, Floskeln und Blendwerk.«

Der Alte verliert die Lust am kostspieligen Unterricht und setzt am Ende mit seinen Sklaven die Denkerbude in Brand.

Chairephon und Sokrates, so wie Aristophanes sie zeichnet, gemahnen an den *Knisokolax*: Sie gingen barfuß, besaßen nur einen Mantel, den sie wendeten, bevor sie sich zum Markt aufmachten, und waren angeblich unempfindlich gegen Kälte, Hunger und Durst.

Zwei Jahre nach den *Nephelai*, 421 v. Chr., wurde in Athen eine Komödie eines Dichters namens Eupolis uraufgeführt und mit dem ersten Preis ausgezeichnet. Nur Zitate sind überliefert. Titel der Komödie: Κόλακες, also *Die Schmeichler*. Sujet: Ein Festessen bei Kallias, der 427 die Erbschaft seines reichen Vaters angetreten hatte. Im Schwarm der Gäste finden wir Chairephon, den Gefährten des Sokrates; dann den Philosophen Protagoras, bekannt für seinen Satz *Der Mensch ist das Maß aller Dinge*; einen vergessenen Hungerleider; einen ὀψοφάγος, ein Lecker-maul also; einen Kleiderdieb usw.

Der Chor der *Schmeichler*, die Schar der ungeladenen Gäste, der Hausfreunde, der Bauchdämonen, Tellerlecker und Bratpfannenduftjäger bricht in einen gemeinsamen Sprechgesang aus:

»Sagen werden wir euch, welches Leben die Schmeichler führen. Hört, welch rundum elegante Herren wir sind. Erstens laß ich mich gewöhnlich von eines anderen Mannes Sklaven bedienen, der mir freilich nur leihweise gehört. Ich habe diesen hübschen Mantel. Ich wende ihn, dann gehe ich auf den Markt. Wann immer ich dort einen dummen, aber reichen Mann sehe, bin ich ihm sofort zu Diensten. Sobald er etwas zu mir sagt, lobe ich es. Und ich tue, als wäre ich ganz außer mir vor Begeisterung. Von dort gehen wir dann zum Essen, der eine in dieses Mannes Haus, der andere in das eines anderen, jeder zu eines anderen Mahlzeit. Dort muß dann der Schmeichler ständig bestrickende Dinge sagen oder er wird aus der Tür gestoßen. Eben das ist, wie ich glaube, Akestor passiert, dem gebrandmarkten Flüchtling. Er riß einen schlechten Witz, und schon begleitete ihn der Sklave zur Tür und übergab ihn am Hundehalsband dem Oineus.«

Oineus soll ein wenig begabter Komödiendichter gewesen sein. Nach dem Essen klemmen sich die Schmeichler die Servietten unter den Arm und verduften.

Durch den Erfolg des Eupolis-Stückes wurde *Kolax* zum stehenden Begriff. Aristophanes porträtierte den Demagogen Kleon als Kolax des Demos, also als Schmeichler des athenischen Wählervolkes, der dieses einseift und dabei gehörig ausnimmt. Der Schmeichler wurde Politiker. Er wurde geldgierig. Er wollte an die Macht.

Athens Abstieg begann. Sokrates, der im Rahmen von Gastmählern so wohlbetuchte Jünglinge wie Alkibiades philosophisch unterrichtet und mit mächtigen Männern diskutiert hatte, selbst aber praktisch mittellos war, wurde vor Gericht gestellt. In seiner Verteidigungsrede sagte er: »Ich aber, welcher Strafe soll ich mich nun vor Euch, Ihr Männer von Athen, wert erkennen? Natürlich der verdienten! Was denn für einer? Was habe ich verdient zu leiden oder zu zahlen, daß ich mir in den Kopf setzte, in der Welt nicht untätig zu sein, daß ich mich aber nicht wie die meisten um Gelderwerb und Haushaltung, um militärische und bürgerliche oder andere Ehrenstellen und Ämter bekümmert habe? Was paßt sich denn für einen Mann, der arm ist und ein Wohltäter und der zu dem Vermahnungsgeschäft an Euch Freiheit von anderen Geschäften braucht? Es paßt sich nichts in der Welt so gut, ihr Athenienser, als daß ein solcher Mann auf dem Prytaneo auf Unkosten des Staats unterhalten werde; und viel mehr er, als von Euch einer, der in dem Olympischen Pferde- und zwei- und vierspännigen Wagenrennen gesiegt hat.«

Ein lebenslänglicher Freitisch im Stadthaus, im Prytaneion, das war Sokrates' letzter Wunsch, bevor er den Giftbecher nahm.

PLATON, beim Tod seines Meisters Sokrates Ende Zwanzig, gebrauchte das Wort parasitein nur ein einziges Mal, und das ganz ernst, im Sinn von *zusammen speisen*. Dafür sprach er um so öfter über das Schmeicheln. Ein Leben lang versuchte er, das Bild zu korrigieren, das die attische Komödie von Sokrates und Chairephon gezeichnet hatte.

Der frühe Dialog *Protagoras* ist eine Art Gegendarstellung. Er beschreibt den Besuch dieses berühmten Sophisten im Haus des reichen Kallias, also dasselbe Ereignis wie die *Kolakes* von Eupolis, aber ganz anders. Platon wurde um 430 geboren, konnte also den Vorgang unmöglich miterlebt haben.

Bei Eupolis, dem Zeitzeugen, sang Chairephon zusammen mit Protagoras im Chor der Schmeichler; Chairephon, von dem Sokrates vor dem Todesurteil sagt: »Ihr kennt den Chairephon; er war mein Freund von Kindesbeinen an.« Bei Platon nimmt neben Chairephon auch Sokrates am Gastmahl teil. Dieser spielt sogar die erste Geige. Er attackiert den Sophisten Protagoras und läßt sich nur mit Mühe vom Gastgeber Kallias abhalten, aus Empörung über seinen Widersacher das Essen stehenzulassen.

Für Aristophanes war Sokrates ein sophistischer Wortverdreher, der es wagte, für den Unsinn, den er lehrte, auch noch Geld zu nehmen. Platon zufolge hatte Sokrates erklärt: »Auch rede ich nicht für Geld und schweige nicht, wenn ich keines bekomme; Reichen und Armen, die mich fragen wollen, bin ich zu Diensten...« Bei Platon war Sokrates ein geschworener Feind der Sophisten, und die Lehre der Sophisten, die Rhetorik, das Gegenteil der wahren Philosophie.

Die Rhetorik, so Platon im *Gorgias*, sei gar keine echte Kunst, sie ziele nur auf das Erregen von Lust und Wohlgefallen, sie sei wie die Kosmetik und die Kochkunst, wie das Flötenspiel und die dithyrambische Dichtkunst eine *schmeichlerische Scheinkunst*, »Verleugnung der Wahrheit zum Zweck des angenehmen Scheins«. Der staatsmännische Philosoph verhalte sich zum Redner wie der Arzt zum Koch.

Der Dialog gipfelt in einem Selbstlob des Sokrates. Er allein sage den Bürgern die Wahrheit, er allein sei der wahre Staatsmann in Athen, er allein führe nicht nur schöne Reden: »Ich glaube, daß ich mit einigen andern wenigen Athenern, damit ich nicht sage ganz allein, mich

20

der wahren Staatskunst befleißige und die Staatssachen betreibe ganz allein heutzutage.«

Für uns wäre diese sokratische Verstiegenheit hier kein Thema, hätte man nicht immer wieder versucht, die Parasiten mit den von Platon so obsessiv verfolgten Schmeichlern gleichzusetzen. Selbst dem oberflächlichsten Kenner der Materie muß aufstoßen, wie oft auch in der Fachliteratur das Wort Kolax umstandslos mit dem Wort Parasit übersetzt wird. Uns ist das gleiche Unrecht angetan worden wie Sokrates, und es wird uns, freilich nur im engen Zirkel der Fachwelt, bis heute angetan. Trotzdem war es nie unsere Sache, das Schmeicheln zu verteufeln und wie gekränkte Sektierer die Musik, die Dicht- und die Kochkunst zu schmähen. Wir bemühen uns hier nur um eine objektive Würdigung der Tatsachen.

Aristoteles, der Platonschüler, gebrauchte das Wort Parasit ein einziges Mal, und zwar ganz sachlich für in der Verfassung der Kleinstadt Methone vorgesehene Bedienstete: »Für jeden hohen Beamten gab es zwei Parasiten, für jeden General zwei. Sie sammelten ein, was befohlen wurde und von den Fischern Fisch.«

Beweist nicht schon dieses Detail unwiderleglich, daß eine Gleichsetzung des Kolax und des Parasitos historisch ohne jede Grundlage ist?

Über den Kolax äußerte sich Aristoteles oft und voller Verachtung. Direkter noch als Platon brachte er die Schmeichelei mit niedrigem Eigennutz in Verbindung, indem er den Kolax beschuldigte, für Geld zu schmeicheln; aber wann wäre es einem Parasiten jemals um schnöden Mammon gegangen?

IR BETRATEN die Bühne erst lange nach dem Schmeichler, dreißig oder vierzig Jahre nach dem Tod des Sokrates. Athen hatte den Peloponnesischen Krieg verloren. Die attische Komödie war unpolitisch geworden. Sie nahm keine konkreten Personen mehr aufs Korn. Sie entwickelte sich zu einer Charakterkomödie mit typischen Rollen.

Die Geburtsurkunde des komischen Parasiten, ein Fragment aus der Komödie *Die Hochzeit* von Araros, dem Sohn des Aristophanes, lautet: »Du mußt ein Parasit sein, mein Lieber; dies hier ist Ischomachos, er ist, so hat es sich getroffen, dein Wirt.«

Der Satz ist eine bis heute in ihrer Prägnanz unübertroffene Definition. Sie ist ein Schlag ins Gesicht unserer Verleumder, die uns unsere vornehme Abkunft absprechen und immer wieder versucht haben, unseren Stammbaum zu fälschen. Wir waren und sind keine Epigonen des Schmeichlers. Sokrates kündigte uns nur an.

Ein unverwechselbares Sonderverhältnis, eine geheimnisvolle Gemeinschaft, verband uns von Anbeginn an mit unserem Ernährer, unserem Trephon, unserem Wirt.

Vielleicht vor Araros, vielleicht nach ihm, das ist umstritten, zwischen 460 und 450 v. Chr., schrieb Alexis die erste Komödie mit dem Titel *Der Parasit*. Darin heißt es:

»Es rufen aber alle die jungen Leute ihn mit dem Spitznamen Parasit, ihn aber kümmert das nicht. Ein stummer Telephos schmaust. Fragt man ihn was, so nickt er bloß und schnauft so furchtbar, daß der Hausherr oft Samothrakische Gebete spricht, daß sich der Sturmwind endlich lege. Ein Ungewitter ist dieser Mensch für seine Freunde.«

Was immer man über diesen ersten mit Namen überlieferten Parasiten sagen will, eines steht fest: Er war kein

Schmeichler. Dem ehemaligen Priester, den ein unergründliches Schicksal aus dem Heiligtum hierher verschlagen hat, fehlen die Worte. Kein Wunder. Wer weiß, was er durchgemacht hat.

Er wird verspottet. Er nimmt es demütig hin. Da sein Mund gefüllt ist, muß er durch die Nase atmen und schnauft daher ein bißchen. Freundlich spottend, als handele es sich bei diesem Schnaufen um einen Sturmwind, fleht der Hausherr wie der Kapitän eines Schiffes im Sturm die Wettergötter an, die Winde zu besänftigen. Der Wirt könnte den Parasiten aus dem Haus weisen, läßt es aber dabei bewenden, daß er ein Gebet spricht.

Diesen anrührenden ersten Auftritten folgten schnell weitere. Der Parasit eroberte das Publikum im Sturm. Er wurde zum gefeierten Star, ganz anders wie die nun massenhaft auftretenden Bettelphilosophen à la Sokrates und Chairephon, wie Aristophon sie porträtierte:

»Beim Wassertrinken ist er ein Frosch. Beim Verzehr von Kräutern und Gemüse ein Käfer. Beim Sich-nicht-Waschen ein Dreck. Beim Verbringen des Winters im Freien eine Krähe. Im Ertragen von Hitze und beim Schwatz in der Siesta eine Zikade, darin, daß er sich nie ölt, eine Staubwolke. Barfuß geht er umher wie ein Kranich, und nie schläft er auch nur eine Sekunde, wie eine Fledermaus.«

Athen verarmte. Es hatte seine Kolonien verloren. Die sokratische Asketik entwickelte sich zum brutalen Kynismus. Die Kyniker feierten die primitive Bedürfnislosigkeit, zu der sie die Umstände zwangen. Sie kompensierten, was sie entbehrten, durch philosophischen Hochmut. Diogenes suchte am hellichten Tag mit einer Laterne nach Menschen. Von seinen Mäusen sagte er, sie seien seine Parasiten. Schon daran kann man sehen, daß uns Welten von diesem Bettelbruder trennten. Wir zogen uns nicht in ein Faß zurück. Wir stellten uns der Wirklichkeit. Wir sonnten uns nicht in der Rolle des passiven Mitessers. Kaum hatten wir die Sprache wiedergefunden, stürzten wir uns ins Leben. Ein gewisser Ζωμός, *Suppe*, konnte in einer Komödie von Aristophon über sich sagen:

»Gibt einer einen Opferschmaus, bin ich der erste, der erscheint, so daß ich schon seit langem *Suppe* heiße. Und geht es darum, einen der Zecher in die Luft zu stemmen, dann bin ich, darauf kannst du dich verlassen, ein argeischer Ringer. Und geht es darum, in ein Haus zu brechen, bin ich ein Rammbock, geht es die Leiter hoch, ein Kapaneus, Schläge ertrag ich wie ein Amboß, wie ein Telamon teile ich sie aus, und an die Schönen schleiche ich mich an wie Rauch.«

Besonders instruktiv ist die erste Zeile. Das entsprechende Verb heißt ἑστιάω: einen Schmaus geben, traktieren, feiern. Es leitet sich ab von *Hestia*, dem Herd des Hauses. Dieser Herd war zugleich der Hausaltar, auf dem die Hausgötter standen. Bei jedem Essen wurde geopfert. So blieben wir unseren Ahnen verbunden.

Suppe war gewiß noch kein reifer Parasit. Er war in seinem jugendlichen Ungestüm der typische Vertreter einer Aufbruchsphase, aber er war sich seiner Wurzeln bewußt.

Tradition und Erfahrung mußten erst miteinander verschmelzen, damit Antiphanes sagen konnte: »Ein Parasit ist, wenn du es recht betrachtest, jemand, der Glück und Lebensschicksal mit jemand anderem teilt. Kein Parasit wünscht seinen Freunden ein Unglück an den Hals. Im Gegenteil, er wünscht ihnen immer nur das Beste. Ein Parasit beneidet keinen, der glücklich sein Auskommen hat, statt dessen bittet er ihn darum, dieses Glück zu teilen. Und dabei ist er ein nobler und zuverlässiger Freund, er neigt nicht zur Streitsucht, nicht zur Bitterkeit, ohne Arg erträgt er alle Launen. Machst du einen Witz, schon lacht er ergeben, lustig und charmant auf seine Art. Er stellt auch einen ausgezeichneten Soldaten dar, voraus-

24

gesetzt, die tägliche Ration besteht in einer ebenso vorzüglichen Mahlzeit.«

Die runde Beschreibung läßt keine Zweifel offen. Der Parasit kennt kein Oben und kein Unten. Gleichberechtigung ist seine Devise. Er will den Wirt nicht ausnützen, er will ihn nicht überwältigen, er will das Leben mit ihm teilen.

Ganz anders aber der eigentliche Schmeichler, von dem Anaxilos sagt:

»Schmeichler sind Würmer, welche die auffressen, die Eigentum besitzen. Sie dringen ein in die arglose Natur eines Menschen. Der einzelne Schmeichler setzt sich im Menschen fest und ißt, bis er ihn leer wie eine Weizenähre wieder verläßt; ist nur noch die Hülle übrig, beißt der Schmeichler den nächsten.«

Nicht jeder, der schmeichelt, ist schon ein Kolax. Wer seinem Wirt nette Komplimente macht, will ihn deshalb noch lange nicht ruinieren. Unterhaltung ist kein Verbrechen. Was würde aus unserer Unterhaltungsindustrie werden, würde man sie an der albernen sokratischen Elle messen. Eleganz im Vortrag bedarf keiner Rechtfertigung. Die Welt besteht nicht nur aus nackter Wahrheit. Das Schicksal hatte uns in die Komödie versetzt. Wir wollten uns nicht auf die Pantomime beschränken. Wir wollten mitspielen. Wir wollten das Fest des Lebens gemeinsam feiern. Hinter unseren Schmeicheleien steckte keine böse Absicht.

Athenaios wollte uns nicht kränken, als er einem von uns die Worte des Dichters Antiphanes in den Mund legte:

»Gibt es, kann es eine Kunst, eine Lebensweise geben, die süßer ist als natürliche liebenswürdige Schmeichelei? Der Maler müht sich und wird dabei bitter, und wie viele Gefahren drohen dem Bauern? Ein jeder sorgt und müht sich, während für uns das Leben nichts als Gelächter ist und Genuß. Ist das nicht ein herrlicher Beruf, der in Vergnügungen, in lautem Lachen, vielem Trinken und Scherzen über andere Leute besteht? Meiner Meinung nach steht das Schmeicheln einem Leben im Reichtum kaum nach.«

Wir hatten keine Berührungsängste. Die platonische Heuchelei war uns fremd. Wir waren bereit zu lernen. Wir begriffen die Schmeichelei als eine von aller Moral unabhängige Technik. Wir entdeckten in uns ein altes Talent. Schließlich hatten wir einmal Götter zu Gast. Um sie zu preisen, genügte die Wahrheit.

Wir konnten den Schmeichlern nicht aus dem Weg gehen. Sie verfolgten unsere Wirte mit ausgefeilten Methoden. Mit welch unglaublicher Raffinesse sie vorgingen, schildert mit lebendigem Widerwillen gegen Ende des vierten Jahrhunderts v. Chr. der Aristotelesschüler Theophrast in seinen *Charakteren*. Dort heißt es über den Kolax:

»Er macht den Begleiter und sagt: ›Bemerkst du, wie die Leute bewundernd auf dich blicken? Das geschieht keinem in der Stadt außer dir. Du wurdest gerühmt gestern in der Halle.‹ Denn mehr als dreißig Leute hätten da gesessen, und die Rede sei darauf gekommen, wer der beste sei. Mit *Seinem* Namen hätten alle da begonnen und mit *Seinem* Namen geendet.

Und während er solches spricht, nimmt er von seinem Mantel ein Fäserchen, und wenn in das Haar vom Wind ein Hälmchen geweht wurde, liest er es auf, und lachend sagt er dazu: ›Siehst du? Weil ich zwei Tage dir nicht begegnet bin, hast du deinen Bart voll grauer Haare, wiewohl du, wenn überhaupt einer, für deine Jahre schwarzes Haar hast.‹

Und wenn *Er* etwas sagt, heißt er die andern schweigen, und er lobt ihn, wenn *Er* es hört, und ruft *Richtig*, wenn *Er* aufhört; bei einem frostigen Witz muß er lachen und stopft den Mantel in den Mund, wie wenn er das Lachen gar nicht zurückhalten könnte.

Leute, die entgegenkommen, fordert er auf, stehen-
zubleiben, bis *Er* vorüber ist.

Den Kindern kauft er Äpfel und Birnen, bringt sie mit
und gibt sie ihnen, wenn *Er* es sieht, und er küßt sie und
sagt: ›Eines trefflichen Vaters Sprößlinge!‹

Er ist Begleiter beim Einkauf von Schuhen – da behauptet er, *Sein* Fuß sei wohlgebauter als der Schuh.

Er ist unterwegs zu einem der Freunde – er läuft voraus
und sagt: ›Zu dir kommt er!‹ und zurückgekehrt sagt er:
›Ich habe dich angemeldet.‹

Natürlich ist er auch fähig, die Besorgungen vom Wei-
bermarkt zu machen – atemlos.

Von den Gästen lobt er als erster den Wein und immer-
fort sagt er: ›Wie gut man bei dir ißt!‹, und er hebt etwas
vom Tisch auf und spricht: ›Dieses da, wie köstlich es ist!‹,
und er fragt, ob *Er* nicht friere und ob *Er* sich zudecken
will und ob er *Ihn* mit etwas umhüllen solle; bei diesen
Worten neigt er sich zu *Seinem* Ohr und flüstert *Ihm*
zischelnd zu; nur mit dem Blick auf *Ihn* plaudert er mit
den andern.«

Solch ausgefeilte Techniken waren eine Herausforderung. Als ständige Begleiter durften wir dem finsteren
Schmeichler nicht nachstehen. Die Konkurrenz war hart.

Im Stück Πύραυνος, *Kohlenpfanne*, von Alexis klagte
Kollege Stration über den raschen Schritt seines Wirtes:

»›Besser wäre es für mich gewesen, ich wäre als Parasit
dem Pegasus gefolgt oder dem Nordwind oder was es noch
alles gibt, das noch schneller ist, denn er geht nicht einfach die Straße entlang, er fliegt.‹

›Stration, liebst du mich?‹ fragt der Wirt den Klagenden.

›Mehr als meinen Vater, denn er unterhält mich nicht,
du hingegen gewährst mir großzügigen Unterhalt.‹

›Und betest du für mich, daß ich noch lange lebe?‹

›Zu allen Göttern, denn wenn dir etwas zustößt, wovon
soll ich dann leben?‹«

Hier haben wir *in nuce* den ganzen Unterschied zwischen dem echten Parasiten und dem Schmeichler, der sich als Parasit tarnt. Der Parasit wünscht seinem Wirt nur das Beste. Er will mit ihm genießen. Der Kolax will sein Opfer beerben. Vor die Wahl gestellt, als korrupter Politiker zu enden oder seine Existenz als glücklicher Gast eines glücklichen Wirtes zu fristen, fällt dem Parasiten, wie dieser Dialog bei Alexis beweist, die Wahl nicht schwer:

»Es gibt zwei Arten von Parasiten, Nausinikos, die eine ist der gewöhnliche Komödiencharakter, das sind wir in unseren schwarzen Mänteln. Die zweite will ich untersuchen, die mit Recht die Schreckensparasiten genannt werden und die im Leben mit Erfolg Satrapen und vornehme Generäle darstellen und tausend Silbertalente und Ländereien bewegen, wenn sie eine Augenbraue heben. Kennst du diese Art und Gattung?

NAUSINIKOS: Natürlich.

Der Beruf dieser beiden Gattungen hat ein und denselben Charakter, er besteht in der Kunst der Schmeichelei. Im Leben ist es doch gewöhnlich so, daß das Schicksal einige von uns zu Menschen mit großem, und andere zu Menschen mit weniger Eigentum bestimmt, so daß einige von uns glücklich und wohlhabend und andere von uns verzweifelt sind. Drücke ich mich deutlich genug aus, Nausinikos?

NAUSINIKOS: Bestimmt, das ist nicht schlecht getroffen. Noch mehr loben will ich dich aber nicht, sonst wirst du mir gleich mit einer Bitte kommen.«

Wir ähnelten dem Schmeichler, aber wir spielten ihn nur. Wir blieben unseren Idealen treu, selbst um den Preis des Mißerfolges. Dies beweisen die melancholischen Zeilen im *Pseudomenos* des Alexis: »Kurze Zeit aber nur blüht das Leben des Schmeichlers. Niemand nämlich schätzt den Parasiten als Grauhaar.«

Die Fakten der Theatergeschichte sprechen eine deutliche Sprache: Es gab Stücke, die *Parasitos* hießen, und Stücke, die *Kolax* hießen. Unsere Insignien waren der schwarze Mantel, *stleggis* und *lekythos*, Ölfläschchen und Schabeeisen, mit dem sich die Sportler in den Gymnasien säuberten. Wir blieben sportlich und fair.

Wir agierten auf offener Bühne, mitten im öffentlichen Leben, und doch wäre es keinem Redner eingefallen, auch in der hitzigsten politischen Polemik nicht, seinen Gegner als Parasiten zu titulieren. *Schmeichler* aber war in der Politik eine ständige Schmähung. Theophrast erzählt in seinen *Charakteren* von einem ewig Schlechtgelaunten: »... und er zeigt voll Stolz seinen Zechgenossen, was für einen Parasiten er hat...« Wer würde voll Stolz seinen Freunden einen Schmeichler vorzeigen?

Wir gingen unseren eigenen Weg. Es war letztlich der erfolgreichere. Die Kolakes machten Karriere, aber wer weiß heute noch, wer ein Kolax war? Sie wurden Hofbeamte auf den griechischen Inseln und auf dem kleinasiatischen Festland. So erzählt Klearchos von Soloi von einem jungen Mann aus Paphos, den das Glück zum König auf Zypern gemacht hatte:

»Dieses Bürschlein ruhte in seinem maßlosen Luxus auf einer silberfüßigen Liege auf einem feinen Sardesteppich von höchster Kostbarkeit. Über sich hatte er eine Purpurdecke mit seidenem Überzug, unter dem Kopf drei Kissen aus purpurgesäumtem Leinen...«

Drei Schmeichler umgaben den Herrscher. Kammerherren. Einer saß am Fußende und hielt hielt die in dünne Schleier gewickelten königlichen Füße auf seinen Knien; ein anderer saß neben dem Monarchen und hielt dessen herabhängende Hand, kühlte sie und dehnte und streckte die Finger; und der dritte Kolax ordnete mit der Linken die Frisur des Herrn, während er ihm mit der Rechten Kühlung zufächelte. »Und als das Unsägliche geschah, und eine Fliege den König biß, schrie der Kolax so laut auf, daß er nicht nur diese eine, sondern alle Fliegen im Gemach verscheuchte...«

Der Hinweis, daß *das Glück* den jungen Mann zum König gemacht hatte, deutet auf die Zeit des Verfalls, auf den Aufstieg des Mazedonischen Herrscherhauses unter Philipp und die im Jahr 337 erfolgte Anerkennung seiner Oberhoheit durch die griechischen Staaten. Das Ende der attischen Selbständigkeit war gekommen.

Im Jahr 336 trat der von Aristoteles erzogene Alexander die Herrschaft an. Die Schmeichler wurden Anhänger des Mazedonischen Königtums, Satrapen, Sykophanten, Spione, Denunzianten.

N I E M A N D, der gerufen hätte: »Geht doch arbeiten!« Er wäre für verrückt erklärt worden.

Schon der sagenhafte griechische Gesetzgeber Lykurg, einer der Sieben Weisen, hatte den Bürgern jede Arbeit schlichtweg untersagt:

»Keiner durfte leben wie er wollte; einem jeden war in Sparta, so wie in einem Lager, eine bestimmte Lebensart und seine Beschäftigung für das allgemeine Beste vorgeschrieben, und jedermann, wes Alters er auch sein mochte, glaubte, daß er nicht sich selbst, sondern dem Staate angehöre. Wenn den Erwachsenen sonst nichts aufgetragen war, gaben sie auf die Knaben acht und lehrten sie etwas Nützliches, oder lernten selbst von den Alten. Denn dies war einer der großen und herrlichen Vorteile, welche die Spartaner dem Lykurgos verdankten, daß sie immer Muße hatten, weil sie durchaus keine Künste oder Handwerke treiben durften.«

Mit seinem strengen Verbot hatte der spartanische Weise nur eine allgemeine griechische Überzeugung in ein Regelwerk gefaßt. Bei Herodot erfahren wir bei der Beschreibung der ägyptischen Kriegerkaste ganz nebenbei:

»Keiner von ihnen betreibt ein Handwerk, sondern sie führen alle nur das Schwert... Ob nun die Griechen auch dies von den Ägyptern angenommen haben, muß ich dahingestellt sein lassen, da ja auch die Thraker, die Skythen, die Perser und die Lyder und fast alle fremden Völker die Handwerker und deren Kinder für geringer achten als die übrigen Stände und diejenigen, welche kein Handwerk treiben, besonders aber die, die sich nur mit dem Kriegsdienst befassen, für vornehmer halten. Und die Griechen, besonders die Lakedaimonier, haben ihnen das ja alle nachgemacht.«

Banausia ist altgriechisch und heißt Handwerk, das Handwerksmäßige, Mechanische, Geistlose, Gemeine. Ein Handwerker war ein Banause, ganz in unserem heutigen Sinn. Ein βάναυσος ist eigentlich einer, der beim Ofen, beim Kamin arbeitet. Dann überhaupt einer, der ein Handwerk sitzend betreibt.

Sitzen macht dumm, so altgriechische Überzeugung. Man lese bei Xenophon:

»Denn gerade die sogenannten handwerklichen Fächer sind verrufen [sagt Sokrates] und werden verständlicherweise in den Städten sehr verachtet. Denn sie schädigen die Körper der Arbeiter und der Aufseher, weil sie zwingen, zu sitzen und ohne Licht und Luft zu sein, einige sogar, den ganzen Tag vor dem Feuer zuzubringen. Sind die Körper erst verweichlicht, dann werden auch die Seelen merklich schwächer. Auch lassen die sogenannten handwerklichen Fächer am wenigsten freie Zeit, sich noch um Freunde und Staat zu kümmern, so daß solche Leute zu schlecht zu sein scheinen, um Freunde zu haben und Verteidiger ihrer Vaterstadt zu sein, und daher ist es in

einigen Staaten, besonders aber in denen, die als kriegs-
tüchtig gelten, keinem Bürger erlaubt, in einem handwerklichen Fach zu arbeiten.«

Daß auf niedrigem Handwerk und Tagelöhnerei *ein
Schimpf liege*, war für Platon eine Selbstverständlichkeit.

Die erste abendländische Demokratie, das wird oft vergessen, war eine Sklavenhaltergesellschaft. Arm zu sein,
das gab in Athen keine Tragödie ab. Es gibt keine antike
Tragödie, in der die Armut ein Thema gewesen wäre.
Armut wurde nicht ernst genommen. Sie war zum Lachen.
Wer arm war, gehörte in die Komödie. Das sollte so bleiben in der Literatur bis zum europäischen Barock. Tragö-
dien waren Haupt- und Staatsaktionen. Die Tragödie war
die hohe, die Komödie die niedere Gattung.

Wer arm war, war auf der Athener Bühne eine komische Figur. Es sei denn, er war Sklave. Ein freier Mann
ohne einen Sklaven, ohne Besitz, konnte zwar arbeiten,
aber er entwürdigte sich dadurch in den Augen seiner
Mitbürger. Ausnahme: die Freien Künste. Malen, Bild-
hauern, Häuser bauen, das galt als anständig, das war
einigermaßen angemessen. Dazu kam Musik. Das Kriegs-
handwerk. Die Staatskunst. Die Medizin. Ein Schiff
bauen. Landwirtschaft: Aber nicht etwa selber ackern,
das nicht. Astronomie und Mathematik. Grundlagenfor-
schung. Die Vorsokratiker entwickelten Atomtheorien.
Kosmogonien. Zerbrachen sich den Kopf über die Zeit,
über die Größe der Sonne, das rechtwinklige Dreieck.
Dichten war bereits verdächtig. Platon verdammte, wir
sahen es – die Dichter und Musiker – und wollte nur die
Philosophie gelten lassen.

Das Schaufeln keineswegs. Schaufeln war in den Augen
der Philosophen unmenschlich. Das war für die Sklaven,
und die Sklaven waren keine Menschen, sondern Instrumente, Werkzeuge. Für Aristoteles ist der Sklave nur
ein beseeltes Besitzstück, eine Verlängerung des Schaufel-

stiels. Der Sklave hat nur insoweit an der Vernunft teil, als er sie von seinem Herrn vernimmt. Schaufeln steht der wahren Tugend im Wege. »Denn zur Entwicklung der Tugend wie zur Ausübung der staatsmännischen Tätigkeit bedarf es der Muße.«

Waffen und Grundbesitz, so steht es in der *Politeia* des Aristoteles, gehören in die Hände der Bürger. »Denn die Bürger müssen wohlhabend sein, und sie sind die Bürger. Die gewöhnlichen Handwerker zählen nicht zur eigentlichen Bürgerschaft, sowenig wie sonst eine Klasse, die nicht der Tugend obliegt.«

Es gab genug Sklaven, es gab immer mehr Sklaven. Staatssklaven, private Sklaven. Nach antiken Angaben besaß die Stadt Korinth zeitweise 460 000 Sklaven. Noch zu Zeiten der 117. Olympiade, also 312 v. Chr. – da waren die Komödien, in denen wir bisher auftraten, alle schon geschrieben, wurden in Attika 21 000 Bürger und 400 000 Sklaven gezählt. Nun gut, die Quellen widersprechen sich. Aber das waren schon die Zeiten des Niedergangs. Athen war keine Metropole mehr, es hatte seine Unabhängigkeit schon verloren.

RINNERN WIR UNS an Chairephon, Sokrates' Gefährten, der dem reichen Kallias, dem Besitzer der Silberbergwerke von Laureion, zujubelte: Dieser historische Chairephon starb vor Sokrates, aber er lebte in der Komödie fort.

Aus dem philosophischen Penner wurde einer von uns. Er hörte auf, Wachsabdrücke von Flohfüßen zu nehmen, und wurde unsterblich. Frühmorgens schon erschien er nun auf dem Markt, auf der gezielten Suche nach einem Gönner:

»Chairephon findet immer einen Trick. Auch jetzt ergattert er sich wieder ein Essen, ohne dazu beizutragen: Wo immer Töpfe sind, die an Köche vermietet werden, ist er schon im Morgengrauen zu finden und nimmt seinen Platz ein, und wenn er sieht, daß ein Topf für ein Fest vermietet worden ist, holt er den Namen des Gastgebers aus dem Koch heraus, und wenn er eine Gelegenheit findet, ist er, sobald die Haustür sich öffnet, als erster drin.«

Auch Auslandsreisen scheute Chairephon nicht: »Zum Mahle nach Korinth kommt Chairephon; uneingeladen, fliegt er schon übers Meer.«

Ein Chairephon tritt auch bei Antiphanes auf:

»Wenn du es für eine gute Idee hältst, dann laß uns einfach zu dem Fest so gehen, wie wir sind.« – »Ohne Fackeln und Girlanden?«

Chairephon galt der Antike als berühmtester, angeblich historischer Parasit, noch vor Thymallos, der freilich ein Habenichts gewesen sein soll, aber zugleich zu den Unsterblichen gerechnet wurde, weil es hieß, auch der Tod gehe den Armen aus dem Weg.

Chairephon lebt in ständiger Angst, ein Fest zu verpassen. In der Nacht vor einer Party, zu der er eingeladen ist, wacht er auf, sieht den Schatten des Mondes, glaubt, es sei schon die untergehende Sonne, stürzt fort, in der Angst zu spät zu kommen, und ist bei Sonnenaufgang zur Stelle.

Chairephon wurde geradezu als Erfinder der Kunst angesehen, *deipnein asymbola,* also zu speisen, ohne etwas beizusteuern. Er war so populär, daß ein ins Feld ziehender Krieger, der zum Abschied ein Fest gab, von ihm sagte:

»Ich lade den Kriegsgott Ares ein und Nike, die Siegesgöttin, bevor ich ausrücke, ich lade auch den Chairephon, denn auch wenn ich ihn nicht einlade, wird er doch ungerufen kommen.«

Aber auch uneingeladen weiß er seine Stellung zu behaupten, wie uns Lynkeos von Samos überliefert hat: Um die ausufernden Gastereien in Athen zu reduzieren, sind Luxusgesetze erlassen worden, die die Anzahl der Gäste beschränken. Spezialpolizei kontrolliert die Durchführung. Chairephon, uneingeladen auf einer Hochzeitsfeier, hat als letzter Gast am Tisch Platz genommen. Die Aufseher erscheinen und heißen ihn verschwinden, weil er über die erlaubte Zahl von dreißig ist. Woraufhin er ruft: »Zählt noch mal, aber fangt bitte mit mir an!«

Chairephon soll übrigens auch der Verfasser eines verlorenen Büchleins von 375 Zeilen gewesen sein. Titel: *Das Mahl.*

DIE NEUE KOMÖDIE entwickelte den Parasiten zu einem unverwüstlichen Prototypen. Bei Axionikos erinnert sich einer aus unserer Gilde:

»Zu der Zeit, als ich noch ein junger Mann war, begann ich mit Freude, ein Parasit zu sein, zusammen mit Philoxenos aus der Bürgerschaft Hammelbratenscheibe, und ich erduldete alle Kopfnüsse, die Töpfe und die großen Knochen, die man nach mir warf, so tapfer, daß ich manchmal mindestens acht blaue Flecken hatte. Aber ich wurde dafür belohnt. Ich bin nämlich süchtig nach dem Vergnügen. Ich begann den Vorteil zu sehen, den das Geschäft mir brachte. Ist einer streitsüchtig und fängt Händel mit mir an, halt ich ihm stand, und sosehr er mich auch beleidigt, ich gebe ihm sofort recht, und so komme ich ungeschoren davon. Angenommen, ein ganz verkommener Kerl behauptet von sich, er sei ein großartiger Mensch, dann preise ich ihn überschwenglich, und schon ist er mir dankbar. Wenn ich heute eine Scheibe gedämpften Graufisch gegessen habe, beklage ich mich nicht, wenn ich morgen kalte Reste speise. So ist es meine Art, so ist es meine Natur.«

Im *Drakontion* des Timokles hielt ein anderer eine programmatische Rede und forderte für sich wie Sokrates... Doch hören wir ihn selbst:

»Soll ich ertragen, daß man Parasiten beschimpft? Bewahre! Denn für viele Zwecke ist nichts so nützlich wie ein Parasit. Wenn Freundesliebe eine Tugend ist – vollendet übt der Parasit sie aus! Du liebst? Schon steht er dir mit Rat und Tat zur Seite ohne Zögern. Was du auch beginnst, er hilft, so gut er kann, denn seines Herren Recht gilt ihm wie eignes. Seine Freunde bewundert er. Er liebt die kostenlosen Tafelfreuden – Wer nicht? Die Götter und Heroen, verschmähen sie ein dargebotnes Mahl? Doch will ich nicht den ganzen Tag verschwatzen: Ein allerletztes Beispiel muß genügen, wie hoch der Parasit in Ehren steht: Für sein Verdienst erhält er einen Lohn, der sonst Olympiasiegern nur gebührt: Im Prytaneion einen Freitisch – Verdient doch jeder Platz, wo kostenlos gespeist wird, diesen Namen.«

Der Beruf des Parasiten wurde zu einer Kunst. Strategeme und Techniken wurden entwickelt. Diphilos überliefert eine raffinierte Form der Diagnose:

»Wenn immer ein reicher Mann ein Festessen veranstaltet und mich einlädt, würdige ich die Dekorationen keines Blickes, und auch die korinthischen Weinkrüge, ich bewundere sie nicht. Ich studiere den Küchenrauch. Und wenn er dicht ist und steil in die Höhe steigt, dann freue ich mich und rudere überglücklich mit den Armen wie ein Gockel mit den Flügeln. Ist er aber dünn und fällt er seitwärts ab, dann weiß ich gleich, ich werde zwar etwas Eßbares bekommen, aber etwas Deftiges wird es nicht sein.«

Selbst Otto Ribbek, ein dem Parasiten keineswegs freundlich gesinnter deutscher Altphilologe des 19. Jahrhunderts, erkennt neidlos an: »Der Gewissenhafte hält sich schon vorher in der Nähe der Küche auf und mißt sorgfältig die Schatten, um zu ermitteln, wie lange es noch hin ist bis zur Essensstunde; denn die Zeit wird ihm gar lang, und er verwünscht wohl die Einrichtung der Sonnenuhren, die sich an das Gebot des Magens nicht kehren, welcher doch einzig und allein entscheiden sollte.«

Hat ein Parasit einmal am Tisch Platz genommen, so ist er verpflichtet, geistreich und witzig zu sein. Erzielt er nicht die erwünschte Wirkung, muß er sich allerhand Schabernack gefallen lassen. Das kann so weit gehen, daß man ihn zur allgemeinen Belustigung fesselt. Setzt man ihm verdorbenen Fisch vor, darf er sich nicht ärgern.

Viel, wenn nicht alles, hängt ab von seiner Geschicklichkeit, seiner Geistesgegenwart, seiner Anpassungsfähigkeit. Hat er bei einer gebildeten Lebedame Fuß gefaßt, so wird er mit literarischen Anspielungen glänzen. Er muß nicht nur das Würfelspiel beherrschen, er muß im Zweifelsfall auch ein Euripides-Zitat geschickt zu verdrehen und zu seinen Gunsten zu wenden wissen.

Überhaupt ist der Parasit ein findiger Ideologe: Das war ein guter Demokrat, sagt er, der das Woanders-Schmausen erfunden hat; wer dagegen von seinen Gästen einen Beitrag zur Mahlzeit verlangt, verdiene aus dem Haus gejagt zu werden.

Oft hat er als junger Mann das väterliche Erbe vertan, weil ihm Geld nichts bedeutet. Wichtiger ist ihm das geistige Erbe, wie wir bei Diodoros erfahren:

»Klar möchte ich aussprechen, wie ehrwürdig meine Sache ist und wie anerkannt. Sie ist eine Einrichtung der Götter, die anderen Künste aber hat kein Gott eingerichtet; kluge Menschen haben diese eingeführt. Die Kunst, ein Parasit zu sein, hat Zeus, der Gott der Freundschaft, erfunden, zweifellos der größte aller Götter. Er besucht alle Häuser, und dabei macht er keinen Unter-

schied zwischen Reich und Arm. Wo immer er ein beque-
mes Lager und einen schön gedeckten Tisch bemerkt, legt
er sich nieder, macht Brotzeit und nimmt vom Nachtisch
und trinkt, und dann geht er wieder fort, nach Hause,
ohne irgend etwas zum Mahl beigetragen zu haben. Und
eben das gleiche tue ich. Wo ich ausgebreitete Kissen er-
spähe und schön gedeckte Tische und eine offene Tür,
trete ich still ein und betrage mich mit Anstand, so daß ich
keinem meiner Trinkgenossen lästig falle, greife tapfer bei
allen Schüsseln zu und trinke wacker. Und dann gehe ich
fort wie Zeus, der Gott der Freundschaft. Daß ein solches
Betragen schon früher in hohem Ansehen stand und hoch
geachtet war, wirst du aus Folgendem noch klarer ersehen:
Diese Stadt, die Herkules besonders ehrte und deren zwölf
Bürgerschaften ihm alle Opfer brachten, erwählte keine
Parasiten für diese Opfer durch das Los, auch nahm sie
nicht einfach jeden, der sich zufällig anbot, sondern sie
suchte sorgfältig solche Bürger aus, die von Vater- wie
von Mutterseite her Eigentum besaßen und im Wohlstand
lebten. Später wählten sich dann einige reiche Männer,
indem sie sich Herakles zum Vorbild nahmen, Parasiten,
um sie zu beköstigen, und luden sie zum Opfermahl. Sie
wählten aber nicht die besten, sondern solche, die als
Schmeichler tätig waren und alles und jedes lobten. Rülpst
ihr Herr ihnen ins Gesicht, wenn er Rettiche gegessen hat
oder verfaulten Fisch, sagen sie, er hätte zum Frühstück
Veilchen und Rosen gespeist. Und furzt der Herr neben
einem von ihnen auf dem Lager, so bittet der Parasit ihn
um Auskunft, wo er diesen Weihrauch denn herhabe.
Solcher Leute wegen, die sich so schamlos verhalten, ist
der einst ehrenwerte und glänzende Beruf jetzt in Verruf
geraten.«

DIE *SCHLACHT* von Chaironeia, das Welt-
reich Alexanders und die Diadochenkämpfe überstand der
Parasit spielend. Scheinbar mühelos wechselte er von der
griechischen auf die römische Bühne. Seine geübte Zunge
kam ihm zu Hilfe. Bald sprach er schönstes Latein. Aus
dem griechischen παράσιτος wurde der *parasitus*.

Als bei den Isthmischen Spielen 196 v. Chr. auf An-
ordnung des römischen Konsuls ein Herold feierlich die
Freiheit der Hellenen ausrief – welch ein Jux! –, hatten wir
uns schon ins Herz der neuen Herren geschlichen. In den
ersten vollständig erhaltenen Denkmälern der lateinischen
Literatur, den in Rom aufgeführten Komödien des Titus
Maccius Plautus, brachten wir die Sieger zum Lachen:

»Die altehrwürdige Lebensweise meiner Ahnen, ich
halte an ihr fest, ich führ sie fort und kultiviere sie mit
großem Fleiß; denn unter ihnen gab es niemals einen, der
seinen Bauch als Parasit nicht vollgeschlagen hätte: Vater,
Großvater, Urgroßvater, Urur-, Urururur, Urururururur-
urgroßvater zehrten wie Mäuse stets von andrer Leute
Kost. Nicht einer konnte sie an räuberischer Freßgier
übertreffen... Von ihnen habe ich mein ganzes Trachten
geerbt und meinen Platz im Dasein.«

Auch dieses Stück, *Persa*, war wie so viele Plautuskomödien nach verlorengegangenen griechischen Vorlagen
gearbeitet. Schauplatz ist ein phantastisches Hellas, in
dem kein geographisches Detail stimmt. Die Schauspieler
trugen griechische Masken und das *Pallium*, das Gewand
der griechischen Philosophen.

Der Parasit zeichnete sich durch Bescheidenheit aus.
Er prahlte nicht mit ehrwürdigen Ahnen, die den Römern
nichts bedeuteten. Diese sahen in ihm den ausländischen
Hungerleider. Wir wollten es ihnen nicht verübeln, wenn
sie uns mit kynischen Wanderphilosophen verwechselten:

39

»Ein Kyniker zu sein, nichts paßt besser auf einen bedürftigen Parasiten: Ölfläschchen, Schabeeisen, Trinkgefäß, hohe Schuhe, einen Mantel, einen Brotsack, in den er das bißchen Zeug wegstecken kann, das sein häusliches Leben ausmacht.«

Falscher Stolz hätte das Mißverständnis nur vergrößert. Es war nur durch die Praxis aufzuklären. Ein Migrant muß erst einmal Fuß fassen.

Der Held im Stück *Miles gloriosus* von Plautus war ein übergeschnappter griechischer Offizier, ein groteskes Überbleibsel des Alexanderfeldzugs, ein Maulheld, der sich in idiotischen Rodomontaden erging:

»Pyrgopolinices tritt mit umgebundenem Kurzschwert aus seinem Haus, gefolgt von seinem Parasiten Artotrogus, der Schreibtafeln mit sich führt.

Pyrgopolinices: Frisch drauf! Der Glanz meines Schildes muß heller sein, als je am schönsten Sommertag die Sonne strahlt, auf daß er nötigenfalls, wenn es zum Treffen kommt, dem Feind des Auges Schärfe raub im bitteren Kampf. *Auf sein Schwert weisend*: Denn ich muß diese Waffe wohl beschwichtigen, weil schon so lange feiernd ich sie bei mir trug. Die Arme sehnt sich, aus den Feinden Schabefleisch zu machen. Doch wo ist mein Krustenmampfer, mein Artotrogus?

Artotrogus (Krustenmampfer): Er steht neben dem vom Glück gesegneten und einem König gleichen tapfern Krieger. Mars selbst würde es kaum wagen, sich dir in Rang und Namen gleichzustellen.

Pyrgopolinices: Hab ich ihn nicht einst gerettet auf den Kornwurmfeldern, wo Bumbomachides Clutomestoridysarchides, des großen Neptuns Enkel, Oberfeldherr war?

Artotrogus: Ich erinnere mich. War er nicht jener mit den goldnen Waffen, dessen Legionen du mit einem Pusten zerstreut hast, wie der Wind das Laub...?«

Der Parasit trat hier schon als Schreiber, als Intellektueller auf. Der zivilisierte Artotrogus ist seinem geistig verlotterten Landsmann haushoch überlegen:

»PYRGOPOLINICES: Was hab ich gesagt?

ARTOTROGUS: Hm, ich weiß schon, was du sagen wolltest.

PYRGOPOLINICES: Was war es denn?

ARTOTROGUS: Es war ... das, was es eben war.

PYRGOPOLINICES: Hast du ...

ARTOTROGUS: ... Du hast gerade nach der Schreibtafel verlangt. Hier hab ich sie, und hier den Stift.

PYRGOPOLINICES: Phantastisch, wie du jedesmal errätst, an was ich denke.

ARTOTROGUS: Zu wissen, wie du bist, ist meine Pflicht, dafür zu sorgen, daß mir schon im voraus schwant, was du begehrst.«

Der Parasit wollte das Publikum nicht überstrapazieren. Er gab dem Affen Zucker. In den *Captivi*, den *Kriegsgefangenen*, führt sich Ergasilus mit folgender Selbstdarstellung ein: »Ganz wie die Mäuse essen wir der andern Speise; im Sommer, wenn die Sommerfrische naht und alle in ihr Landhaus gehen, dann haben unsere Zähne Große Ferien. So wie die Schnecken, wird es heiß, sich in ihr Haus einkapseln und von ihren eignen Säften zehren, sobald kein Tau mehr fällt; auf gleiche Art verkriecht sich in den Großen Ferien der Parasit und überlebt elendiglich, indes das Volk, von dem er lebt, die Sommerfrische auf dem Land genießt.«

Aber Ergasilus ist nicht nur das Opfer einer kurzen Sommerfrische. Sein junger Wirt, sein *König*, ist in römische Kriegsgefangenschaft geraten. Als er zurückkehrt, entdeckt ihn Ergasilus am Hafen und verfällt in einen Freudentaumel:

»Ihr Fischer, die ihr faule Fische mit dürren Gäulen vor dem Karren herbeiführt und zum Kauf anbietet, so daß

der Gestank das Publikum aus eurer Halle, über den Markt
treibt, gleich werd ich mit Fischerreusen ins Gesicht euch
haun... Ich bin kein Parasit mehr, nein, ich bin König der
Könige, solch große Speisezufuhr ist für meinen Bauch
im Hafen angelangt... Ihr Himmlischen, wie will ich nun
die Hälfte von den Rückenstücken haun, wie droht den
Schinken Tod, Schwindsucht dem Speck, dem Eingeweide
Vertilgung, Schwerenot den Schwarten! Ha, wie sollen die
Schlächter seufzen, wie die Schweinehändler erst!«

Ergasilus kann dem Vater seines jungen Herrn dessen
glückliche Rückkehr melden. Nun ist die Familie wieder
vollständig, der Haushalt wieder komplett. Der Vater hat
seinen Sohn, der Wirt seinen Parasiten zurück. Happy-
End.

IE KLIENTEL, ein uraltes Institut der italienischen Völkerschaften, erleichterte dem Römer ein
tieferes Verständnis unseres Wesens. Der Sage nach ging
die Rechtseinrichtung auf den Gründer Roms zurück.
Die vielzitierte Beschreibung dieser Säule des lateinischen
Lebens in den *Antiquitates romanae* des Dionysius von
Halikarnassus lautet:

»Romulus gab die Plebejer als Pfand in die Obhut der
Patrizier, indem er jedem Plebejer erlaubte, sich als Patron
den Patrizier zu wählen, den er sich wünschte... Er empfahl dieses Verhältnis nicht nur dadurch, daß er ihm einen
schönen Namen gab, indem er diese Protektion des Armen
und Geringeren eine *Patronage* nannte, sondern er erlegte
auch beiden Parteien freundschaftliche Pflichten auf, so
daß sich aus dem gegenseitigen Verhältnis ein Freund-
schaftsband entwickelte, das Mitbürgern ansteht... Für

die vornehmen Familien war es eine große Ehre, so viele Klienten wie möglich zu haben und nicht nur diese Patronagen auf ihre Nachkommen zu vererben, sondern dazu noch neue Klienten zu erwerben. Und es ist unglaublich, wie Patrone und Klienten in ihrem guten Willen miteinander wetteiferten, und wie jede Seite bemüht war, die andere an Zuvorkommen auszustechen.«

Der Klient gehörte zur Familie seines Patronus, der ihn vor Gericht vertrat und sich seines Vermögens und seiner Geschäfte annahm und ihm Schutz angedeihen ließ. Dafür gehorchte der Klient und zog mit seinem Herrn in den Krieg. Daß er von seinem Patron zu allen Familienfesten und zu den damit verbundenen zeremoniellen Festmählern und Schmäusen geladen wurde, versteht sich. Patronus und Klient einte ein heiliges Band, und keiner durfte vor Gericht gegen den anderen zeugen.

Das Plautusstück *Menaechmi* zeigt diese urrömische Einrichtung in einer ernsten Krise. Der junge, reiche Menaechmus hat eine Frau, einen Zwillingsbruder, eine Mätresse, einen Schwiegervater, einen Sklaven und einen loyalen Parasiten namens Peniculus, also *Schwamm*.

Peniculus gehört zum Haushalt. Er ist mit seinem Los zufrieden. Er fühlt sich im Klientensystem aufgehoben:

»Gefangene in Ketten legen und entlaufene Sklaven in Eisen schmieden macht, wenn ihr mich fragt, gar keinen Sinn. Ein Mensch im Elend, vor dem Unglück sich auf Unglück häuft, sucht doch nur um so eifriger zu entfliehn, verzweifelt wie er ist. Und auf die eine oder andere Weise wird er sich seiner Ketten doch entledigen. Der eine feilt die Schellen an den Knöcheln durch, der andere zerschlägt mit einem Stein das Schloß wie nichts. Nein, wenn du einen wirklich binden willst und du verhindern willst, daß er entflieht, mit Speis und Trank mußt du ihn an dich fesseln. Binde seinen Schnabel an einen überladnen Tisch. Solang du ihn mit Speis und Trank versorgst – so

viel wie er nur will und jeden Tag – wird er dir nie ent-
laufen. Selbst wenn er den Kopf verwirkt hat, wirst du ihn
mit diesen Fesseln an dich ketten. Essens-Bande halten,
sie brechen nicht, du ziehst sie nur noch fester, je wilder
du an ihnen zerrst. Ich selber bin jetzt auf dem Weg zum
Hause des Menaechmus. Ihm bin ich seit vielen Jahren
zugesprochen. Und ich hoffe, er hält für mich die Fesseln
schon bereit.«

Während Peniculus sich seiner Rechte und Pflichten bewußt ist, klagt Menaechmus:

»Ein jeder wünscht sich Horden von Klienten, doch
überlegt er dabei keinen Augenblick, ob diese gute oder
schlechte Menschen sind. Es ist das Geld, das beim Klienten zählt, und nicht sein Ruf, seine Verläßlichkeit. Ein
Mensch, der zwar Charakter hat, aber kein Geld, ist als
Klient nichts wert. Unehrenhaft und reich gilt er als
gut. Brich das Gesetz, betrüge deinen Nächsten, und die
Patrone reißen sich um dich.«

Ein ungenannter Klient hat ihn erzürnt:

»Klienten und Patrone werden am selben Tag vor das
Gericht zitiert; die Sache kommt vors Volk, kommt vor den
Prätor, kommt vor den Rat. Auf diese Weise hab ich heut
den ganzen Tag verbracht. Ich konnte nicht das tun, was
ich wollte, konnte nicht mit wem ich wollte meine Zeit
verbringen. Vor den Aedilen hab ich ihn vertreten, hab
ihn verteidigt für die grauenhaften Taten, die er verbrochen hat. Zu jedem Trick, und war er noch so mau, hab
ich gegriffen. Ich erreichte schließlich mit Müh und Not
einen Vergleich. Da stellt der Kerl sich hin und sagt, ich
sei sein Hintermann gewesen!«

Menaechmus hat Streit mit seiner Gattin, stiehlt ihr
ein Kleid und bringt es einer Hetäre. Mit ihr und dem
Parasiten will er den Tag *verbrennen*. Die Hetäre organisiert das Gelage. Bis es soweit ist, gehen Herr und Parasit zum Markt, um dort zu zechen. Was aber geschieht?

Hören wir Peniculus:

»Ich bin schon über dreißig Jahre alt und hab noch nie so eine Dummheit angestellt wie heute. Ich hab mich in die Volksversammlung eingedrängt, und als ich sprach, schlich sich Menaechmus weg zu seinem Schatz. Die Götter mögen den vernichten, der als erster Volksversammlungen ersann, die ausgerechnet Leute, die schon anderwärts beschäftigt sind, noch mehr beschäftigen. Als gäb es nicht für derlei Dinge Müßiggänger, die, würden sie nicht zu gebotner Zeit erscheinen, man gleich mit einem Strafmandat belegen müßte! Als fänden sich nicht allerorten Leute, die am Tag nur einmal essen, keine Pflichten haben und zum Essen weder laden noch geladen sind! Die wärn die Rechten für die Volksversammlung. Wär das der Brauch, mir wäre heut mein Mittagessen nicht entgangen, das mir so sicher schien, wie ich hier stehe.«

Peniculus übt sich in staatsbürgerlichen Tugenden, wie es einem freien Mann geziemt, vielleicht vertritt er sogar als vorbildlicher Klient in der Volksversammlung die Sache seines Herrn, aber am Ende wird er dafür bestraft, indem er das Essen versäumt. Sein Patron läßt ihn entgelten, was ein anderer Klient verbrochen hat.

Die Demokratie, so schließt Peniculus ganz im Sinne Platons, ist etwas für Müßiggänger, nicht für Menschen, die sich mit Wichtigerem, mit der nächsten Mahlzeit beschäftigen müssen.

ENAECHMUS war kein Einzelfall. Immer öfter kam der *rex*, der Patron des Klienten, seinen Pflichten nicht nach und versuchte, ihn abzuhängen. Plautus hat diesem Vorgang ein ganzes Stück, den *Stichus*, gewidmet:

Zwei Brüder, die nach einem Bankrott, den sie verrück-
terweise ihrem Parasiten Gelasimus anlasten, drei Jahre
im Ausland verbracht haben, kehren nach Hause zurück.
Gelasimus ist es in der Zwischenzeit nicht gelungen, einen
neuen Wirt zu finden. Er befindet sich im Zustand aller-
größter Verzweiflung:
»Einst gab es eine Redensart, die heute leider ausgestorben ist. Das find ich schändlich, denn sie war, für mein
Gefühl zumindest, sehr kultiviert und ehrenwert. Sie lautete: Komm dann und dann zum Essen. Bitte komm. Sag,
daß du kommst. Ach, sag nicht nein. Du kannst doch?
Geh, ich wünsch es mir so sehr, du weißt doch, nein ich
gebe keine Ruh, bevor du sagst, du kommst. Statt dessen
greift man heut zur leeren, hohlen Phrase: ›Ich hätte dich
so gerne eingeladen, doch leider eß ich heute selber außer
Haus.‹«
So verzweifelt ist er, daß er beschließt, seine ganze
Habe, ja sich selber zu versteigern:
»Ich habe nun beschlossen, eine Versteigerung durchzuführen. Was ich im Hause hab, muß ich verkaufen. Seid
bitte da, es lohnt sich teilzunehmen. Ich habe Späße auf
Lager, kommt und bietet mit. Wer macht ein Angebot, wer
bietet eine Mahlzeit? Wer eine Brotzeit? Bei Herakles,
extra für euch hab ich den Preis gemacht: Ein Frühstück:
He! Hast du genickt? Niemand hat bessere im Angebot.
Greift zu! Hier hab ich Griechensalbe, die euch zum
Schwitzen bringt, gelindes Schmalz, das hilft, wenn ihr
gesoffen habt, ich habe Witze zu verkaufen, Versprechun-
gen und Parasiteneide, ein Schabeeisen, etwas angerostet,
ein rotes Fläschchen Sportleröl, dazu noch einen leeren
Parasiten, in dem ihr Essensreste unterbringen könnt. Ich
muß dies alles hier zum Höchstgebot verkaufen, so daß ich
Herakles ein Zehntel opfern kann.«
Ein rücksichtsloser, genialer Witz. Es war nämlich tatsächlich möglich, sich selbst in die Sklaverei zu verkaufen

und zu diesem Zweck zu versteigern. Das kam vor. Zum Beispiel bei Verschuldung. Handwerker versteigerten sich mit ihrem Handwerkszeug. Normalerweise übernahm ein berufsmäßiger Versteigerer den Verkauf. Nur im bittersten Fall versteigerte man sich selbst. Die zehn Prozent vom Erlös, die Gelasimus unserem Schutzgott Herakles verspricht, nahm gewöhnlich der Auktionator.

Als er hört, daß sein Gönner zurückgekehrt ist, versucht Gelasimus, sich ihm wieder anzuschließen. Vergebens. Unter anderem probiert er es mit Zartgefühl. Er spricht selbst eine Einladung aus, um das Gewissen seines Patrons zu wecken: »Du mußt, zur Feier glücklicher Nachhausekunft, heut abend bei mir speisen.«

Sein pflichtvergessener *rex* stellt sich taub. Gelasimus hakt nach:

»Nein, ich brauch kein Polster, nein, du kennst mich doch, ich geb mich mit dem letzten Platz zufrieden.« Aber die Gästeliste für die Empfangsfeier ist schon geschlossen: »Volksredner sind es, Männer allerhöchsten Rangs, gesandt in Staatsaffairen aus Ambracia.« Mit anderen Worten: Klassische Schmeichler.

Gelasimus sinkt so tief, daß er sich von einer Sklavin herumkommandieren lassen muß:

»PINACIUM: Es muß hier sauber sein. Bring Besen her und Staubwedel, daß ich die Spinnennester, die schmutzigen Gewebe, beseitige.

GELASIMUS: Die Armen, sie werden schrecklich frieren.

PINACIUM: Wie? Meinst du, sie haben nur ein Hemd wie du? Nimm diese Besen.

GELASIMUS: Sofort.

PINACIUM: Ich kehre hier und du da drüben.

GELASIMUS: Das werden wir gleich haben...

PINACIUM: Beeil dich. Wisch den Boden. Kehr vor der Haustür.

GELASIMUS: Ich mach ja schon.

47

PINACIUM: Hier zählt nur die vollendete Vergangenheit.«

Der »schöne Name« *Patronage* entpuppt sich als hohles Versprechen, als verlogene Ideologie. Zu Tode verzweifelt, aber moralisch ungebrochen, verläßt Gelasimus die Bühne mit den Worten:

»Sind sie gegangen? Jetzt, Gelasimus, frag dich: Was nun? Ich frage dich. Wen? Mich? Ja, dich. Dich selbst. Du siehst, wie hoch die Lebenskosten sind, nicht wahr? Aus dieser Welt sind Generosität und Wohlwollen verschwunden. Für überflüssig halten sie den lustigen Kerl. Ein jeder ist sein eigner Parasit. Beim Pollux! Morgen wird man mich nicht mehr lebendig sehen, ich verschwinde, am Strick spuck ich den letzten Becher aus. Kein Mensch sage mir nach, daß ich verhungert sei.«

IT CURCULIO, dem *Kornwurm*, zog in dem gleichnamigen Stück von Plautus, das um 190 v. Chr. uraufgeführt wurde, ein Parasit die Konsequenzen aus dem allgemeinen Niedergang des Klientenwesens. Selbstbewußt hauchte er dem altrömischen Rechtsinstitut neues Leben ein. Mit einer kühnen Intrige erfüllt Curculio die scheinbar unerfüllbaren Wünsche seines hilflosen Herrn und verwandelt ihn in eine Art Klient, der am Ende seinem Helfer ewigen Dank schuldet.

Ein Offizier kauft ein Mädchen bei einem Kuppler, muß aber zur Armee abgehen. Also hinterlegt er das Geld bei einem Wechsler, und das Mädchen wird einer alten Säuferin in Obhut gegeben. Phaedromus, ein junger Mann, verliebt sich in das Mädchen. Sein Parasit, Curculio, wird zum Retter in der Not. Wagemutig sucht er den Offizier im Ausland auf, verlockt ihn zu einem Kartenspiel und gewinnt ihm seinen Siegelring ab. Zurückgekehrt legitimiert er sich mit dem Ring beim Wechsler, kassiert im Namen des Offiziers das hinterlegte Geld und befreit damit das Mädchen aus den Klauen der Säuferin.

Kornwurm hat zwar nur noch ein Auge – ein früherer Gönner hat ihm das andere mit einem Aschentopf ausgeworfen –, aber er hat den Überblick. Er kennt seine Pappenheimer:

»Meineidige findet man auf dem Comitium. Lügner und Prahlhänse in Cloacinas Heiligtum. Verschwenderische, reiche Ehemänner auf dem Börsenplatz. Dort trifft man auch die ausgedienten Huren und die Kuppler. Am Forum gehn die braven wohlhabenden Bürger spazieren. Am Kanal stehen die Renommisten herum, hinterm Teich die Gecken, Schwätzer und Verleumder...«

Ohne Scheu putzt er den Kuppler herunter, der sich als solider Geschäftsmann ausgibt und etwas von Garantien schwafelt: »Das hat mir noch gefehlt! Die Garantie von einem Kuppler, der nichts hat, es sei denn seine Zunge, die da schwört, das anvertraute Gut gehör ihm nicht. Ihr kauft das fremde Gut, und fremdem Gut gebt ihr die Freiheit, fremdes Gut beherrscht ihr; niemand garantiert für euch, sowenig wie ihr garantieren könnt. Ich finde, unter Menschen seid ihr nicht mehr als Schnaken, Flöhe, Läuse: Lästig und quälend, ekelhaft und zu nichts gut.«

»Beim Pollux!« mischt sich da der Wechsler ein: »Du mit deinem einen Auge kennst die Kuppler aus dem Effeff.«

Kornwurm schreit ihm die Wahrheit ins Gesicht: »Ihr gleicht ihnen aufs Haar. Sie arbeiten im Dunkeln, ihr steht auf offnem Markt. Ihr wuchert und ruiniert das Volk wie sie, die es ins Luderleben locken!«

Curculio, der illusionslose Kenner der römischen Wirklichkeit, verhilft dem unerfahrenen Phaedromus zum Lebensglück. Der loyale Parasit streift die Hüllen des Klienten ab und entpuppt sich als zeitlose Gestalt.

ENUG der Speckseiten, der Schweineeuter und Schwartenmagen! Genug der Püffe und Stöße. Genug der groben Späße. Die lateinischen Lehrjahre waren vorbei. Lange genug hatte das Migrantendasein gedauert. Nun wurde der Parasit zum freien römischen Bürger. Terenz gab ihm den letzten Schliff. Aus dem gedrückten Klienten wurde ein unbestechlicher Makler, aus dem *Parasitus edax*, dem Gourmand, wurde der Gourmet. Er legte sich ein gepflegtes Bäuchlein zu. Er wurde feinhäutig. Manieren und Ironie ersetzten grenzenlose Geduld.

Er wurde zur heiteren Frohnatur, zum Weltmann:

»Was für ein Abstand zwischen Mensch und Mensch, ihr Götter! Zwischen klug und dumm! Soeben traf es mich wie ein Gedankenblitz! Man nehme den Kollegen, den ich heute traf. Wie ich kein Knauser, hat auch er versoffen, was er erbte, struppig sah er aus, ganz hager, siech, zerlumpt und schwer gealtert. ›Was für ein Aufzug!‹ rief ich. – ›All mein Gut hab ich verloren. Wo bin ich gelandet? Die Freunde, wo sind sie geblieben!‹ Mich überkam Verachtung! ›He‹, rief ich, ›bist du so tief gesunken, feiger Kerl, daß in dir keine Hoffnung übrig ist? Hast du mitsamt dem Geld den Kopf verloren? Schau mich an, den Kollegen, welcher Teint, die neuesten Klamotten, schau her, mein Embonpoint! Ich habe alles und ich habe nichts. Ich bin ein Habenichts, doch fehlt mir nichts.‹« So *Gnatho* im wahrscheinlich 161 v. Chr. uraufgeführten *Eunuchus*.

»Jetzt gibt es eine neue Masche. Ich hab sie entwickelt. Es gibt Tröpfe, die wollen stets die ersten sein: Die such ich mir aus, ich warte nicht auf ihr Gelächter über mich, ich trete von mir aus auf sie zu mit einem Lachen, voller Bewunderung für ihren Witz.«

Gnatho, das ist die hohe Schule der Parasitik. Der souveräne Meister führt einen naiven Kollegen mit sich, einen

Parasitenparasiten, dem er Nachhilfe gibt: »Ich sprach zu ihm, folge mir nach. Dereinst wird man vielleicht, so wie man jetzt die Philosophen nach ihrer Schule zu benennen pflegt, die Parasiten als Gnathoniker bezeichnen.«

Das einzig Unseriöse, was dem musterhaften Gnatho noch anhing, war sein Herr, ein aufgeblasener Offizier.

In einem zweiten Stück hob Terenz den *rex* auf die Höhe des Parasiten, aber nicht nur das. Der Titelheld, der Parasit *Phormio,* identifiziert sich nicht nur mit einem Wirt, sondern mit zwei Wirten, und beide sind höchst sympathische junge Leute.

Die zwei Athener, Cousins, deren reiche Väter verreist sind, sind verliebt. Der eine Junge, Antipho, liebt eine arme Waise; Phaedria, der andere, die Sklavin eines Bordellbesitzers. Phormio überredet Antipho, sich als Verwandten der armen Waisen auszugeben. Aufgrund eines Gesetzes, das bestimmt, daß der nächste männliche Verwandte einer Waisen, einer *Erbtochter,* diese heiraten muß, wird Antipho zur Heirat verurteilt. Der Vater von Antipho kommt von seiner Geschäftsreise zurück und ist entsetzt. Phormio bietet ihm an, die Erbtochter gegen eine hohe Summe zu übernehmen, kauft aber dann mit dem Geld die Sklavin des Bordellbesitzers frei. Die Waise entpuppt sich schließlich als uneheliche Tochter von Phaedrias Vater, der, als Ehebrecher enttarnt, gegen die Verbindung seines Sohnes mit einem Mädchen aus dem Bordell nichts mehr einwenden kann.

Phormio, der die Intrige meisterhaft, mit juristischem und psychologischem Geschick einfädelt und durchführt, verpflichtet sich zwei Familien. Der Freitisch, um den es ihm geht, steht für einen festen, gleichberechtigten Platz in einer Welt, die ohne ihn nicht funktionieren würde. Der Parasit nützt die Schwächen der Gesellschaft, um sie und sich glücklich zu machen. Sein Loblied kommt von Herzen:

»Es kann kein Mensch es seinem Gönner lohnen, wie
dieser es verdient, ganz kostenlos kommst du und gehst;
schmückst dich, salbst und badest du dich ganz un-
beschwert, indes die Sorgen und der Aufwand ihn verzehren, bekommst du was du willst; ihm hängt das Maul,
du lachst; du trinkst zuerst, du nimmst am Tisch den Platz
als erster ein, voll Zweifel nimmst du dann dein Essen ein.«
»Was soll das heißen?« fragt ein Sklave.

PHORMIO: »Voll Zweifel, welche Speise du zuerst dir
auftun sollst, indem du recht bedenkst, wie kostbar und
wie lecker alles ist: muß dir, wer solches bietet, nicht als
Gott erscheinen?«

Der Parasit war nicht mehr die Ergänzung eines lächerlichen Gönners. Er war nicht mehr komisch, aber ihm zu-
zusehen, ihn anzuhören, war das reine Vergnügen.

Eine Steigerung war nicht mehr möglich. Nach Terenz
zerstob die *commedia palliata* wie eine herrliche Seifen-
blase, die die rauhe Wirklichkeit streift. Die literarische
Überlieferung brach ab.

Für die wenigen Überreste, die aus späterer römischer
Zeit überliefert sind, mag hier ein trauriges Fragment des
Komödiendichters Nikolaos stehen, der schon in die Zeit
von Cäsar und Augustus gehört.

Tantalos – so belehrt bei diesem hellenistischen Dichter
ein erfahrener Parasit einen jüngeren – sei der Urahn
des Parasitengeschlechtes gewesen; doch habe er sich
schlecht auf diese Kunst verstanden: Wegen seiner zügellosen Zunge habe ihn Zeus vom Göttertisch verjagt und
einen Schlag mitten auf den Bauch versetzt, so daß ihm
die Sinne vergingen. Zu Recht, sei Tantalos doch nur ein
dummer Phrygier gewesen, der die Offenheit seines Brotherrn nicht vertragen konnte. Auch jetzt müsse vor dem
Leichtsinn gewarnt werden, mit dem einige den geprie-
senen Beruf des Parasiten ohne alle Vorbereitungen ergriffen:

»Wie kommst du eigentlich dazu, Mensch? Was verstehst du? Wessen Schüler bist du? Welcher Sekte hast du dich angeschlossen? Von welchen Grundsätzen gehst du aus? Mit Mühe gelingt es uns, die wir ein ganzes Leben darauf verwendet haben, eine offene Tür zu entdecken, weil es so viele unverschämte Konkurrenten gibt. Nicht jeden führt die Fahrt zur Tafel glücklich hin. Erstens muß man eine gute Lunge haben, dann eine kecke Stirn, eine Gesichtsfarbe, die nicht wechselt, unermüdliche Backen, die einen Puff aushalten können. Das sind die ersten Elemente der Kunst. Dann muß man verstehen, wenn man verspottet wird, sich selbst auszulachen: dem Brotherrn zu dessen Verderben zu gefallen sein. Der alte eitle Geck, der sich schminkt, sei dir Ganymedes; dem prahlerischen Krieger, der bei Tische Schlachten liefert und Leichenhaufen türmt, höre geduldig zu, deinen Spott verbergend, und laß deinen Ärger an den Speisen aus. So übertrifft die τέχνη παρασιτική, die parasitische Technik, alle übrigen Künste ...«

PARASITUS war und blieb in Rom ein Fremdwort. Es löste sich nie ganz aus seinem griechischen Kontext. Am älteren Cato, Marcus Porcius Censorius Cato, bekannt durch seine ständig wiederholte Aufforderung am Ende seiner Reden, Karthago müsse zerstört werden, läßt sich die Feindschaft der Römer gegen das Griechische ablesen. Er war ein unnachsichtiger Gegner aller Bequemlichkeiten, bestand verbissen auf angeblich alte, in Wirklichkeit primitive Gebräuche, wetterte gegen die Putzsucht der römischen Damen und betrieb mit Erfolg die Vertreibung einer aus Philosophen bestehenden griechischen

Gesandtschaft, die um 150 v. Chr. nach Rom kam. In seiner Schrift *De agricultura*, in der er in knappen Worten die Pflichten eines landwirtschaftlichen Verwalters erläutert, heißt es unter anderem:

»Der Gutsverwalter soll auf Disziplin achten ... Er darf kein fauler Herumtreiber, er muß immer nüchtern sein. Er soll nicht auswärts essen. Die Freunde seines Herrn soll er als die seinen betrachten. Als Landarbeiter soll er nur Tagelöhner beschäftigen, jeden Tag andere. Er darf nicht den Wunsch haben, von seinem Herrn heimlich etwas kaufen zu wollen. Er soll keinen Parasiten haben. Er soll keinen Haruspex, keinen Auguren, keinen Wahrsager oder Astrologen beschäftigen.«

Das Verbot, feste Arbeiter einzustellen, verrät, wes Geistes Kind der angebliche Konservative war. Daß dieser Rationalisierungsfetischist im Klientel mehr sah als ein geist- und lebensfeindliches Hörigkeitsverhältnis, darf mit Fug und Recht bezweifelt werden.

RÖMISCHE REPUBLIK ADE, ade *Palliata*. Marcus Tullius Cicero, der 106 v. Chr. geborene Staatsmann und Redner, verkörperte den schmerzhaften Abschied wie kein zweiter.

Er besaß riesige, zum Teil verpachtete Ländereien. Seine Gesinnung war aristokratisch. Wie Platon verachtete der berühmte Redner das Handwerk:

»Was die handwerklichen Berufe und Erwerbszweige betrifft«, so heißt es in seinem *Buch über die Pflichten*, »und die Frage, welche als eines Freien würdig, welche für schmutzig zu gelten haben, so haben wir etwa folgendes mitgeteilt bekommen. Zunächst werden die Erwerbszweige mißbilligt, die sich der Ablehnung der Menschen aussetzen, wie der Zöllner, der Geldverleiher. Eines Freien unwürdig und schmutzig sind die Erwerbsformen aller Tagelöhner, deren Arbeitsleistung, nicht handwerkliche Geschicklichkeiten, erkauft werden ... Für schmutzig muß man auch diejenigen halten, die von den Großhändlern Waren erhandeln, um sie sogleich weiterzuverkaufen. Alle Handwerker befassen sich mit einer schmutzigen Tätigkeit, denn eine Werkstatt kann nichts Edles an sich haben. Am wenigsten kann man die Fertigkeiten gutheißen, die Dienerinnen von Genüssen sind: ›Fischhändler, Metzger, Köche, Geflügelhändler und Fischer‹, wie Terenz sagt.«

Das Terenz-Zitat stammt aus dem *Eunuchen*. Gnatho nähert sich dem Viktualienmarkt: »Glücklich läuft auf mich zu, was Beine hat, Delikatessenhändler, Fischverkäufer, Fleischer, die Köche, die Geflügelhändler und die Fischer, alle die, denen ich in schlechter wie in guter Zeit etwas habe zukommen lassen, sie begrüßen mich, bewirten mich und wünschen mir danach, ich möge gut nach Hause kommen.«

»Füge«, so fährt Cicero fort, »wem es gefällt, noch hinzu: Salbenhändler, Tänzer und die ganze Zunft der Schausänger.«

Er haßte Cäsar. Cäsar verehrte ihn, aber Cicero freute sich über dessen Ermordung. Dann griff Marcus Antonius nach der Macht, und Cicero schmähte ihn in seinen philippischen Reden, den *Orationes Philippicae*. In der zweiten sagte er unter anderem:

»Antonius wird heute nicht zu uns in den Senat kommen. Warum? Nun, er gibt eine Party. Einer seiner Freunde hat Geburtstag. Ich will hier keine Namen nennen. Sagen wir einfach, dieser Freund heißt Phormio oder Gnatho ...«

Der Parasitenverächter Antonius ließ den Parasitenverächter Cicero ermorden. Der Kopf und die rechte Hand des berühmten Rhetors wurden auf der Rednerbühne zur Schau gestellt.

AUCH Q. HORATIUS FLACCUS, der 65 v. Chr. geborene Dichter, war eine für das Ende der römischen Republik typische Übergangsfigur.

Wie Cicero zunächst Republikaner, schloß er sich nach Cäsars Ermordung Brutus an, wurde dann aber bei der Schlacht von Philippi fahnenflüchtig. Von Augustus begnadigt, feierte er diesen als Friedenskaiser und ließ sich von einem Gönner, dem reichen C. Ciluius Maecenas, 33 v. Chr. ein Landgut schenken. Eine Parzelle bebaute er mit acht ständigen Gutssklaven, fünf Parzellen verpachtete er.

Wie Seneca in seiner *Vita Horatii* berichtet, schrieb Kaiser Augustus an Maecenas: Sag Horaz, »er soll deinen parasitischen Tisch verlassen und an meine königliche Tafel kommen.« Das war fein gesagt, denn der Ausdruck *königliche Tafel, regia mensa,* war doppeldeutig. Der Herr des Klienten hieß *rex*, König; also war die Botschaft: »Sag ihm, deinem Parasiten, ich bin sein Patron, er mein Klient.« Schwang da feinster Tadel griechischer Sitten, römischer Hochmut mit?

Horaz vermied das Wort Parasit. Einmal erwähnte er die Parasiten der Bühne. Ein anderes Mal beschrieb er die Hindernisse, auf die ein junger Mann, der sich für römische Matronen interessiert, treffen kann, und zählte neben Aufpassern, Friseuren und langen Gewändern auch *parasitae* auf, also weibliche Parasiten, vielleicht um den griechischen Geschmack dieser Entourage zu charakterisieren.

Horaz bevorzugte eine andere Vokabel, er führte den Gebrauch des kräftigen lateinischen Wortes *scurra* ein, *Schnurrer*, aus dem sich später das Wort *skurril* entwickelte. Mit diesem Ausdruck brandmarkte er in seinen Satiren den verkommenen Klienten, während er das Wort *cliens* bei feinsinnigen Überlegungen bevorzugte, die der Frage galten, wie ein in jeder Hinsicht einwandfreies Verhältnis zwischen Gönner und Dichter beschaffen sein müßte.

Alle Abscheu und Verachtung zog der Kolax, der *adulator*, der Schmeichler, auf sich, der in der moralphilosophischen, an Platon weiterstrickenden Debatte immer mehr zum Inbegriff eines höchst gefährlichen, geradezu rabenschwarzen Charakters mutierte.

So bei Plutarch, zwischen 50 und 120 n. Chr., der sich gründlich über diesen politischen Polypen, dieses Chamäleon, diesen Spiegel und Schatten, diesen Vogelsteller, schlechten Maler, diese Viehbremse, Hundelaus, diesen Holzwurm und Affen ausließ. Um so bedeutender war es, daß der Cheironäer als erster wieder, und zwar in sehr ernsthaftem Ton, in seiner Biographie des Solon, auf die ehrwürdige Vergangenheit des Parasiten zu sprechen kam:

»Merkwürdig ist auch die Verordnung Solons, die sich auf das öffentliche Speisen bezog, das er selbst *parasitieren* nannte. Er gestattete nicht, daß sich einer bei diesen Mahlzeiten zu oft einfände, bestrafte aber den, welcher nicht teilnehmen wollte, wenn er an die Reihe kam; jenes legte er als ungebührliche Anmaßung, dieses als eine Verachtung der öffentlichen Zusammenkünfte aus.«

Die *Parallelbiographien* des griechisch schreibenden Denkers, in denen er Theseus und Romulus, Alkibiades und Coriolan und andere berühmte Männer Griechenlands und Roms verglich, signalisierten ein wachsendes Verständnis für die Grundlagen der abendländischen Kultur. Trajan verlieh Plutarch konsularische Würden.

Unter Trajan oder Hadrian, am Anfang des zweiten Jahrhunderts jedenfalls, soll Juvenal nach Ägypten oder Britannien verbannt worden sein, weil er den Einfluß eines Schauspielers auf die Regierung gerügt hatte. Der Satiriker war bekannt für seinen Ausländerhaß, speziell seine

Aversion gegen die Griechen. Er erfand die Spottfigur des *Graeculus esuriens*, des *kleinen griechischen Hunger-leiders,* und klagte: »Der eine kommt aus dem hohen Sizilien, der andere aus dem verlassenen Amydon, der aus Andros, und jener aus Samos, der ist aus Tralles oder Alabanda. Sie alle streben zum Esquilin [dem größten römischen Hügel, wo Maecenas reizende Gärten angelegt hatte] und den Viminalis [einem zweiten Hügel]; sie sind das Eingeweide der großen Häuser und deren zukünftige Herren.«

Es war speziell die Vielseitigkeit dieses Typus, die Juvenal irritierte: »Welchen Menschen wir wünschen, verkörpert er – Lehrer der Literatur, der Rhetorik, der Geometrie; Maler, Masseur und Trainer; Wahrsager, Seiltänzer; Doktor; Magier – der kleine griechische Hungerleider kann alles. Befiehl ihn in den Himmel, er geht.«

Er verglich ihn mit den Komödienschauspielern, die ihre mimischen Fähigkeiten nicht auf der Bühne, sondern in den großen römischen Häusern unter Beweis stellten:

»Wenn du lachst, schüttet er sich aus vor Lachen; wenn sein Freund Tränen in den Augen hat, weint er nicht nur, er greint. Wenn du im Winter nach der Wärme eines kleinen Feuers verlangst, wirft er sich den zottigen Mantel der griechischen Turner aus tyrischem Pupurstoff über.«

Boshaft wollte er dem Parasiten das Sterbeglöcklein läuten:

»Die alten und müden Klienten verlassen die großen Eingangshallen und stecken ihre Hoffnungen weg, obwohl eine Mahlzeit das ist, worauf ein Mensch am längsten hofft; auf die Armen wartet ein Kohlkopf und ein Feuerchen. Und mittlerweile wird ihr *rex* das Köstlichste verschlingen, was Wald und Meer liefern, ganz für sich wird er sich ausstrecken auf leeren Polstern. Denn weit und breit wird so das väterliche Erbe verpraßt. Bald wird kein Parasit mehr zu finden sein.«

WIR VERSCHWANDEN NICHT, im Gegenteil: Die *parasiti Apollinis*, die *Parasiten Apolls*, bewiesen, daß uns eine neue Blüte bevorstand. Diese geheimnisvolle Gesellschaft von Schauspielern, die ihre Anfänge auf die Ludi Apollinaris im Jahre 212 v. Chr., also auf die Zeit der politischen Entmachtung Athens zurückführte, verehrte Apollo als Schutzherrn und besaß einen *sacerdos synodi*, einen Priester, welcher ihr vorstand. Ein prominentes Mitglied war der Schauspieler Latinus, ein Liebling des Kaisers Domitian: »Du süße Zierde der Szene, du Star der Spiele, Latinus...«, sang Martial.

Der spanische Satiriker, der 62 n. Chr. zweiundzwanzigjährig nach Rom gekommen war und von Gelegenheitsgedichten lebte, die er dem Kaiser widmete, spottete zwar oft über Schnurrer, die den Küchenrauch beobachteten und in den Bädern nach einem Patron jagten; aber uns meinte er damit nicht, wir waren auch für ihn Nachfahren religiöser Beamter aus altgriechischer Vergangenheit.

Die Anzahl der *parasiti Apollinis*, zu denen nicht nur Mimen und Pantomimen, nicht nur *comici*, sondern auch *tragici* gehörten, war beträchtlich. Es gab in der Gesellschaft also auch Tragödienschauspieler. Parasit wurde wieder ein Ehrentitel, und das sollte über hundert Jahre so bleiben. Parasitendenkmäler erinnern daran. Aus der Regierungszeit Marc Aurels ist der Sockel einer Statue erhalten, die 169 n. Chr. von den Parasiten Apolls aufgestellt wurde. Sie stellte ihren gewählten Prinzipal dar, einen gewissen Acilius, den *vornehmen Erzmimen*, den *ersten tragischen und komischen Schauspieler seiner Zeit*:

»L. ACILIO. L. F. POMPT. EVTYCHAE. NOBILI.
ARCHIMIMO. COMMUN. MIMOR. ADLECTO.
DIURNO. PARASITO. APOLL. TRAGICO. COMICO.

PRIMO. SUI. TEMPORIS. ET. OMNIBUS.
CORPORIB. AD. SCAENAM. HONOR.
DECURIONI. BOVILLIS. QUEM. PRIMUM.
OMNIUM. ADLECT. PATRE. APPELARUNT.«

An diesen Denkmälern läßt sich nicht rütteln. Sie beweisen bis heute, daß die römischen Kaiser sich mit uns schmückten und in uns Vertreter eines göttlichen Kultes sahen.

In diese Zeit fällt das von Pollux um 180 verfaßte Maskenverzeichnis. Der griechische Sophist war Lehrer des Kaisers Commodus. Sein Katalog zeigt, daß der Parasit eine *stephane*, eine besondere Art der Perücke trug. Seine Attribute waren *stleggis* und *lekythos*, wie bei Plautus, und seine Maske hatte Blumenkohlohren – der augenscheinliche Beweis seiner Tapferkeit, seines Kampfgeistes, seiner Teilnahme an den Wettkämpfen in den Ringschulen.

Der Schmeichler trug eine andere Maske mit hochgezogenen Augenbrauen, einer Hakennase und mechantem Gesichtsausdruck. Er ähnelte einem strengen Sittenrichter, einem antiken Tartüff.

LKIPHRON war der erste von drei hellenistischen Schriftstellern, die uns glanzvoll aus der antiken Welt verabschiedeten.

Er war ein Mann des zweiten oder dritten Jahrhunderts. Seine genaueren Lebensumstände sind unbekannt, aber seine *Briefe* machten ihn unsterblich. Es sind fingierte Briefe, ihr Schauplatz ist das Athen des vierten Jahrhunderts vor der Zeitenwende. Ihr Stil erinnert an die Schäferromantik an den Höfen des Rokoko oder an das Frühe Mittelalter im Jugendstil, an Tannhäuser in den

Illustrationen von Aubrey Beardsley. Sie porträtieren Herren, Parasiten, Philosophen, Fischer, Bauern und Hetären.

Den Parasiten Hetoimokossos hat man gezwungen, mehr zu trinken und mehr zu essen, als sein Bauch faßt. Er entrinnt nur knapp dem Tode und will sich »ändern und fortan arbeiten. Ich werde nach dem Piräus gehen und als Tagelöhner Schiffsladungen in die Lagerhäuser schleppen.«

Bei einem heiteren Mahl, bei dem man sich aus Spaß gegenseitig mit Ohrfeigen traktiert, humoristische Gedichte rezitiert und gepfefferte Späße zum besten gibt, wird Psichoklastes von den Häschern eines verbitterten Greises ergriffen, die ihm mit der Stachelpeitsche eine kaum zählbare Menge von Hieben versetzen und ihn ins Gefängnis werfen, bevor ihn ein liebenswürdiger Richter des Areopag wieder auf freien Fuß setzt.

Rhagostrangiosos klagt: »Gänzlich aus ist es mit mir! Gestern noch in feinen Kleidern, decke ich heute meine Blöße, wie du siehst, mit schmutzigen, zerfetzten Lumpen.«

Billets. Stichworte, die klassische Bildung beweisen: »Wahrscheinlich muß ich nach Kynosarges gehen. Dort könnte mir einer von den jungen Leuten aus Mitleid etwas zum Anziehen geben...«

Snobistisches Naserümpfen: »Ohne uns gibt es kein Fest, es wäre nur eine Feier von Säuen, nicht von Menschen.«

Die Philosophen Spottfiguren: Ein Kyniker läßt seine Kutte herunter, schlägt sein Wasser ab und vögelt dann vor aller Augen eine Sängerin mit der Erklärung, Urgrund der Zeugung sei die Natur. Die Parasiten halten sich die Augen zu.

Limopyktes erzählt, er sei zu einem Freund, einem Bauern, aufs Land gegangen, habe die Hacke in die Hand genommen und sei sich so recht als Bauersmann vorgekommen: »Als aber dann aus der täglichen Gewohnheit die Arbeit zur Pflicht gemacht wurde und ich ständig ackern, Steine lesen, Pflanzgruben ausheben und Bäume setzen mußte, konnte ich dieses Leben bald nicht mehr aushalten.«

Er schließt sich einer Räuberbande an. Ein anderer Kollege versucht sich als Schauspieler.

Geschrieben vor eintausendachthundert Jahren über eine damals sechshundert Jahre zurückliegende Zeit, wie sie so nie existiert hat!

»Hektodioktes an Lopadekthambos. Der Zeiger der Sonnenuhr beschattet noch nicht die sechste Stunde, und schon drohe ich vor Hunger zu vergehen. Auf, Lopadekthambos, jetzt brauchen wir einen Plan, oder besser Brechstange und Seil. Entweder müssen wir die ganze Säule umkippen, die diese verhaßte Sonnenuhr trägt, oder den Zeiger so drehen, daß er die Stunden schneller anzeigt. Das wäre ein Plan, des Palamedes würdig!«

Eine zauberhafte Blüte des kaiserzeitlichen Attizismus. Szenischer Gestus. Sentimentalische Etüden. Bauern und Fischer aus dem Hochglanzprospekt. Sie erinnern an eine Mauerlücke im Park des Schlosses von Nymphenburg, durch welche die Damen und Kavaliere einen Bauern beim Pflügen betrachten konnten. Kostbarer Nippes. Meißner Porzellan.

LUKIAN VON SAMOSATA, der um 125 geborene Syrer, adelte uns in seiner griechischen Schrift Περὶ Παρασίτου zu Philosophen. Die klassische deutsche Übersetzung unter dem Titel *Der Parasit oder Beweis, daß Schmarotzen eine Kunst sey* (1788/89) stammt von Christoph Martin Wieland. Das streng geführte Streitgespräch

im Stil eines sokratischen Dialogs beginnt ohne Um-
schweife:

»TYCHIADES: Wie kömmt das, Simon? Alle andere Menschen, Freygebohrne und Sclaven haben irgend eine Kunst
gelernt, wodurch sie sich selbst und Andern nützlich sind:
du hingegen, so viel ich weiß, nichts womit du dir etwas
erwerben oder einem Andern dienen könntest.

SIMON: Ich verstehe eine gewisse Kunst – die Parasitik.

TYCHIADES: Zum Jupiter! wenn wir dich also an jemand zu präsentiren hätten, so müßten wir sagen, dieß ist
der Parasit Simon?

SIMON: Eben so unbedenklich, und noch mehr, als wenn
ihr den Phidias einen Bildhauer nennt.«

Simon flüchtet sich nicht in spitzfindige Definitionen,
er folgt dem handfesten Kunstbegriff von Sextus Empiri-
cus und Quintilian und beschreibt Kunst als »ein System
von deutlichen Begriffen, die durch öftere Übung mechanisch worden sind, und auf einen gewissen, im menschlichen Leben nützlichen Zweck abzielen«.

Simon packt den Stier bei den Hörnern. Er spricht uns
aus der Seele: Ist es nicht eine Kunst, den richtigen Wirt
zu finden, den passenden Gönner? Sieht man denn einem
Menschen den Charakter an der Nasenspitze an? Erfor-
dert es nicht außergewöhnliche Fähigkeiten, nie ins Fett-
näpfchen zu treten und seinen Gönner stets so zu unterhalten, daß ihn die Unterhaltung wirklich ehrt und niemals
beleidigt?

»Noch mehr. Um von den Vollkommenheiten und Män-
geln so mannichfaltiger Gerichte, Ragouts und Backwerke
richtig zu urtheilen, meynst du, daß dazu weiter nichts als
der läppische Gernwitz eines naseweisen Gecken und nicht
vielmehr eine Menge von Kenntnissen erfodert werden?
Sagt nicht der göttliche Plato selbst mit dürren Worten:
›Wer schmausen will, ohne sich auf die Kochkunst zu
verstehen, wird von den Tractamenten kein zuverläßiges

Urtheil fällen können.‹ Daß es aber bey der Parasitik nicht nur auf richtige Begriffe, sondern auch zugleich auf beständige *Ausübung* ankomme, wird dir aus folgendem begreiflich werden. Bey vielen andern Künsten erhalten sich die Kenntnisse, die man sich von ihnen erworben hat, Tage und Nächte und Monate und oft ganze Jahre, auch ohne Ausübung; bei dem Parasiten hingegen, der seine Theorie nicht täglich in Ausübung bringt, geht nicht nur die Kunst, denke ich, sondern der Künstler selbst zu Grunde. Was endlich den Punct, *zu einem im menschlichen Leben nützlichen Zweck,* betrifft, wäre es nicht Unsinn, eine Erörterung hierüber für nöthig zu halten? Ich meines Ortes kenne im ganzen Leben nichts nützlichers als Essen und Trinken, da ohne beydes vom Leben nicht einmal die Rede wäre.

TYCHIADES: Nun fehlt nur noch, daß du uns eine tüchtige Definition der Parasitik giebst.

SIMON: Mich däucht, man könnte sie am besten so definiren: die Parasitik ist eine Kunst, auf andrer Unkosten zu essen und zu trinken, deren Zweck das sinnliche Vergnügen ist.«

Der Parasit, so Simon, ist in seiner Bedürfnislosigkeit der vollendete Kyniker und in seiner ausgeglichenen Heiterkeit der vollendete Epikureer. Weder der Arme noch der Reiche kann das Leben genießen.

»Der Parasit hingegen hat keinen Koch, über den er sich erzürnen könnte, kein Landgut, keinen Hausverwalter, kein Geld, dessen Verlust ihn schmerzen würde, und hat doch zu essen und zu trinken die Fülle...«

Die Parasitik ist nicht nur eine Kunst, sie ist die Kunst der Künste: »Alle anderen Künste sind ohne gewisse Werkzeuge (die mit Kosten angeschafft werden müssen) ihrem Besitzer unnütz; niemand kann ohne Flöte flöten, ohne Violine geigen, oder ohne ein Pferd reiten: die einzige Parasitenkunst ist sich selber so genug und macht es ihrem

Meister so bequem … Andere Kunstverwandte arbeiten nicht nur mit Mühe und Schweiß, sondern größtentheils sogar sitzend oder stehend, und zeigen dadurch, daß sie gleichsam Sclaven ihrer Kunst sind: der Parasit hingegen treibt die seinige auf eben die Art wie die Könige Audienz geben, – liegend.«

Die Parasitik ist auch der Rhetorik und der Philosophie überlegen, gibt es doch weder darüber, was die rechte Rhetorik, noch darüber, was die rechte Philosophie ist, eine einhellige Meinung: »Den einen Begriff macht Epikur davon, einen anderen die Stoiker, einen anderen die Akademiker, wieder einen anderen die Peripatetiker … Mit der Parasitik ist es keineswegs so beschaffen: sie ist bey Griechen und Barbaren ihrem Wesen, ihrer Form, ihrem Gegenstand und Endzweck nach, eine und eben dieselbe.«

Hat die Parasitik nicht das Hauptproblem aller Philosophie gelöst: die Frage, was zur Glückseligkeit nötig ist? Gibt es nicht genug Philosophen, die sich als Dilettanten auf dem Gebiet der Parasitik betätigt haben und dabei kläglich gescheitert sind?

»Sogar euer hochgepriesner Plato selbst kam in keiner andern Absicht nach Sicilien, als den Parasiten bey dem Tyrannen zu machen; und daß er, nach einem Versuche von wenigen Tagen, wieder davon abstehen mußte, kam bloß daher, weil er zu wenig Genie für die Kunst hatte. Er kehrte also nach Athen zurück, gab sich alle mögliche Mühe sich zu einem neuen Versuche vorzubereiten, machte eine zweyte Reise nach Sicilien, schmausete abermals einige Tage, sah sich aber bald wieder genöthigt, die Profession aus gänzlichem Mangel an Geschicklichkeit aufzugeben.«

Sowohl im Krieg als auch im Frieden ist der Parasit den Philosophen und Rhetoren überlegen. Groß, kräftig, durchtrainiert, ein Mann, der die Palaistra, die Sportstätten, regelmäßig besucht, von blühender Gesundheit und körperlicher Gewandtheit, eignet er sich bestens zum Soldaten – im Gegensatz zum körperlich oft ganz verkommenen politischen Redner:

»Verriethen nicht Demokrates, Aeschines und Philokrates, auf die erste Nachricht, daß Philippus zu den Waffen gegriffen habe, die Stadt und sich selbst aus bloßer Furcht an diesen Prinzen? Hyperides und Lykurg hatten kaum das Herz, ein wenig durchs Stadtthor hinaus zu gucken…

TYCHIADES: Ich weiß es. Übrigens waren das Redner, die aufs Reden abgerichtet waren, nicht aufs Handeln. Aber was hast du gegen die Philosophen zu sagen?

SIMON: Sie dissertieren zwar tagtäglich über die Tapferkeit, und zermalmen das arme Wort Tugend unaufhörlich zwischen ihren Zähnen: aber mit allem dem sind sie noch feigere Memmen und größere Zärtlinge als die Redner selbst… Antisthenes, Diogenes, Krates, Zeno, Plato, Aeschines, Aristoteles, und wie sie alle heißen, haben in ihrem Leben kein Kriegsheer in Schlachtordnung gesehen, und der einzige von ihnen, der das Herz hatte dem Treffen bey Amphipolis beyzuwohnen, floh, und lief in einem fort vom Parnes bis in die Fechtschule des Taureas…«

Und dieser Deserteur war kein anderer als Sokrates!

Aber nicht nur im Krieg, auch im Frieden beweist die Parasitik ihre Überlegenheit über alle anderen Künste. Den Parasiten allein zeichnet die als höchstes Glück zu erstrebende Seelenruhe aus. Er kennt keinen falschen Stolz, keinen Hochmut. Niemals vergilt er Gleiches mit Gleichem, sanft und lächelnd geht er noch auf den Unverschämtesten ein. Den Ruhm verachtet er ebenso wie Geld.

»Er erzürnt sich über nichts, weil er das Unangenehme zu ertragen weiß, und – weil er niemand hat über den er böse werden könnte… Von Traurigkeit aber weiß niemand weniger als er, da ihm seine Kunst den besondern Vortheil gewährt, nichts zu haben, worüber er traurig sein könnte. Denn er hat weder Güter, noch Haus, noch Gesinde, weder

Weib noch Kinder, Dinge deren Verlust denjenigen, der sie besaß, nothwendig betrüben muß.

TYCHIADES: Man sollte doch denken, Simon, daß ihn die Nahrungssorgen zuweilen in seiner guten Laune stören müßten.«

SIMON, im Stil feinster sokratischer Logik: »Du vergissest, Tychiades, daß derjenige schon kein Parasit wäre, der über sein Mittagessen verlegen seyn müßte: so wie ein tapferer Mann, sobald es ihm an Tapferkeit gebricht, nicht tapfer, und ein Kluger, den seine Klugheit auf dem Sande sitzen läßt, nicht klug ist. Wir haben es aber hier mit einem Parasiten, der es ist, zu thun, nicht mit dem, der es nicht ist.«

Als wahre Kunst erfreue die Parasitik nicht nur den Künstler, sondern auch den Mäzen: »So einfältig wirst du doch nicht sein, um nicht einzusehen, daß ein reicher Mann, wenn er auch so viel Geld hätte wie ein Gyges, nur ein armer Teufel wäre, wenn er allein essen müßte. Ein Reicher ohne Parasiten ist wie ein Soldat ohne Waffen, ein Rock ohne Purpur, ein Pferd ohne Schmuck.«

Und das Wichtigste: »Von den Philosophen allen, oder doch von den meisten wissen wir, daß es ein böses Ende mit ihnen genommen hat: einige wurden der größten Verbrechen wegen zum Giftbecher verdammt. Dem Parasiten kann niemand eine solche Todesart nachsagen; er stirbt sanft und süß unter vollen Schüsseln und Bechern.«

THENAIOS VON NAUKRATIS war weder ein Stilist wie Alkiphron noch ein Analytiker wie Lukian. Sein barockes Werk trug den bezeichnenden Titel *Deipnosophistai*, was etwa soviel heißt wie *Die schmausenden Gelehrten* oder, genauer noch, *Die Schmausgelehrten*.

Berühmte und gelehrte Männer wie der Arzt Galenus
oder der Jurist Ulpianus feiern als Gäste eines reichen
Römers eine tagelange Orgie und unterhalten sich dabei
über Gott und die Welt, vornehmlich aber über das Essen
und Trinken und die Kochkunst in der Literatur; über
Rezepte und Leckereien, über Frauen, Köche und Salate,
Sklaven, Klatsch und Tratsch, über Platon und Aristoteles, über die unwiderleglichen Beweise für die Feigheit
von Sokrates auf dem Schlachtfeld, über Verdauungs-
störungen und Fischverkäufer, über Weinmischungen, über
den Kater am Tag danach, über athletische Fresser, über
betrunkene Tiere und betrunkene Dichter – und eben auch
über uns.

Endlose Ausführungen über historische Freßgelage mit
sechstausend Offizieren, die größten Austern, parfümierte
Kränze, silberfüßige Liegen, mit Edelsteinen besetzte
Schalen, Hunderte von Zofen, silberne Mischkrüge, Feigen,
die besten Bäcker, schneegekühlten Wein, Sängerinnen,
Flötenspielerinnen, Köstlichkeiten, dick vergoldete Ta-
bletts, über Eier gegossenes Bohnenmus, Parfüm-Doppel-
flaschen, nackte Artistinnen, kappadoktisches Gebäck,
silberne Spieße, Köche, Rosenwasser, Jünglingschöre,
Gaumengenüsse, Salben und Trinkgenossen, Speisesofas,
Becherständer, Fleischkessel...

Es ist kaum auszuhalten, diese endlose Suada, dieser
überwürzte dicke Brei aus Anekdoten, Zitaten und mär-
chenhaften Schilderungen: dreitausend Kilikier in leichter
Bewaffnung mit goldenen Kränzen, zehntausend Make-
donier mit goldenen Schilden, Zimtöl und Narde, Süß-
klee und Duftiris, Safranöl, zweihundert Frauen ver-
sprühen aus silbernen Krügen Duftwasser, ständig Rosen,
Levkojen, hundert Marmortische, eintausendfünfhundert
Dreierliegen, phönizische Vorhänge, goldgewebte Chitone,
Siegesgöttinnen mit goldenen Flügeln, Purpurmäntel,
Füllhörner, Räuchergefäße aus was wohl, Thyrsosstäbe,

Weinschläuche aus Leopardenhäuten, ein silbernes Misch-
gefäß, das sechshundert Eimer faßte, auf einem von sechshundert Männern gezogenen Wagen, sieben Gespanne von
Oryxantilopen, vierundzwanzig Elephantenwagen, zwei-
tausendvierhundert Hunde, Panther, Rhinozerosse, natürlich ein Standbild des Dionysos, ein hundertzwanzig Ellen
langer Phallos...

Es ist nicht auszuhalten, es ist unerträglich, es ist, selbst
für einen hartgesottenen Parasiten, fast zum Kotzen.

Die Gelehrten geraten in einen wahren Zitatenrausch.
Der Jurist rührt keine Speise an, ehe er sich vergewissert
hat, daß ihr Name in der klassischen Literatur belegt
ist. Um die 1500 verlorene klassische Texte sind uns nur
in Form dieser Zitate erhalten.

Schmeichler, Parasiten, Sykophanten, Spione, alles geht
durcheinander.

Was man über den uralten Stand des ehrwürdigen Prie-
ster-Parasiten weiß, dem zur Auswahl des heiligen Getreides Erwählten, dem Tischgenossen der Götter, es stammt
fast alles aus diesem Buch: der Stein im Heraklestempel
von Kynosarges, die Angaben zum Apollonheiligtum in
Delos, zum Athenetempel von Pallene...

Athenaios gleicht einem überladenen Bankett, bei dem
die Speisenfolge durcheinandergeraten ist. Irgendwann
verlangt es einen nach der berühmten Pfauenfeder, um sie
sich in den Hals zu stecken.

Und man fragt sich: Der religiöse, der heilige Parasit,
ist der ehrwürdige Ahn am Ende nur eine spätrömische
Moschuswolke?

Nein, das ist er nicht.

Aber Athenaios liefert zum Abschied ein beklemmendes
Gemälde.

Kein schöner Anblick. Ein gräßlicher Schlamassel.

Und zwischendrin, in dieser schwülen, parfümgesättig-
ten Luft, zwischen Köchen und Schwanengesängen, ist

immer wieder, eigentlich ununterbrochen, von Sklaven die
Rede.

Der Gastgeber ergreift das Wort:

»Jeder Römer besitzt, wie du genau weißt, lieber Masu-
rios, zahllose Sklaven. Viele haben zehntausend oder zwan-
zigtausend und mehr, und nicht als Einkommensquelle
wie der Griechenkrösus Nikias, sondern die Mehrzahl der
Römer haben die meisten nur als Trabanten. Und die meisten jener Zehntausenden von Sklaven in Attika arbeiteten
gefesselt in den Bergwerken. Der oben mehrmals zitierte
Philosoph Poseidonius berichtet, sie hätten revoltiert, die
Minenaufseher ermordet, die Akropolis von Sunion besetzt
und lange Zeit Attika verheert. Das war zu der Zeit, als
in Sizilien der zweite Sklavenaufstand stattfand. Von der
Art gab es viele, und in ihnen kamen über eine Million
Sklaven um.«

Die Sklaverei, welch eine Droge, welch schauerliches
Gift!

Halluzinationen: »Die Dichter der Alten Komödie legen
in ihren Erörterungen über das Leben in alten Zeiten dar,
daß damals keine Sklaven gebraucht wurden:

›Hör, welch ein Leben ich den Sterblichen gewährte:
Ringsum Friede. Wasser auf die Hände. Die Erde brachte
weder Angst noch Krankheit hervor, alles, was man
braucht, es wuchs von selbst. Wein führte jeder Bach,
Brot und Kuchen stritten miteinander vor dem Mund des
Menschen darum, daß er sie verzehre ... Milchbrot und
gebratene Drosseln flogen einem in den Mund ...‹ In De-
meters Namen, Freunde, wenn das so war, was brauchten
wir da Sklaven?«

Abgeschmackte aristotelische Utopien:

»Wenn jedes Werkzeug auf Geheiß oder auch voraus-
ahnend das ihm zukommende Werk verrichten könnte, wie
des Dädalus Kunstwerke sich von selbst bewegten, oder
die Dreifüße des Hephästus aus eigenem Antrieb an die

heilige Arbeit gingen, wenn so die Webeschiffe von selbst webten, so bedürfte es weder für den Werkmeister der Gehilfen, noch für die Herren der Sklaven.«

M JAHRE 218 wurde der vierzehnjährige Heliogabalus zum römischen Kaiser ausgerufen, der sich unter diesem syrischen Namen als Sonnengott anbeten ließ. Bei Aelius Lampridius erfahren wir: »Er kannte keinen anderen Lebenszweck als die Erfindung neuer Genüsse.« Die Tischpolster waren mit Hasenhaar ausgestopft oder mit den feinen Federn, die unter den Flügeln der Rebhühner sitzen. Heliogabalus aß Kamelfersen, Pfauen- und Nachtigallenzungen, Flamingohirne, Meerbarbenbärte.

»Seine Parasiten ließ er mit Veilchen und andern Blumen dergestalt überschütten, daß einige, die sich darunter nicht emporarbeiten konnten, den Geist aufgaben.«

Schiffsgefechte auf weingefüllten Zirkuskanälen. Eine Abendmahlzeit kostete nie weniger als 100 000 Sesterzen.

»Seine Parasiten ließ er an ein Wasserrad binden und während des Umschwungs desselben bald unter das Wasser tauchen bald wieder in die Höhe heben, daher er sie seine ixionischen Freunde nannte.«

Hofschauspieler, welche die Rolle der Ehebrecher spielten, ließ er die gewöhnliche Strafe nicht dem Scheine nach, sondern wirklich erdulden.

»Seinen Parasiten ließ er Mahlzeiten aus Glasspeisen hinstellen, und ihnen zuweilen ebenso viele Handtücher geben, als Gerichte kommen sollten, worein die auf die Tafel zu stellenden Speisen entweder gestickt oder gewoben waren. Zuweilen jedoch wurden ihnen auch Gemälde von Speisen gezeigt, als wenn diese alle für sie auf die Tafel kommen sollten, während sie doch vor Hunger verschmachteten.«

Er meinte es wirklich nicht gut mit uns. Als Jahresgeschenke ließ er uns in Gläsern Skorpione, Frösche und Fliegen überreichen.

Schließlich ließ er sich einen hohen Turm errichten und an dessen Fuß mit Gold und Edelsteinen reich besetzte Bretter ausbreiten, um sich zu Tode zu stürzen. Aber soweit kam es nicht mehr. Er wurde von seinen Prätorianern ermordet, an einem Haken durch Rom geschleift und in den Tiber geworfen.

II

Wiederentdeckt von Cusanus – Auf Europatournee – Lilie auf dem Feld – Bettelbruder – Mosca, die Fliege – Faust – Lauwarmes Wasser – Funus Parasiticum – Des Parasiten Trauerklage – In eine Mistel verhext – Orobanche – Parasitische Pflanze – Vom Henker verbrannt – Helminthe – Specie parasitica bei Linné – Stilfrage – Priester und Moos – Schmutzige Flechte – Ehrenrettung durch Diderot – Rameaus Neffe – Erzmime – Fetter Mann auf Tahiti – Klassizistischer Höfling – Reines Gemüt – Jüdische Schmarotzerpflanze – Ungetauft – Nie dankbar dem Wirte – Dutzendmensch

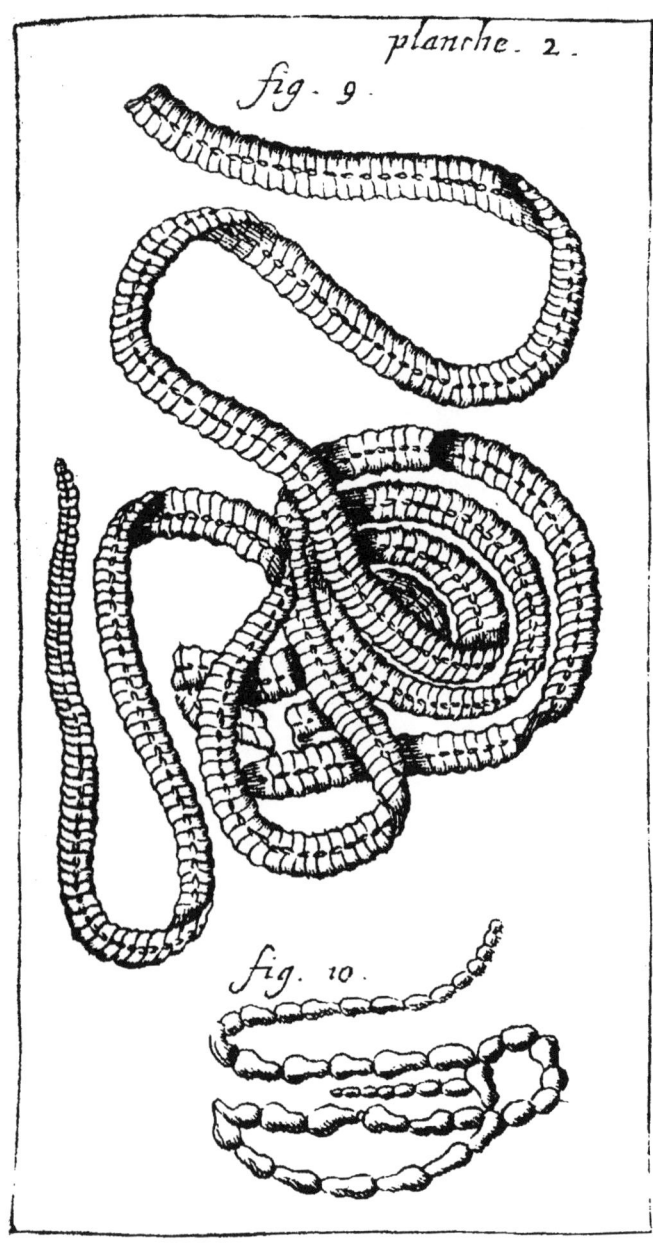

planche. 2.

fig . 9 .

fig. 10 .

AS FRÜHE Mittelalter kannte einundzwanzig Stücke von Plautus, das späte bloß noch acht. Die Idee ihrer szenischen Aufführung war verlorengegangen mit der Vorstellung davon, was eine Komödie überhaupt ist. Dante vermutete Plautus im Fegefeuer und befragte dort die Schatten:»Sag mir, wo ist unser alter Terenz, wo Cecilius, Plautus, wo Varro, wenn du es weißt...«

1429 brachte Nikolaus von Kues zwölf der verschollenen Stücke, die er in einem deutschen Kloster entdeckt hatte, nach Rom. Ab 1484 ging Plautus in den Säulenhöfen der großen Prälaten wieder über die Bühne, in lateinischer Sprache.

Am Hof von Ercole I. in Ferrara wurden die vom Fürsten selbst ins Italienische übersetzten *Menaechmi* gegeben. Damit wurde Peniculus, der Schwamm, wieder lebendig. Bei der Hochzeit des Prinzen Alfonso mit Lucrezia Borgia kamen an fünf aufeinanderfolgenden Tagen fünf Plautuskomödien zur Aufführung, darunter auch der *Kornwurm*.

1508 wurde Ludovico Ariostos *Kastenkomödie*, *La Cassaria*, aufgeführt. Das Stück war dem Terenz und dem Plautus nachempfunden. Der Diener Volpino, *Füchslein*, der seinen jungen Herrn dazu anstiftet, mit einer kostbaren Truhe seines verreisten Vaters die geliebte Eulalia aus den Händen eines Kupplers freizukaufen, erinnerte zwar entfernt an Phormio; aber er blieb Diener. Er bewies nicht die geistige Unabhängigkeit, mit der der antike Parasit als freier Mann sein Spiel trieb.

Erst in Ariosts zweiter Komödie, *I Suppositi*, *Die Untergeschobenen*, die der Dichter zum Karneval 1509 in Prosa niederschrieb und 1532 mit kleinen Änderungen in

75

Reime faßte, wirkte mit *Pasifilo* ein echter *parasito* mit.
Sein edles, flüssiges Italienisch verführte ihn nicht dazu,
auf völlig neuem Terrain vorschnell die Initiative zu ergreifen. Das Stück spielt im zeitgenössischen Ferrara,
und Pasifilo konzentriert sich auf die schwere Aufgabe,
der fremden Umgebung gerecht zu werden – und seinem
Wesen nicht untreu.

Den schwierigsten Teil des Problems hatte er, bevor sich
der Vorhang hob, ganz augenscheinlich schon gelöst. Er
findet sich an der Seite eines Wirtes, an dem er allen Ver-
wicklungen zum Trotz treu festhält. Der ältliche, einsame
Rechtsgelehrte namens Cleandro wandelt zum zweiten Mal
auf Freiersfüßen. Pasifilo bestärkt ihn selbstlos in diesem
Entschluß:

»PASIFILO: Ihr seid doch jung?

CLEANDRO: Noch keine fünfzig.

PASIFILO *(a parte)*: Er macht sich mindestens zwölf
Jahre jünger.

CLEANDRO: Was redest du da von zwölf Jahren?

PASIFILO: Zwölf Jahre jünger würde ich Sie schätzen.
Auf noch nicht achtunddreißig.«

Der verwitwete Cleandro hat für seine Heiratswünsche
einen rührenden Grund: In jungen Jahren haben ihm die
Türken den einzigen Sohn geraubt. Pasifilo beherrscht
eine antike Kunst. Er liest dem Alten Ermutigendes aus
der Hand:

»CLEANDRO: Bist du ein guter Chiromant, Pasifilo?

PASIFILO: Auch davon hab ich etwas Ahnung. Kommen
Sie, nur einen Blick... Ich sehe schon, Sie werden älter
als Melchisedech.

CLEANDRO: Du meinst Methusalem?«

Pasifilo ist, wie man sieht, noch nicht bibelfest. Die erwartete Essenseinladung zerschlägt sich aber nicht deshalb. Cleandro verkündet seinen Entschluß, aus frommen
Gründen zu fasten, und Pasifilo, würdiger Nachfahre eines

Ergasilus, gibt schon im ersten Akt seiner Enttäuschung lebendigen Ausdruck:

»Schau diesen Geizhals an! Tut fromm, entschuldigt sich, er müsse fasten, ganz als wär mein eigner Mund nicht autonom! Als richte dieser Knicker Orgien aus, und ich müßt ihm, weil er mich dazu einlädt, Gott weiß wie verpflichtet sein! Die Kost in seinem Haus ist dabei mehr als schmal, und überdies bekomm ich niemals das, was er bekommt. Nicht einen Tropfen koste ich von seinem Wein; ein Brot wird für mich hingestellt, schwarz wie die Nacht und hart wie Stein... Schön stünd ich da, wüßt ich mich anderswo nicht zu entschädigen! Doch ich bin wie der Biber, wie der Otter, ernähre mich im Wasser wie auf festem Land und bin bei dem Studenten Herostrat nicht weniger zu Hause als bei Herrn Cleandro, wobei ich freilich mehr zum einen als zum andern neige, je nach Lage, indem ich mich am Speisezettel orientiere...«

Am Ende aber verwindet er tapfer die Kränkung. Wie seinen antiken Vorfahren belohnt ihn das Schicksal damit, daß er im letzten Akt des Dramas als Glücksbote auftreten darf. Er ist es, der dem Vater der Braut die freudige Mitteilung machen kann, daß sich alles zum Besseren gewendet hat. Cleandro bekommt zwar nicht die ersehnte junge Frau, findet aber seinen vermißten Sohn wieder:

»CLEANDRO: Genug! Du hast ja recht, Pasifilo! Ich bin der deine, und ich war es immer. Zum Zeichen und sofortigen Beweis lad ich dich jetzt zum Essen ein. Wir sehen uns um acht.«

Italienische Schauspieltruppen spielten den Ariost und Plautus in Frankreich. Es folgten Aufführungen von Plautus und Terenz in Spanien, in Ungarn, in England, in Dänemark, in Portugal, Übersetzungen, Bearbeitungen, Nachahmungen. Im Laufe des 16. Jahrhunderts entstanden nach dem Vorbild Ariosts Hunderte von Stücken der sogenannten *commedia erudita,* der *Gelehrten Komödie,* und zwar in ganz Europa. Auf den Gymnasien entwickelten sich diese Inszenierungen zur ständigen Einrichtung.

Der Parasit wurde zu einem gesamteuropäischen Phänomen. Nun erst begann er die enormen Ausmaße der profunden Umwälzungen zu erahnen, welche seit Beginn seiner Ruheperiode die Alte Welt von Grund auf verändert hatten. In den römischen Palästen, im milden Klima Ferraras, konnte sich unser Pasifilo noch zu Hause wähnen, aber im Norden wehte ihm ein eiskalter protestantischer Wind um die Nase. Schnell stellte sich heraus, daß seine heilige Unschuld auf eine harte Probe gestellt wurde. Schon hatte Peter Henlein die Taschenuhr erfunden. Nun kamen die Nürnberger Eier auf ...

Uns standen harte Zerreißproben bevor. Aus dem Heiligtum in die griechische Komödie verschlagen, hatten wir einst in scharfer Konkurrenz zum Schmeichler unser Berufsbild behauptet und weiterentwickelt; als abgehängte Klienten hatten wir in Rom der Versuchung widerstanden, uns als Sklaven zu verkaufen. Wir brachten das Rüstzeug mit, historische Brüche zu bewältigen. Wir waren entschlossen, ganz unten wieder anzufangen, aber hätten wir gewußt, welche phantastischen Erniedrigungen uns erwarteten, wir hätten den Mut verloren.

Wir witterten es. Ein fremder, strenger Duft lag unter der gewohnten Theaterluft. Er durchdrang alle Ritzen. Diese neue Welt roch in einem ganz anderen Maße, auf ganz andere Art als die Antike nach Arbeit.

CHRISTUS SPRACH: »Wenn Du ein Mittags- oder Abendmahl machest, so lade nicht deine Freunde, deine Brüder, noch deine Bekannten, die da reich sind, auf daß sie Dich nicht etwa wieder laden und Dir vergolten werde. Sondern, wenn Du ein Mahl machest, so lade die Armen, die Krüppel, die Lahmen und Blinden.«

Er predigte nicht Arbeit, sondern Armut. Luther übersetzte schön und phantastisch: »Es ist leichter / das ein Kameel gehe durch ein Nadelöre / denn das ein Reicher in das reich Gottes kome.«

Die Arbeit war kein christlicher Wert. Eine erste Korrektur an diesem Grundsatz wurde um 120 unter dem Namen des Paulus im 2. *Brief an die Thessalonicher* vorgenommen, offensichtlich aus Enttäuschung über das Ausbleiben des Weltgerichts. Das Sendschreiben riet den Christen von Thessaloniki zur Geduld, bekräftigte die Hoffnung auf das Reich Gottes, versprach den Ungläubigen ewige Pein und konzentrierte sich dann auf ein praktisches Problem der Gemeinde:

»Denn jr wisset / wie jr uns solt nachfolgen / Denn wir sind nicht vnordig vnter euch gewesen / haben auch nicht vmb sonst das Brot genomen von jemand / Sondern mit erbeit und mühe tag vnd nacht haben wir gewircket / das wir nicht jemand vnter euch beschwerlich weren ... Vnd da wir bey euch waren / geboten wir euch solchs / Das / so jemand nicht wil erbeiten / der sol auch nicht essen. DEnn wir hören / das etliche vunter euch wandeln vnnordig / vnd erbeiten nichts / sondern treiben Furwitz. Solchen aber gebieten wir vnd ermanen sie / durch vnsern HErrn Jesum Christ / das sie mit stillem wesen erbeiten / vnd jr eigen Brot essen.«

An den Worten der Bergpredigt über *die vogel vnter dem Himmel* und die *Lilien auff dem felde* war jedoch schwer zu deuten. Deshalb geißelten die Kirchenväter Hieronymos und Johannes Chrysostomos auch nicht uns, die ihnen wohlbekannten *Parasiten*, sondern die unchristliche Gewohnheit der Reichen, uns zu mißhandeln.

Chrysostomos empfahl den Reichen, uns durch entsprechende Behandlung sittlich zu heben und nicht mehr

Parasiten, sondern Tischgenossen, nicht mehr Schmeichler, sondern Freunde zu nennen: »Parasiten müssen sich Schande und Spott gefallen lassen, erfreuen sich aber voller Redefreiheit«, heißt es in der *ersten Homilie zum Kolosserbrief.* Eremiten und Säulenheilige gaben den kynischen Ton an, bis Klöster die Aufgabe übernahmen, die Arbeit durch Armut zu heiligen.

Das ältere Armutsideal ging jedoch nie ganz in der feudalen Wirklichkeit auf. Ende des 12. Jahrhunderts legte Giovanni Bernardone, der heilige Franziskus, in fiebriger Erwartung des Himmelreiches einen groben grauen Kapuzenrock an, gürtete sich mit einem Strick, beschränkte seinen Umgang auf Arme und Kranke und zog bettelnd und singend umher. Seine Ordensregeln, von denen Papst Innozenz III. angewidert sagte, sie seien »mehr für Schweine als für Menschen« gemacht, wurden von diesem nur widerstrebend anerkannt. Der Orden hatte keinen Besitz, er lebte vom Nießbrauch. Formal gehörte alles dem Papst.

Eine lange Kette von Reformen bezeugt den anhaltenden Widerspruch zwischen urchristlicher Lehre und Kirchendogma. 1323 wurde die Behauptung der Franziskaner, Christus und seine Jünger hätten nichts Eigenes besessen, zur Ketzerei erklärt.

Das Ende des Mittelalters brachte den Bettelorden unerhörten Zulauf und führte zugleich zum Sieg der Arbeitsmoral. Das Wort *smorotzen, schmorotzen, schmorutzen, schmarutzen* – sein Ursprung ist dunkel – bedeutete noch im Jahre 1482 in Deutschland ganz einfach: *betteln, mendicare.* Dann hängte Johannes Aventinus, der kirchenkritische Humanist, das Wort *Schmarotzer* uns, den Parasiten, an:

»Das sein feine gaistliche Leut oder, wies die alten haidnischen Poeten kriechisch nennen, *parasitos,* das ist Geiler, Schmarotzer und Suppenfresser.«

Feine gaistliche Leut – die Protestanten nahmen die Bettelorden aufs Korn. Wir bekamen ihren ganzen Zorn zu spüren.

Calvin, der Hexenverbrenner, der Taleban, unter dessen theokratischer Diktatur in Genf Verächter des Gottesdienstes, sittenlose Personen und Verbreiter dissidenter Meinungen ohne Rücksicht auf ihren Stand der weltlichen Obrigkeit zur Bestrafung übergeben wurden, schrieb in einer *Homilie zum zweiten Brief an die Thessalonicher*, zum Grundsatz *Wer nicht arbeitet, soll auch nicht essen*: »Damit sind unsere Mönche und geistlichen Herren gemeint, die nichts tun und dabei reichlich gemästet werden: es sei denn, daß sie, um ihren Müßiggang zu tarnen, in den Gotteshäusern singen. Gesund ist es (wie Plautus sagt), von der Musik zu leben.«

Ein fundamentalistischer Ton kam ins Spiel, ein tödlicher Ernst. In dieser christlichen Gemeinschaft war für denjenigen, der sein Brot nicht im Schweiße seines Angesichts verdienen wollte oder konnte, kein Plätzchen, weder am untersten Ende der Tafel noch weiter oben.

1523 erörterte Luther in einer Predigt zum Turmbau zu Babel und zur göttlichen Strafe der babylonischen Sprachverwirrung die Frage, warum der Herr, warum »dominus nit frisch zu feret« und die Babylonier nicht sogleich in alle Länder zerstreut, sondern diese zuerst in Herzensangst versetzt. Antwort: Gott will, daß der Sünder das Urteil hört, bevor er bestraft wird. »Das sollen die Richter mercken et hii, qui maledici sunt et parasiti«, das heißt: »und die, die üble Nachredner sind und Parasiten«; die schurkischen Beisitzer einer größenwahnsinnigen Justiz also, die gegen unschuldige Reformatoren ohne Vorwarnungen den Bannstrahl schleudert, Kolakes, böse Ratgeber und *Fürstenheuchler*.

Jacob Ayrer verwandelte in einer Bearbeitung der plautinischen *Menaechmi* den *Peniculus* in einen am Stock

gehenden, jammernden *Fuchsschwentzer* und verzerrte
dabei das melancholische Bild des *grauhaarigen Parasiten* zur gehässigen Karikatur:

»Jetzt so mir geht das Alter an
Vnd ich kan nimmer Possen reissen,
Die Junckern mich von sich abweisen,
Das mir dardurch jetzt vil geht ab.
Lang ich nichts guts gefressen hab.
Mich hungert das der Bauch mir kracht.«

Neutrale Feststellungen, wie die des hungrigen Panta-
gruel bei Rabelais, waren die Ausnahme: »Bei Plautus
beklagt sich ein Parasit über die Erfindung von Uhren
und Stundenzeigern und äußert heftige Abscheu vor ihren
Erfindern, da es doch bekanntlich keine richtigere Uhr
gebe als den Magen.«

Der Parasit geisterte als Haßobjekt der Gelehrten durch
Homilien, Vokabularien und Studierstuben. Bevor er hei-
misch, bevor er populär werden konnte, bevor sich der
Mund eines Handwerkers wie damals im alten Rom zu
einem breiten Lachen verzog, hetzte man den angeblichen
Schmarotzer schon wieder über Land mit dem Sprech-
chor: »Müßiggang ist aller Laster Anfang!«

IT EINER WANDERBÜHNE gelangte
er 1566 nach London, wo die *Suppositi* des Ariost in
Grays-Inn aufgeführt wurden. Das englische Theater
boomte, aber noch standen reisende Schauspieler unter
demselben Gesetz wie Bärenführer und Gaukler. Zwei
Friedensrichter mußten die Auftritte genehmigen, sonst
wurden die Künstler als Vagabunden eingesteckt.

1586 beschwerten sich führende Puritaner in einem
Brief an den eifrigen Protestanten Sir Francis Walsing-

ham: »Zweihundert in Seide prunkende Komödianten, während so viele Arme mit Mühe ihr Leben fristen, müssen durchaus den Zorn Gottes auf England herabziehen.«

Um 1600 unterhielten vierzehn Lords eigene Ensembles; allein in London arbeiteten fünfzig Autoren für die Bühne. Der Star unter ihnen, der ungekrönte *poeta laureatus*, war nicht Shakespeare, sondern der hochgelehrte Ben Jonson. Er nahm den Parasiten und machte aus ihm einen modernen, abgründigen Menschen, der nicht weiß, wer er ist.

Ein der 1605 uraufgeführten Komödie *Volpone* vorausgestelltes *Argument* umreißt in knappen Worten die Handlung:

»Volpone, kinderlos, reich, scheinbar krank, verzweifelt, weckt durch seinen Zustand in verschiedenen Erben Hoffnungen und lügt im Krankenbett; sein Parasit nimmt die Geschenke in Empfang, die jene bringen, und bestärkt und foppt sie; stellt dann neue Fallen, die versagen, greift zu neuen Tricks, die glücken: In der letzten Runde tritt dann jeder gegen jeden an, und alle gehen vor die Hunde.«

War das tatsächlich der Stoff für eine *comoedye*?

Ein Morgen in Venedig. Volpone öffnet den Schrank mit seinen Schätzen und betet sein Gold an:

»VOLPONE: Tugend bist du, Ehre, Ruhm und alles andere. Wer dich in seine Hände kriegt, wird dadurch vornehm, tapfer, ehrlich, weise –

MOSCA, THE PARASITE: Ganz was er will, Sir. Reichtum, den das Glück schenkt, ist ein größeres Gut als Weisheit, welche die Natur verleiht.

VOLPONE: Ganz recht, geliebter Mosca, doch ich preise die schlaue Art, auf die ich meine Reichtümer erwarb, noch mehr als ihren glücklichen Besitz; denn ich gewann sie nicht auf die gemeine Art: Ich treibe keinen Handel, bin kein Unternehmer; verwunde nicht die Erde mit dem Pflug, mäste kein Vieh, ein Schlachthaus zu betreiben; mir

gehört kein Eisenwerk und keine Mühle, Korn, Öl oder
auch Menschen zu zerstampfen; auch blase ich kein feines
Glas; setze kein Schiff den Schrecken des mißgelaunten
Meeres aus; Ich stecke keine Gelder in die öffentliche
Bank. Verleih kein Geld privat...

MOSCA: Auch gleicht Ihr, Sir, dem Drescher nicht, der
hungrig, mit dem Riesenflegel in der Hand, auf den Ge-
treidehaufen starrt und nicht das kleinste Korn davon
zu kosten wagt und sich von Malwenwurzeln nährt und
bittren Kräutern; auch dem Kaufmann nicht mit seinen
Fässern Romagnía, seinen schweren Weinen aus Kandia
auf Kreta, der sich mit Essighefe aus der Lombardei begnügt; Ihr legt euch nicht ins Stroh, während die Motten
und die Würmer Eure kostbaren Bettvorhänge und die weichen Decken fressen. Nein, Ihr wißt den Reichtum zu ge-
brauchen, und Ihr zögert nicht, von diesem Haufen Gold
mir etwas abzugeben, Eurem armen Aufwärter...

VOLPONE: Nimm, Mosca, hier. Du triffst in allem den
Nagel auf den Kopf. Und die, die dich beneiden, nennen
dich Parasit.«

Volpone scheint ein idealer Wirt zu sein. Er ist unermeß-
lich reich und teilt den Überfluß mit seinem Parasiten.
Nach antiken Maßstäben genügt dies. Aber er ist nicht
glücklich über seinen Reichtum, sondern darüber, daß er
nicht arbeitet, und niemanden und nichts, nicht einmal
sein Geld, arbeiten läßt. Volpone hat Angst vor allem, was
auch nur im entferntesten mit Arbeit zu tun haben könnte.
Ohne Arbeit ist er zu seinem Reichtum gelangt, und ohne
Arbeit gedenkt er ihn zu vermehren. Also stellt er sich tod-
krank und läßt sich von seinen *clients*, die darauf hoffen,
er werde sie zu Erben einsetzen, mit kostbaren Geschen-
ken verwöhnen.

Mosca, dem Parasiten, bedeutet kalter Reichtum nichts.
Die Gabe, die er von seinem Wirt erbittet, hat symboli-
schen Charakter. Sie stellt einen Tribut an die Freund-

schaft dar. Mosca arbeitet zwar nicht für seinen Herrn, aber er dient ihm, und das in voller Freiheit. Von verbissener Arbeitsscheu kann man bei ihm nicht sprechen. Er wirkt, er entfaltet sich dabei, er verwirklicht sich. Meisterhaft spielt er die Erbschleicher, die Volpone, dem *Fuchs*, ihre Geschenke andienen, gegeneinander aus: *Voltore,* den *Geier,* einen Advokaten; *Corbaccio,* den *Raben,* einen alten Raffer; *Corvino,* die *Krähe,* einen Kaufmann.

Mosca bringt Corbaccio dazu, daß dieser seinen eigenen Sohn enterbt und Volpone zum Erben einsetzt. Er überredet Corvino, seine sich sträubende Frau Volpone anzubieten. Er wächst über sich selbst hinaus. Berauscht vom Erfolg, bricht er in die Worte aus:

»Ich fürchte, ich verlieb mich in mich selbst und meine Teile, die voll Saft und Kraft schießen und sprießen; einen Kitzel spür ich im Blut. Ich weiß nicht wie, doch mein Erfolg macht mich ganz geil, ich könnte glatt aus meiner Haut wie eine zarte Schlange fahren, so schmiegsam bin ich. Oh! Dein Parasit ist etwas Köstliches, was vom Himmel fiel, nichts, was auf Erden unter plumpen Klumpen aus Erde wuchs. Mich deucht, was einst Geheimnis war, wurde nicht Wissenschaft, es wird als eine freie Kunst geübt. Die ganze Welt des Wissens, sie besteht mehr oder weniger, in der Natur, aus Parasiten und aus Unterparasiten.«

Der Parasit wird zum Faust. Er meint, ins innerste Wesen der Dinge zu blicken, ihre tiefsten Zusammenhänge zu erfassen:

»Doch sprech ich nicht von solchen, die ihre jämmerliche Kunst, zu wissen, wer geeignet ist, sie durchzufüttern, an jeder Straßenecke treiben; oder für die Küche schale Rezepte erfinden, um dem Wanst und Gaumen zu schmeicheln; noch von solchen, die hündisch hofieren, kriechen, schmeicheln, höhnen, von ihren langen Beinen und Gesichtern leben, als Echo ihres Herrn, mit ihrer Zunge

ihm die Schnaken weglecken – Nein, ich sprech von dir,
dem feinen, eleganten Schuft, der sich erhebt und hast
du's nicht gesehn herabstößt wie ein Pfeil; der durch die
Luft schießt flüchtig wie ein Stern. Abdreht wie eine
Schwalbe. Hier ist und dort und hier und da und überall zugleich; gewärtig jeder Stimmung, jede Gelegenheit
erfaßt; der ein Visier vertauscht so schnell, wie einen
Gedanken mit dem andern, schneller noch. Das ist die
Kreatur, in die die Kunst schon eingeboren ist; die nicht
herumspielt, um sie zu erlernen; die ihre Kunst aus ihrer
vornehmsten Natur heraus ausübt: Und solche Diaman-
tenblitze sind die wahren Parasiten, andere nur Hans
Wurste.«

Er begreift sich als köstliches Spiel der Natur. Aber
dann nimmt die Geschichte eine tragische Wendung. Jonson selbst hat dies so empfunden und sich in einer Vor-
rede zu seiner angeblichen *comoedye* dafür entschuldigt.
Volpone, der Wirt, gerät auf Abwege. Als sich ihm Corvi-
nos Frau, die tugendhafte Celia, verweigert, versucht er
sie zu schänden. Der enterbte Sohn Corbaccios verhindert
die böse Tat und zeigt Volpone der Justiz an; noch einmal
kann der treue Mosca seinen Herrn retten, indem er den
gierigen Advokaten Voltore als Verteidiger gewinnt. Volpone wird freigesprochen. Ein letztes Mal erhält er die
Möglichkeit, seiner traditionellen Rolle als Wirt gerecht
und damit glücklich zu werden. Aber er enttäuscht das
Vertrauen Moscas und erweist sich als unfähig, die ihm
zugefallenen Güter mit seinem Freund zu teilen und in
Ruhe zu genießen. Er erklärt sich selbst für tot und setzt
Mosca zu seinem Erben ein, um sich an der Wut der be-
trogenen Klienten zu ergötzen.

Volpones eisiger Machtrausch stürzt Mosca in eine Iden-
titätskrise. Eine in der Geschichte des Parasiten revolu-
tionär neue, unerhörte Versuchung wandelt ihn an – die
Versuchung, in die Haut seines Wirtes zu schlüpfen:

»So, jetzt habe ich die Schlüssel, bin der Eigentümer. Will und muß er tot sein, vor seiner Zeit, dann will ich ihn begraben oder mich an ihm bereichern; ich beerbe ihn, und daran halt ich fest, bis er zumindest mit mir teilt. Ihm alles abzunehmen wär nicht mehr als eine kleine Täuschung im richtigen Moment; kein Mensch würd daraus eine Sünde konstruieren: Das wär den Spaß wert, den er hatte. Der Fuchs sitzt in der Falle.«

Aber Mosca ist das Opfer faustischer Vermessenheit. Ohne Wirt kein Parasit, kein Parasit ohne Wirt. Volpone gibt das Spiel verloren und offenbart sich dem Gericht. Mosca geht mit ihm zugrunde.

SHAKESPEARE antwortete mit der Tragödie eines Wirtes: *The Life of Tymon of Athens* (um 1608). Seine Quelle war der Dialog *Timon oder Der Misanthrop* von Lukian.

Timon verschwendet sein Vermögen an Bittsteller und Lobhudler, die er für seine Freunde hält, hört nicht auf die Warnungen seines klugen Verwalters und schlittert in den Ruin. Rasend vor Wut, lädt er all die ehemaligen Kumpane zum Gastmahl, bespritzt sie aus Schüsseln, in denen nur lauwarmes Wasser ist, und brüllt:

»Schönrednerische Brut! Im besten Falle seid ihr Rauch und laues Wasser. Das ist des Timons letzte Tat, den ihr mit euren Schmeichelein besudelt habt, daß er sie abwäscht, eure stinkende Gemeinheit, und sie in euere Gesichter spritzt. Mein Leben lang schon ekelt's mich vor euch und eurem milden Lächeln, widerliche Parasiten. Höfliche Mörder, leutselige Wölfe, sanfte Bären, ihr Narrn des Glücks, ihr Tafelfreunde, Fliegen der Zeit, die ihr die Kappe euch vom Kopfe reißt und euch auf eure Knie werft wie Sklaven, Dämpfe seid ihr und Glockenmännchen. Ihr seid der Schorf auf den unendlichen Gebrechen von Mensch und Tier.«

Ob auch in diesem Falle »nur« eine Verwechslung mit dem Schmeichler vorlag, läßt sich schwer entscheiden. In einer Welt im Zeichen des göttlichen Arbeitsfluches war vieles möglich geworden. Timon jedenfalls wird zum Misanthropen, zum einsamen Klausner im Wald, und stirbt schließlich voll Bitterkeit.

Das englische Theater nahm spätrömische Züge an. Ein Maskenspiel von Shirley kostete 21000 Pfund. König Karl I. personifizierte in einer Maske des Dramatikers William Davenant die *Britannia triumphans*. In Wirklichkeit wurde die Stellung des Monarchen immer prekärer. 1642 brach der Bürgerkrieg aus. Es erfolgte die Aufhebung aller dramatischen Vorstellungen durch das königsfeindliche Parlament. 1648 wurden alle Bühnen eingerissen, wir verloren unsere Zufluchtsstätte. Das bloße Zuschauen bei Theateraufführungen wurde unter Strafe gestellt. Ein Jahr später wurde der König geköpft, und der puritanische Diktator Cromwell errichtete eine religiöse Militärdiktatur.

*I*N BRAUNSCHWEIG erschien *1666* die dritte, verbesserte Auflage eines vierbändigen Werkes des Lübekkers Johannes Kirchmann über die Bestattungsbräuche der Römer: *De funeralibus Romanorum*. Wie den ersten Auflagen war dem Buch als Anhang ein lustig gemeintes Opusculum beigefügt: *Funus Parasiticum sive L. Biberii Curculionis Parasiti, Mortualia*, also: *Das Parasitenbegräbnis oder des L. Biberius Kornwurm Parasiten Trauerklage*, verfaßt von Nicolaus Rigaltius, Braunschweig 1661.

Die hochgelehrte, in krudem Barockstil verfaßte Schrift hob mit einer Beschwörung an, die der Scharteke eines Magiers oder Schwarzkünstlers angestanden hätte: »Wie die Erinnerungen der alten Autoren erzählen«, hieß es da, »genossen die Atlanten einen sanften und ruhigen Schlummer und kannten keine Schlaflosigkeit wie die übrigen Sterblichen. Und so wünschte ich nur zu sehr, einst bei ihnen zu leben; schrecken mich doch allnächtliche Bilder: von Dingen, die ich wachend getan oder gedacht, die mich aber jetzt verwirrt und verworren verfolgen, wunderliche, eigenartige Träume, von denen der Dichter sagt: *Traumgestalten bewegt der Geist, der mit tönenden Bildern / Spricht, und es verschattet kein Schlaf die offnen Pupillen.*

Die Ärzte glauben, diese Gebilde entstünden aus den zusammenziehenden Säften meines Körpers, und die bedeutendsten Philosophen behaupten ernstlich, daß diejenigen, welche die Natur so eingerichtet hat, erfinderisch seien und πολυφάντασοι, *reich an Phantasie...*

Als sich die dunklen Schleier der Nacht fast gänzlich zerteilt hatten und das goldene Auge des großen Erdenrunds alle Dinge nach und nach, eins ums andere, noch ganz farblos, herausarbeitete und den Augen in schönster Mannigfaltigkeit vorstellte, siehe da, genau im Augenblick der Morgendämmerung – da erblickte ich gräßliche Masken oder Larven oder, wie die Griechen sagen, Popanze... Und ich hörte ringsum so etwas wie den Lärm tönender Hufe und etwas, was du für den Lärm rauher Eselsschreie gehalten hättest... Angst ergriff mich, ich erbleichte, und umringt von einer riesigen Schar von Monstren erschienen mir Lucius Apulejus und Lukian.«

Apulejus, der Verfasser des spätrömischen Romans *Metamorphoses*, dessen Hauptfigur Lucius, seiner Neugier wegen von einer Hexe in einen Esel verwandelt, durch die Welt irrt, klärt unseren Autor darüber auf, daß all diese Eselsgestalten degenerierte Menschen seien:

»Denn die korrupte Natur, durch keinen Geleitschutz eines vornehmeren Lebens gestützt, sondern vielmehr der scheußlichen Untätigkeit überlassen, degeneriert endlich zum geborenen Esel. Und wie aus dem Olivenkern der wilde Ölbaum entsteht, so trägt auch die Generation unserer Eltern, gleichwie der wilde Ölbaum von seinen Vorfahren absticht, *Uns Nichtsnutzigere, die wir schon bald / Noch verdorbenere Nachkommen bringen werden.*«

Dann übernimmt der antike Autor die Führung und geleitet Rigaltius durch einen verwickelten Traum:

»Die Esel lachten oder wieherten – ich konnte die genaue Natur des Lautes nicht erkennen – und jubelten mit ihrem Lachen oder Wiehern etwas Gräßlichem zu. Da bemerkte mein aufmerksamer Lucius, wie in der Schar wieder anderer Esel eine Unruhe entstand und einem Parasitischen Esel, einem *Asino Parasitico*, feierliche Exequien bereitet wurden. Aufgeregt redete er auf mich ein, der ich ihn vor Angst stotternd fragte, was da geschehe: ›Ha, du weißt nicht? Wie einst seinen Fisch, so betrauert heute schwarz gekleidet Heliogabalus, der Kaiser, seinen Parasiten!‹ – ›Was?‹, sagte ich. ›Seinen Parasiten?‹ Da antwortete Lucius: ›L. Biberius, M. F. Kornwurm, der dem Kaiser Aurelius Antonius Heliogabalus neue, herrliche Leckereien erfand und deshalb sein höchster Mitschmauser hieß.‹ ...

Und er nahm mich, obwohl ich mich sträubte, und führte mich sanft auf den Naschmarkt zu, wo das Trauergerüst für L. Biberius aufgeschlagen war. Kaum aber waren wir einige Schritte gegangen, da flüsterte mir Kornwurm, der Schelm, was er seinem Testament anvertraut hatte, mit ungefähr diesen Worten ins Ohr:

›Ich, L. Biberius Kornwurm, des Göttlichen Aurelius Antonius Heliogabalus Begleiter, habe, da mir eine durch Rebensaft bewirkte Halsentzündung die Atemzüge in beide Richtungen versperrt und mir dadurch die Stimme nimmt,

mein Testament, so gut ich konnte, allen gesetzlichen
Regeln entsprechend aufgesetzt...«

Nach einem großartigen Ritual, an dem Heliogabalus
selbst teilnimmt und das den römischen Bestattungsbräu-
chen mit albtraumhafter Genauigkeit entspricht, wird auf
dem Naschmarkt dem verstorbenen Kornwurm ein mar-
mornes Denkmal mit folgender Inschrift errichtet:

»TRETET. HERAN. WENN. IHR. WOLLT. WANDERER. DIE.
IHR. WISST. DASS. IHR. MENSCHEN. SEID. WAS. DEM
MENSCHEN. ZUTEIL. WIRD. NACH. MENSCHENART.
BETRACHTET. ES. MENSCHLICH. WENN. IHR. NICHT.
WOLLT. HEBT. EUCH. EILIG. HINWEG. LOBENDEN.
LÄRM. HABE. ICH. WENIG. VERURSACHT. WAS. DEN.
SCHLUND. FÜLLT. HABE. ICH. GEWÄLZT. NACH. MEI-
NER. ART. HABE. ICH. IMMER. GEHANDELT. NIEMALS.
HABE. ICH. EINE. LÜGE. GESAGT. WAR. MEIN. SCHLUND.
VOLL. AUCH. JETZT. IST. ER. VOLL. WENN. DU. MICH.
RUFST. GEH. VORAUS. ICH. BIN. EIN. LEERER. SCHAT-
TEN. ICH. FOLGE. IHR. LACHT? DIE. GRÖSSTEN. GENIES.
BLEIBEN. VERBORGEN. IHR. LOCKT. SIE. MIT. DER.
BLUME. DES. MILDEN. WEINES. HERVOR. EINIGES.
HABT. IHR. SCHON. GEHÖRT. DIE. HAUPTSACHE. ABER.
NOCH. NICHT. DIE. FÜR. DEN. WEISEN. DAS. WICHTIG-
STE. IST. ALSO. HÖRT. ODER. KOMMT. IST. EUCH. DAS.
LIEBER. HIERHER. ZUM. GRABMAL. HEM. ES. LÜGEN.
DIE. DIE. SAGEN. IM. WEIN. SEI. WAHRHEIT. DENN. WIE.
IST. ES. DANN. MÖGLICH. DASS. ICH. HIER. SPRACHLOS.
AUSGESTRECKT. LIEGE. AUF. DIESEM. EINSAMEN.
WÜSTEN. PLATZ. HÖRT. IHR. ZU? DIE. ÄRZTE. SAGEN.
NIEMAND. KANN. REDEN. OHNE. ZUNGE. UND. ZÄHNE.
LEST. ALSO. WENN. IHR. BUCHSTABEN. ZU. LESEN.
VERSTEHT. HIER. LIEGT. DIE. ASCHE. DES. L. BIBE-
RIUS. CUCULIO. KORNWURM. DES. HOCHGEFEIERTEN.
PARASITEN. DER. AURELIUS. ANTONIUS. HALIGABA-

LUS. DURCH. KOESTLICHE. REIZE. EHRTE. DIE. REINE
WAHRHEIT. HABE ICH. EUCH. GESAGT. GUT. SETZE.
ICH. MEINE. WORTE. HIERHER. DAMIT. IHR. EUCH.
NACH. MEINEM. TOD. IHRER BEDIENT. WER. HIER.
AUF. DEM. MARKT. NÄSCHEREIEN. KAUFT. FÜR. DAS.
HAUS. DER. VENUS. SOLL. MEINEN. AHNEN MINDE-
REN. FALERNERWEIN. WEIHEN. ICH. MACHE. DASS.
DICH. IMMER. GELÄCHTER. SPIEL. UND. SPASS. UM-
GIBT. UND. DIR. ALLES. MENSCHLICHE. NICHTS.
BEDEUTET. DAS. GLEICHE. SOLL. FÜR. DIE. FRAUEN.
GELTEN. DIE. VIEL. REDEN. VIEL. TRINKEN. UND.
UNVERMISCHTEN. WEIN. TRINKEN. GEHORCHT. IHR
NICHT. SOLL. VENUS. GEIZEN. WANDERER. VERWEILE.
NICHT. LÄNGER. ICH WERDE. DICH. JETZT. VER-
LASSEN.«

Das HEM bezeichnet ein Räuspern.

IE POMPES FÛNEBRES, die das prote-
stantische Deutschland ihm ausrichtete, charakterisierten
die Lage. Der Parasit stand vor dem Aussterben. Heliogabal, sein Schlächter, wurde zu seinem Schutzpatron erhoben. Mosca war zur Hölle gefahren als eine jener nichts-
würdigen Existenzen, von denen Anaxilos einst sagte:

»Schmeichler sind Würmer, welche die auffressen, die
Eigentum besitzen. Sie dringen ein in die arglose Natur
eines Menschen. Der einzelne Schmeichler setzt sich im
Menschen fest und ißt, bis er ihn leer wie eine Weizenähre
wieder verläßt; ist nur noch die Hülle übrig, beißt der
Schmeichler den nächsten.« Gelasimus' Klage: »Einst gab
es eine Redensart, die heute leider ausgestorben ist...«,
schien endgültig zu verhallen.

Da sprach 1646 Sir Thomas Browne sein bis heute wir-
kendes Zauberwort. Er verbreitete einen phantastischen
Irrtum, der uns auf unerhörte Weise erniedrigen sollte –
und machte uns damit so populär, wie wir es in der Antike
nie gewesen waren.

Die Verleumdung, die die Katastrophe auslöste, fand
sich ausgerechnet in Brownes klassischem Werk über
populäre Irrtümer mit dem Titel: *Pseudodoxia Epidemica:
or Enquiries into Very Many Received Tenets, and Commonly Presumed Truths*, also: *Epidemische Scheinwissenschaft: oder Prüfung weitverbreiteter Vorurteile und allgemeiner Scheinwahrheiten.* Darin heißt es:

»Daß *Viscus arboreus*, auch Mistel genannt, auf Bäumen entsteht, aus Samen, welche die Vögel, besonders die
Drosseln und Ringeltauben, darauf fallen lassen, war der
Glaube der Alten und wird auch bei uns noch geglaubt;
diese Darstellung von der Entstehung dieser Pflanze ist
schon bei Plinius zu finden; Vergil hat sie tradiert, und
viele andere haben sie beglaubigt. Wenn dem so wäre, dann
müßte ein Grund dafür benannt werden, warum sie nur
auf gewissen Bäumen wächst und auf vielen, wo diese
Vögel ihre Losung lassen, nicht. Ausländische Beobachter
geben an, sie wächst auf Mandel-, Walnuß- und Apfel-
bäumen, auf Eichen und Pinien. Wir in England finden sie
sehr oft auf Apfel- und Holzapfelbäumen und auf Weiß-
dorn, manchmal auf Weiden, Haselnüssen und Eichen;
selten auf Eschen, Linden und Ahorn; niemals aber, soweit
ich es beobachtet habe, auf Steineichen, Ulmen und vielen
anderen Bäumen. Warum wächst sie nicht in allen Ländern und an allen Orten, wo sich diese Vögel finden; denn
Brassavolus bekräftigt, daß sie sich im Umkreis von Ferrara nicht findet, und war froh, sie aus anderen Teilen
Italiens beziehen zu können. Wenn sie aus einem Samen
entsteht, warum entsteht sie nicht aus wieder ausgesätem
Samen, wie Plinius bestätigt? Wir haben die Beeren der

Pflanze gesetzt und vergeblich versucht, sie so hervorzubringen. Wenn sie aus dem Samen stammt, der auf den Baum fällt, warum wächst sie oft auf der Unterseite und wächst unter dem Ast hervor, wo Samen weder hinfallen noch haften bleiben können? Davon hat unter anderen auch Lord Verulam Notiz genommen. Wahrscheinlich ist, was jene sagen, die in ihr einen Auswuchs des Baumes sehen oder gar eine Überpflanze *(superplant)*, hervorgebracht von einem zähen und überflüssigen Saft, den der Baum selbst nicht assimilieren kann; so daß sie nicht in Form von Ästen und Schößlingen sprießt in gleicher und ähnlicher Form wie der Baum, der sie trägt, sondern in anderer, abgeleiteter Form, die sich aus einem fehlgeschlagenen Streben des Baumes ergibt, und zwar in Gestalt einer Mistel bei Pflanzen, die so angelegt sind, daß sie Misteln hervorbringen. Deshalb ist diese Überpflanze, wo immer sie wächst, von konstanter Form und gleichmäßiger Gestalt wie andere Wuchergewächse *(supercrescenses)*, und diese heißen, weil sie auf Kosten anderer *(upon the stock of others)* leben, Parasitische Pflanzen *(Parasitical plants)*, wie Polypodium, das Moos, die kleineren Frauenhaargewächse und viele andere: so daß verschiedene Regionen verschiedene Misteln hervorbringen; Indien die eine, Amerika eine andere, ganz entsprechend dem Gesetz und der Regel ihrer Entartungen *(degenerations)*.«

Mißglückte Pflanzen waren wir also nun, das mißglückte Bestreben eines Wirtes, ein Produkt seiner zähen und überflüssigen Säfte, entartete Ausgeburten, ohne Vorfahren, ohne Eltern, nicht entstanden aus eigenem Samen, fragwürdiger Herkunft!

Bis heute vernebelt Brownes *Epidemische Scheinwissenschaft* die Köpfe. Natürlich entsteht die Mistel aus dem Mistelsamen und nicht aus irgendwelchen zähen und überflüssigen Säften irgendeines Baumes. Das antike Sprichwort *Turdus sibi malum cacat*, also: *Die Drossel kackt ihr eignes Unglück,* traf den Nagel auf den Kopf. Aus Mistelbeerenbrei bereiteten von alters her die Vogelsteller Leim für ihre Leimruten. Die Drossel frißt Mistelbeeren, kackt den Kern in eine Astgabel, wo er kleben bleibt, und dieser Kern keimt, treibt eine Wurzel in den Baum und wird zu einer neuen Mistel, die neue Mistelbeeren hervorbringt. Und aus diesen Beeren hat dann der Vogelsteller neuen Leim bereitet.

Wie hieß es bei Athenaios? »Die Dichter der Alten Komödie legen in ihren Erörterungen über das Leben in alten Zeiten dar, daß damals keine Sklaven gebraucht wurden: ›Hör, welch ein Leben ich den Sterblichen gewährte … Es brachte die Erde weder Angst noch Krankheit hervor … Milchbrot und gebratene Drosseln flogen einem in den Mund …«

Nicht anders als mit der Mistel verhält es sich mit dem Moos. Die Vorstellung, es entstamme den Bäumen, auf denen es sitzt, erscheint heute abwegig, aber noch die französischen Aufklärer verfolgten das unschuldige Gewächs mit grotesken Verdächtigungen. Und auch das auf alten Mauern, Felsen und Baumstümpfen gedeihende Polypodium entsteht keineswegs aus den Säften irgendwelcher anderer Pflanzen. Ebensowenig entzieht dieses in Deutschland Tüpfelfarn bzw. Engelsüß genannte Kraut anderen lebenden Pflanzen irgendwelche Nährstoffe oder Flüssigkeiten.

Nur die chlorophyllhaltigen Pflanzen sind imstande, anorganische Stoffe in organische umzuwandeln. Von diesen lebenden oder toten organischen Stoffen leben in letzter Instanz alle übrigen Organismen. Die Mistel besitzt Blattgrün und ist daher in der Lage, mit Hilfe des Sonnenlichtes ihr organisches Material selbst zu produzieren. Allerdings entzieht sie dem Baum, auf dem sie sitzt, Wasser. Wer behaupten würde, sie lebte deshalb *auf Kosten* eines anderen Lebewesens, müßte dasselbe mit tausendmal mehr Recht von Abermillionen anderen Pflanzen und Tieren und besonders vom Menschen sagen, der jedes Atom seines Körpers aus fremdem organischen Material bildet.

Die Einführung des Begriffes *parasitisch* in die Botanik beruhte also auf einem Wust von Irrtümern, für die wir allerdings nicht allein Browne verantwortlich machen können. Offensichtlich war er nicht der erste, der uns mit Pflanzen in Verbindung brachte. Sein Hinweis auf Ferrara, die Stadt Ariosts, gibt zu denken. Möglicherweise ist das böse Wort im Dunstkreis des Brassavolus aufgekommen.

Jedenfalls wurde Browne zum erfolgreichsten Propagandisten all dieser Unwahrheiten. Bereits 1682 kündigte sein Landsmann Nehemia Grew im Vorwort zu einer Pflanzenanatomie eine Beschreibung von *Parasitical, Marine and Sensitive Plants* an. Der beleidigende Begriff der *parasitischen Pflanze* ging in den wissenschaftlichen Sprachgebrauch über.

1720 bezeichnete der Florentiner Petrus Antonius Michelius die Orobanchen, die kein Chlorophyll besitzen und deshalb ihre Wurzeln an die Wurzeln anderer, grüner Pflanzen anschließen müssen, als *plantae secundariae aut parasiticae*. Micheli teilte Brownes abergläubische Ansichten. Dies geht aus seinem Werk *Nova Plantarum Genera iuxta Tournefortii methodum disposita* (Florenz 1729) hervor, wo neben etwa 1400 neuen Pflanzen auch das *Cynomonium* beschrieben wird, das auf deutsch *Hundswurz* beziehungsweise *Hundsrute* heißt. Micheli reihte das Gewächs, das besonders häufig in Sizilien und auf Lampedusa in Gestalt eines mit eiförmigen Schuppen besetzten roten Kolbens auftritt, unter die *Lenticularia*, die Linsengewächse, ein. Er nahm also an, die Hundsrute entsprösse den Linsengewächsen, an deren Wurzeln sie sich anschließt, sie wäre also nichts weiter als deren Auswuchs und Wucherung.

Aus dem Adverb wurde in Ephraim Chambers' *Cyclopædia or an Universal Dictionary of arts and sciences* (1728) ein Nomen: »Parasites ... Such is moss ... which, with the lichens and mistletoe's, make the family of parasite plants.«

Mitten im Zeitalter der Aufklärung wurden wir in Moose, Misteln und Flechten, in eine Pflanzenfamilie verhext.

*I*N GROSSBRITANNIEN beseitigte die Glorreiche Revolution die puritanische Diktatur. Unter der neu installierten Monarchie kam es zu einer wirtschaftlichen Umwälzung. 1698 erklärte Fletcher von Saltoun – Marx hat den Ausspruch im *Kapital* überliefert – dem schottischen Parlament:

»Die Zahl der Bettler in Schottland (also England nicht mitgerechnet!) wird auf nicht weniger als 200000 geschätzt. Das einzige Hilfsmittel, welches ich, ein Republikaner von Prinzip, vorschlagen kann, ist, den alten Zustand der Leibeigenschaft zu restaurieren und aus allen denen Sklaven zu machen, die unfähig sind, für ihre eigene Subsistenz zu sorgen.« Das Land setzte sich an die Spitze der geschichtlichen Entwicklung. Wir nahmen in aller Bescheidenheit daran teil.

Bernard de Mandeville, ein Arzt französisch-holländischer Abstammung, ließ 1705 auf den Straßen Londons ein gereimtes Six-Penny-Pamphlet mit dem Titel *Der murrende Bienenschwarm* verkaufen, über das viel gelacht wurde. Es handelte sich um die Fabel von einem prosperierenden Bienenstock:

»Eine ungeheure Zahl füllte den fruchtbaren Stock, aber gerade ihre ungeheure Zahl ließ ihn gedeihen. Millionen trachteten danach, für anderer Lüste und Eitelkeiten

zu sorgen; während weitere Millionen damit beschäftigt
waren, das zerstörte Werk ihrer Hände zu betrachten; sie
statteten das halbe Universum aus; und doch gab es mehr
Arbeit als Arbeiter.

Einige, die viel Geld und wenig Sorgen hatten, gingen
ins *big business* und machten große Gewinne; und wieder
andere waren zu *Sythes & Spades* verdammt, und all solch
harte und arbeitsame Geschäfte, wo willige arme Tröpfe,
um zu essen, täglich schwitzen und ihre Kraft und Glieder
ausmergeln.

Andere wiederum gingen mysteriösen Künsten nach,
die nur wenige Leute mit erlernten Berufen verbinden,
Berufen, für die man keinen *stock*, kein Kapital, braucht,
Geschäften, für die kein Kreuzchen unter einem Vertrag
nötig ist: Gauner, Parasiten, Zuhälter, Spieler, Taschen-
diebe, Münzfälscher, Quacksalber, Wahrsager und all
solche, die mit ehrlicher Arbeit auf Kriegsfuß stehen und
aus den Anstrengungen ihres gutmütigen, arglosen Nachbarn ihren Nutzen ziehen.

Spitzbuben wurden sie genannt, doch sieht man ab von
diesem Namen, waren die seriösen Arbeitsamen um kein
Haar besser, denn es war von den Gewerben und Geschäften keins ohne Lug, und kein Beruf ohne Betrug.«

Ein Moralist unter den Bienen predigt Umkehr. Der
boshafte Jupiter gewährt dem Missionar Erfolg. Die geld-
gierigen Geschäftsleute erlahmen, die Schlemmer werden
sparsam, der Luxus verschwindet, der Handel schrumpft,
die Tugend siegt – und der prosperierende Stock geht ein.
Moral: Ohne Laster florieren die Geschäfte nicht.

Der Erfolg der *Bienenfabel* veranlaßte den Philosophen
George Berkeley nach seiner Rückkehr aus Amerika, wo er
sich vergeblich als christlicher Missionar versucht hatte,
1732 zu einer heftigen Entgegnung in Form sokratischer
Dialoge unter dem Titel *Alciphron oder Der winzige Philosoph.*

Alkiphron! Der gute römische Alkiphron, der ironische Stilist der Parasiten-Briefe, Zeitgenosse von Lukian, mußte als Libertin par excellence seinen Namen für einen verruchten Freigeist hergeben, den Berkeley, der spätere Bischof, mit einer Serie schlagender Argumente zu Boden schickte: »Eines weiß ich: Der schnellste Weg, der Industrie aufzuhelfen und alle Tischler, Maurer, Schmiede und sonstigen Handwerker zu beschäftigen, wäre der, den trefflichen Hinweis eines berühmten Winzigen Philosophen in die Praxis umzusetzen. Tiefes Sinnen hat diesen Mann zu der Erkenntnis gebracht, daß das Niederbrennen der City von London keineswegs so verwerflich wäre, wie dumme, voreingenommene Leute glauben mögen; die Folge wäre ein schneller Umlauf des Eigentums, das von den Reichen zu den Armen wandern und eine große Anzahl von Handwerkern aller Art beschäftigen würde.«

Das war auch 66 Jahre nach dem großen Brand von London, der 13 200 Häuser verzehrt hatte, noch ein Volltreffer. Mandeville verteidigte sich *catch as catch can*, wobei er nicht davor zurückschreckte, gegen die Armenschulen zu wettern und über die unnötigen Ausgaben zu jammern, die es koste, dem schuftenden Pack Kenntnisse beizubringen, für die es sowieso keine Verwendung habe.

Umsonst. Seine schöne Meinung, daß es irgendwie ohne uns nicht geht, hatte ihn unmöglich gemacht. Die französische Übersetzung wurde in Paris vom Henker verbrannt.

M ALTEN TESTAMENT erwürgt Simson einen Löwen, aus dessen vergammelndem Aas ein Bienenschwarm entsteht; der Heros erntet den Honig. Die Antike war davon überzeugt, Würmer entstünden aus der Fäulnis.

99

Derartiges lehrte nicht nur Aristoteles. Er kannte die Eingeweidewürmer, er bezeichnete sie mit dem griechischen Wort ἕλμινθοι, Helminthen. Auch Plinius der Ältere zählte mehrere Arten auf.

Die Möglichkeit einer spontanen Entstehung bestimmter Tiere und Pflanzen, einer *generatio spontanea*, war bis in die zweite Hälfte des 17. Jahrhunderts unumstößliches Dogma. Noch Johann Baptist van Helmont, der niederländische Mediziner und Philosoph, glaubte, der aus der Tiefe eines Sumpfes aufsteigende Gestank brächte Frösche, Schnecken, Blutegel und bestimmte Pflanzen hervor. Die Herkunft der Eingeweidewürmer des Menschen warf daher keine Fragen auf.

1684 gelang es dem Florentiner Francesco Redi, einen alten Aberglauben mit einem einfachen Experiment zu widerlegen: Er deckte ein Stück Fleisch mit dichter Gaze ab und ließ es verfaulen. Die Fliegen konnten ihre Eier nicht ablegen, auch nach Tagen waren noch keine Maden zu finden; also waren die Fleischmaden keine eigene Tierart, keine *Helcophagi*. Sie waren nicht aus dem faulen Fleisch entstanden. Die Made entstand *ex ovo*, aus einem Ei, sie war eine Metamorphose der Fliege. Der Glaube an die *generatio spontanea* geriet ins Wanken.

Der Naturforscher Jan Swammerdam verfaßte sein *Sendschreiben von der Menschen Laus an den hochangesehnen Herrn Thevenot, ehedem Abgesandten des Königs von Frankreich an den freyen Staat von Genua:* »Hochedler Herr. Ich stelle hiermit Ew. Hochedl. in der Zergliederung einer Laus den allmächtigen Finger GOttes vor Augen. Sie werden in derselben mit Wundern aufgehäuffte Wunder erblicken, und in einem kleinen Punkte die Weisheit GOttes deutlich erkennen.«

Swammerdam hatte mit einem seiner vielen Mikroskope – drei waren aus Bergkristall – die Eier der Laus entdeckt, von der es immer geheißen hatte, sie entstünde spontan aus dem Schmutz. In seiner erst posthum veröffentlichten *Biblia Naturae* (1737) bekannte er:»Jeder, der die Anlage und den Aufbau der kleinsten und größten Tiere betrachtet und sie miteinander vergleicht, wird sehen, daß sie ähnlichen Prinzipien entspringen, und zwar den Eiern ihrer Eltern, die kleinsten Lebewesen ebenso wie die größten, und daß es keine Kreatur gibt, die sich diesem universellen Entstehungsgesetz entzieht.«

Bei den Helminthen jedoch mußte auch Swammerdam passen:»Wie die Würmer in den lebendigen Thieren hervorkommen... das läßt sich schwerlich erklären. Ich muß bekennen, daß ich hierinnen gänzlich noch blind sey.« Am Bandwurm war kein Mund zu entdecken, keine Leibeshöhle, kein Geschlecht.

Antonio Vallisnieri, Medizinprofessor zu Padua, ein Neuerer und strenger Feind der Urzeugungstheorie, entwickelte die Hypothese, die Helminthen seien in ihrer Gesamtheit schon mit den ersten Menschen geschaffen worden; in Evas erstem Ei seien bereits alle folgenden Generationen eingeschlossen gewesen, und in diesen Eiern auch die Eier der Helminthen. Diese *Einschachtelungstheorie* warf jedoch die Frage auf, warum ein vernünftiger Gott die Würmer in Adams unschuldigen Körper gepflanzt hatte. Vallisnieri: Vor dem Sündenfall schadeten sie nicht, sie beseitigten überflüssige Säfte im Körper. Und wie kam der Wurm von Adam zu Eva? Vallisnieri, ungerührt, verwies auf die Allmacht Gottes.

1735 veröffentlichte ein unbekannter Schwede, Doktor der Medizin, ein *Natursystem*, ein hauchdünnes Buch von allerdings gewaltigem Format, dessen Seiten in tabellarischer Form einen Überblick über die gesamte Natur boten: *Systema Naturae sive Regna tria naturae systematice proposita per classes, ordines, genera & species.* Zur Abteilung *Würmer / Reptilien, nackt, ihrer Glieder beraubt* bemerkte der Verfasser, Karl Linné:

»Im Gedärm des Menschen kommen drei Arten von Tieren vor: Nämlich die Ringelwürmer, die Spulwürmer und die Bandwürmer. Daß der Ringelwurm der Eingeweide ganz derselben Spezies angehört wie der allergewöhnlichste Regenwurm, zeigt seine Gestalt in all ihren Teilen. Daß die Spulwürmer identisch sind mit den winzigen Ringelwürmern, die sich in sumpfigen Gegenden überall finden, springt bei ihrer Zergliederung ins Auge. Der Bandwurm wird bis heute für eine *specie parasitica* gehalten und wurde in Menschen, Hunden, Fischen usw. sehr häufig als vereinzeltes Tier angetroffen; er hat ausgezeichneten Forschern auf dem Gebiet der Entstehung der Tiere allergrößtes Kopfzerbrechen bereitet. Ich habe diese Spezies 1734 auf einer Reise von Reuterholm nach Dalekar in Anwesenheit von sieben Gefährten bei einem Aufenthalt im Umkreis der Jaenensischen Sauerquelle Ochra gefunden, worüber ich mich sehr wunderte, da häufig versucht wird, Bandwürmer mit Sauerwasser abzutreiben.«

Was in Gelehrtenstuben Gott weiß wie lange schon Anlaß zu schmutzigem Gelächter gewesen war, hier stand es nun, schwarz auf weiß, eine als wissenschaftlicher Begriff notdürftig verkleidete Beleidigung: Die Priesterbeamten von einst, verspottet als *Würmer/Reptilien, nackt, ihrer Glieder beraubt.*

Für dieses Mal konnte der Angriff noch abgewehrt werden: Die Fachwelt erteilte nämlich Linnés Ansichten – anders als bei Browne – die verdiente Abfuhr. Es kam zum Skandal. Linné konnte unmöglich einen Bandwurm in einem Sauerbrunnen beobachtet haben. Die *Taenia* ist im Freien nicht lebensfähig. Entweder hatte Linné die ganze Geschichte erfunden, oder er hatte sich auf unentschuldbare Weise geirrt und eine Blindschleiche oder ein anderes, weißliches wurmartiges Wesen mit der eigentlich unverwechselbaren, einzigartigen *Taenia* verwechselt. Mit seinem unverzeihlichen Fehlgriff hatte Linné bei den Spezialisten für die Eingeweidewürmer, bei den Helminthologen, für immer verspielt. In ihren Augen war und blieb er ein blinder Bücherwurm; das beweist die unbarmherzige Strenge, mit der noch neunundsiebzig Jahre später Johann Gottfried Bremser in seinem monumentalen Werk *Über lebende Würmer im lebenden Menschen* den Stab über den unvorsichtigen Schweden brach:

»Linné glaubte, das *Distoma hepaticum*, die sogenannte *Taenia lata* und gleichfalls die sogenannte *Ascaris vermicularis* in Sümpfen und in den Wurzeln faulender Pflanzen gefunden zu haben. Allein Otto Fried. Müller hat bis zur Anschaulichkeit dargethan, daß Linné sich geirrt ... Überhaupt kann Linné niemals als kompetenter Richter bei helminthologischen Streitigkeiten erscheinen. Er hatte zu wenige Eingeweidewürmer selbst gesehen und untersucht, sonst würde er den Nestelwürmern den Kopf nicht abgesprochen haben, den doch bei dem grossen Kettenwurme aus dem Pferde der Blinde sogar greifen kann.«

Auch mit seinem späteren Versuch, die Bandwürmer als Zoophyten, als Tierpflanzen, zu charakterisieren, stieß Linné auf Ablehnung. Sein gescheiterter Vorstoß, uns als Würmer in sein Natursystem einzugliedern, verschaffte uns Ruhe vor den Zoologen. Zumindest die seriöse Fachwelt verschonte uns in den nächsten Jahrzehnten mit gehässigen Nachstellungen. Eine Ausnahme war der Linnéschüler Petrus Simon Pallas, der in seiner Doktorarbeit *De Infestis viventibus intra viventia, Über ansteckende lebende Wesen in lebenden Wesen*, 1760 noch einmal etwas von einer *parasitica sobole*, einer *Parasitenbrut*, murmelte.

Es galt eben auch hier das alte lateinische Wort *semper aliquid haeret*, etwas bleibt immer hängen. Karl Linné hatte unser Schicksal an das der Bandwürmer geknüpft. Schließlich und endlich waren nicht Humanität und Ver-

nunft es gewesen, die uns vorläufig vor dem Schlimmsten
bewahrt hatten, sondern der Irrglaube an die *generatio
spontanea* dieser Tiere im menschlichen Leib. Absurder-
weise bezeichnete nun das Attribut *parasitisch* bei Pflanzen die Vorstellung, sie würden aus überflüssigen Säften
anderer Pflanzen hervorgehen; bei Tieren, sie würden von
außen in andere Tiere einwandern, also das gerade Gegenteil. Solange die Helminthologen an ihrem vorsintflut-
lichen Glauben festhielten, waren wir dagegen gefeit, in
Eingeweidewürmer verhext zu werden. Das eine Vorurteil
machte den Parasiten zum Geschmeiß, ein anderes bewahrte ihn davor. Ecce homo!

NSERE französischen Kollegen konnten vor-
derhand über solche Vergleiche noch lachen. Sie nahmen
in der Literatur einen festen Platz ein. D'Ablancourts
Übersetzung von Lukians Περὶ παρασίτου erlebte über
Jahrzehnte hinweg immer neue Auflagen. Niemand hätte
in Frankreich auch nur im Traum daran gedacht, die Theater zu schließen.

Das soll nicht heißen, daß wir dort durchgehend mit
Anstand behandelt worden wären. Der Komödiendichter
Paul Scarron ließ uns in seiner Vergilparodie *Le Virgil travesti* (1648–1651) in der Hölle schmoren und von Mäusen
verzehren und spottete: »Il n'y a point de parasite qui se
fasse philosophe, au lieu qu'une infinité de philosophes
deviennent tous les jours parasites«, also: »Kein Parasit
wird je zum Philosophen, aber täglich wird eine Unzahl von
Philosophen zu Parasiten.«

Aber das war schließlich nur eine altbekannte Denk-
figur, die Lukian ein gutes Jahrtausend vorher schon mit

glänzendem Ergebnis auf den Kopf gestellt hatte. Typisch für die Position des französischen Parasiten war, daß er über weite Strecken zu einer Stilfrage erklärt wurde: »Fuis les longueurs, évite les redites, / Bannis enfin tous ces mots parasites«, reimte der 1670 geborene Jean-Baptiste Rousseau, Komödiendichter und Satiriker, also: »Flieh Längen, meide Wiederholungen, / Verbann sie endlich, diese Wörterparasiten«.

Des fadaises parasites, Parasitenfadheiten, wurden idiomatisch. Freundlich war das nicht. Es entstand die Stilregel »à eviter les tournures lâches, ou prosaïques, ou recherchées, les expressions parasites et les chevillés« – »lockere, prosaische oder gesuchte Redensarten, parasitische Ausdrücke oder Füllwörter sind zu vermeiden«. Aus all diesen miefigen Schulregeln sprach eine beklagenswerte Unkenntnis der griechischen, lateinischen, italienischen und englischen Komödienliteratur, geschichtslose Ignoranz.

Andererseits ergriff 1761 der Antiquar Le Beau von der *Königlichen Akademie für Inschriften und die Schönen Künste* in der *Assemblée publique de la Saint-Martin* das Wort, um der Welt wenigstens einen kleinen Teil unserer schönen Vergangenheit wieder in Erinnerung zu rufen. Ein Stoßseufzer über die *dégénération* der Bezeichnung leitete den Vortrag ein. Thema: Die Parasiten der Götter in der Antike. Gliederung: Götterdiener, die Parasiten Apolls, das Theater.

Le Beau ließ Plutarch und Athenaios und dessen Gewährsleute aufmarschieren, er sprach über die heilige Opfergerste.

Er führte Sueton an und Martial: »Du süße Zierde der Szene, du Star der Spiele, Latinus...«

Er zitierte die Gedenksteine, unter anderem diesen, den der Senat und das Volk von Lanuvio einem Parasiten errichtet hatte:

»M. AUR. AUG. LIB. AGILIO. SEPTENTRIONI. PANTO-
MIMO. SUI TEMPORIS. PRIMO. SACERDOTI. SYNODI.
APOLLINIS. PARASITO. ALUMNO. FAUSTINAE AUG.
PRODUCTO. AB. IMP. M. AUREL. ... ANTONINO. PIO.
FELICE. AUGUSTO. ORNAMENTIS. DECURIONAT. DE-
CRETO. ORDINIS. EXORNATO. ET. ALLECTO. INTER.
JUVENES. S.P.Q. LANIVINUS.« – »Dem von Marc Aurel
Augustus freigelassenen Sklaven Agilius Septentrio,
seinerzeit erster Priester des Kollegiums Apoll, dem Para-
siten, dem Zögling der Kaiserin Faustina, der als Schau-
spieler produziert wurde vom Kaiser M. Aurel ... Antoni-
nus, dem frommen, dem glücklichen, dem Augustus.«

Die drei Pünktchen im Namen des Kaisers M. Aurel ...
Antoninus weisen darauf hin, daß hier nicht wie weiter
oben vom edlen Kaiser Marc Aurel, sondern von dessen
Sohn M. Aurel Commodus Antoninus die Rede war; der
römische Senat hatte nach dem Tod dieses Tyrannen verfügt, daß sein Name aus allen öffentlichen Monumenten
ausgemeißelt werde.

Der Name des Kaisers war verschwunden, der Name des
Parasiten hatte überlebt. 🐚

AS GEBAREN der französischen Aufklärer
uns gegenüber grenzte an Schizophrenie. In der von Denis
Diderot und Jean le Rond d'Alembert herausgegebenen
Encyclopédie, deren letzte Textbände 1765 erschienen,
findet sich unter dem Stichwort *Parasit (Griechisches und
römisches Altertum)* ein Eintrag aus der Feder von Louis
de Jaucourt, in dem es unter anderem heißt:

»Die tiefe Verpflichtung, die die Menschen gegenüber
den Göttern empfanden, denen sie die Erzeugnisse der

Natur verdankten, brachte sie dazu, daß sie ihnen zum Zeichen der Dankbarkeit die ersten Früchte ihrer Ernte als Opfer darbrachten. Um die Opfergaben entgegenzunehmen, mußten in den Tempeln Leute bestimmt werden, deren Aufgabe es war, sie aufzubewahren, an das Volk zu verteilen & sie bei den Feiern zu Ehren verschiedener Götter zum Opfer zu bringen.

Die Griechen nannten die ersten Früchte des Feldes heiliges Getreide, denn sie bestanden hauptsächlich aus Weizen & Gerste. Jene, die dazu bestimmt waren, sie entgegenzunehmen, wurden *Parasiten* genannt, was sich von den griechischen Wörtern für neben & Speise ableitet, also denjenigen bezeichnete, der sich um die Nahrung kümmerte, dem das Amt oblag, das Getreide für den heiligen Ritus zu sammeln. Die *Parasiten* waren hochgeachtet & erhielten einen Anteil von dem Opferfleisch.«

Das wirkte wie warmes Verständnis, aber Jaucourt war in Wirklichkeit doch nur ein unkritischer Anhänger Rousseaus. Seine Hymne auf unseren ursprünglichen Zustand schlug am Ende des Artikels in kalte Herablassung um:

»Es ist schwierig herauszufinden, wann & wie diese *Parasiten*, deren Funktionen in die heidnische Götterverehrung eingingen, im Ansehen sanken & in den schlechten Ruf gerieten, den sie bis heute haben. Wie dem auch sei, sie erniedrigten sich, indem sie sich die Tore der großen Häuser durch unterwürfige Schmeicheleien offenhielten. Künftig nannte man *Parasiten* jene Schmeichler & Schöntuer, die schamlos Taktgefühl & Rechtschaffenheit preisgaben, um sich dort gütlich zu halten.«

Danach folgte, wieder von Jaucourt, einem der fleißigsten Mitarbeiter des Werkes, das Stichwort *Parasiten, oder parasitische Pflanzen*:

»In der Botanik schädliche Pflanzenarten, die auf Bäumen wachsen und so genannt werden, weil sie auf Kosten anderer leben und sich nähren … Es handelt sich vor allem um die Moose, von denen man früher glaubte, sie wären nur das Produkt der Zersetzung des Rindengewebes oder eine Art Rost oder ein Faserbündel, das aus der Rinde stammte. Aus verschiedenen neueren Beobachtungen geht jedoch hervor, daß die Moose echte Pflanzen sind, deren Same äußerst klein ist ...«

Also wußte er es sehr wohl: Das Moos war keine Krankheit, keine aus überflüssigen Stoffen des Baumes herrührende Wucherung, kein dekadentes, entartetes Wesen! Wäre hier nicht eine kritische Würdigung verjährter Irrtümer fällig gewesen, fragten wir uns, ein Versuch, den Begriff Aufklärung mit Leben zu erfüllen und Licht in jenes Dunkel zu bringen, das sich immer wieder hinter ein und demselben Wort verbarg? Statt dessen kam es unter dem Stichwort *Moos* zu folgendem Wutausbruch:

»Die Botaniker unterteilen die Moose in verschiedene Gattungen, die sie wiederum in verschiedene Arten von so großer Zahl unterteilen, daß M.Vaillant in der Umgebung von Paris 137 Spezies gezählt hat; da sie aber in keiner Hinsicht schön und noch weniger nützlich sind, wäre es sinnlos, sie hier aufzuzählen. Was sage ich! Man sollte das Geheimnis finden, all diese so schädlichen Pflanzenarten zu vernichten, die auf Kosten der Bäume leben und sie krank machen und zugrunde richten, indem sie mit einer Unzahl von Würzelchen deren Saft auffangen und rauben. Auf den ersten Blick könnte man meinen, daß die Bäume, die vom *Moos* angegriffen werden, nicht schwer zu heilen wären, und daß dazu nichts weiter nötig wäre, als dieses *Moos* abzureißen, vor allem in den Regenperioden, wenn es weich ist und leichter abgeht; aber diese Operation wäre langwierig und mühsam und hätte nur einen sehr beschränkten Erfolg, da sich das *Moos* so fest an den Baum klammert, daß es unmöglich ist, es so gründlich auszurotten, daß es hinterher nicht sofort wieder anfängt, Fuß zu fassen.«

Der Efeu, der kanadische Wein, ein in Virginia wachsender Jasmin, der Teufelszwirn, die Mistel: allesamt wurden sie wie das Moos zu *parasitischen Pflanzen* erklärt! Und es schien gar kein Ende zu nehmen: »...aber die gefährlichsten parasitischen Pflanzen sind die Flechten, die aussehen wie eine Art gelber, schmutzig weißer Kruste und die man auf Baumrinden findet.«

Je zahlreicher diese angeblichen Parasiten wurden, um so deutlicher wurde der Wunsch, sie auszurotten. 1771 träumte der Dichter und Astronom Jean Sylvain Bailly in seinen *Lettres sur l'Atlantide de Platon et sur l'ancienne histoire de l'Asie* in einer Eloge über den Menschen der Zukunft: »Sous sa main la nature ne produit plus qu'utilement; la face de la terre se dépeuple d'herbes parasites.« Also, so seltsam es klingt: »Unter seinen Händen wird die Natur nur noch Nützliches hervorbringen; das Antlitz der Erde wird sich von parasitischen Pflanzen entvölkern.«

ENIS DIDEROT rettete die Ehre der französischen Aufklärung und setzte dem Zerrbild eines Pflanzenwesens mit Wurmfortsätzen das altmeisterliche Porträt eines Parasiten aus echtem Schrot und Korn entgegen: *Le Neveau de Rameau, Rameaus Neffe.*

Habent sua fata libelli, und weil die Geschichte dieses Textes ebenso verschlungene und manchmal mysteriöse Wege ging wie die Geschichte des Parasiten, sei sie hier erzählt:

Diderot begann das kleine Werk 1764 und arbeitete daran über zehn Jahre, vielleicht sogar bis zu seinem Tod 1784. Eine Abschrift, die aus dem Erbe Diderots vertragsgemäß an die Zarin Katharina II. ging, gelangte, möglicherweise durch den Dichter Maximilian Klinger, in die Hände Goethes, der sie 1804/1805 etwas flüchtig ins Deutsche übersetzte, bevor sie spurlos verschwand. Goethes Übersetzung wurde in miserables Französisch übertragen und in Frankreich als Original veröffentlicht; 1823 wurde der Dialog aus einer zweiten Abschrift im Besitz von Diderots Tochter, freilich zensiert, erneut publiziert. Auch diese Handschrift verschwand, aber 1890 entdeckte der damalige Bibliothekar der *Comédie française* bei einem Bouquinisten am Ufer der Seine in einem voluminösen Konvolut *das unverkennbar von Diderots Hand geschriebene Original.*

Mit Ehrfurcht nähern wir uns diesem Werk, dessen Geschichte so schlagend beweist, daß die Sonne, mag es auch noch so lange dauern, die Wahrheit immer ans Licht bringt.

Unser Rameau, zweifellos eine historische Figur, ist der Sohn eines schlichten Provinzapothekers. Die Liebe zur Musik führt ihn in jungen Jahren nach Paris. Er hofft, dort in seinen Bestrebungen von seinem damals weltberühmten Onkel, dem heute vergessenen Komponisten J.-P. Rameau, gefördert zu werden. Brüsk abgewiesen, begleitet er als musikalischer Hofnarr einen reichen Juden durch Europa, bis sich dieser aus Übermut in eine üble Affäre verstrickt und zu Fall kommt. Einsam kehrt Rameau zurück nach Paris und durchstreift hungrig die Stadt.

Er selbst ist es, der diese wahrlich nicht besonders rühmenswerte Vergangenheit dem Philosophen bei einem langen Gespräch im Café de la Régence mit rückhaltloser Offenheit anvertraut, wobei er seine Schilderung mit genialen mimischen Einlagen garniert:

»Hier unterbrach er sich, ging nach und nach von der Haltung eines Mannes, der eine Violine hält, mit aller Kraft die Saiten greift, über zu der eines armen, ausgemergelten Teufels, dem die Kräfte schwinden, die Beine schlottern, der seine Seele aushaucht, wirft man ihm nicht ein Stück Brot zu; er bedeutete seine äußerste Bedürftigkeit, indem er seinen Finger zum halbgeöffneten Mund führte ...«

Der Philosoph kennt aus eigener Anschauung Rameau erst, seit dieser begonnen hat, Klavierstunden zu geben:

»Er hatte sich in einigen ehrbaren Häusern, ich weiß nicht wie, Zutritt verschafft, wo für ihn der Tisch mitgedeckt war, allerdings unter der Bedingung, niemals ohne ausdrückliche Erlaubnis zu reden. Er schwieg und aß wütend. In diesem Joch zu stecken, stand ihm vortrefflich. Reizte es ihn, gegen das Abkommen zu verstoßen, und öffnete er den Mund – schon beim ersten Wort riefen die Gäste: Oh, Rameau! Dann funkelte der Zorn in seinen Augen, er aß weiter, noch wütender.«

Spätestens bei diesem Detail wird klar, mit welch profunder Kenntnis der Enzyklopädist Diderot hier den überzeitlichen Typus herausarbeitet. Hinter Rameau, dem armen Teufel am Ende der Tafel, der den Mund auf- und zumachen soll, wie und wann es verlangt wird, blitzt Telephos auf. Rameau beginnt zu sprechen, Rameau erwirbt sich die Technik des Schmeichelns, Rameau durchläuft das Curriculum der Parasitik, durchkostet die Höhen und Tiefen unseres Gewerbes. Er wird bei dem reichen, mächtigen Steuerpächter Bertin stationär, und zwar als Claqueur von dessen Geliebter, einer miserablen Schauspielerin:

»Wie Ihr wißt, haben wir die zahlreichste und erlesenste Gesellschaft; es ist eine Schule der Menschlichkeit, die Erneuerung der antiken Gastfreundschaft. Alle durchgefallenen Poeten sammeln wir auf ... alle verschrienen Musiker; alle Autoren, die nicht gelesen werden; alle ausgepfiffenen Schauspielerinnen, alle ausgezischten Schauspieler; ein Haufe verschämter Armer, geistloser Schmarotzer, *parasites*, an deren Spitze ich zu sein die Ehre habe, wackeres Haupt einer verschüchterten Horde. Ich bin es, der sie zum Essen ermutigt, wenn sie zum ersten Male zu uns kommen; ich bin es, der für sie zu trinken verlangt.«

Spricht hier nicht Gnatho, der seine unglücklicheren Genossen betreut?

»Sie nehmen so wenig Platz ein! Einige sind zerlumpte junge Leute, die nicht wissen, wohin, die aber gut aussehen; andere, Halunken, die den Hausherrn umschmeicheln und ihn einschläfern, damit sie nach ihm auf der Hausherrin Nachlese halten können. Wir scheinen heiter; aber im Grunde haben wir alle schlechte Laune und großen Appetit. Wölfe sind nicht ausgehungerter, Tiger sind nicht blutgieriger. Wir schlingen wie Wölfe, wenn das Land lange mit Schnee bedeckt war; wir reißen wie Tiger alles, was Erfolg hat...« Schinkenschlächter sei gegrüßt!

»Niemals sah man auf einem Haufen so viele finstere, zänkische, boshafte und grimmige Bestien. Da hört man nur die Namen Buffon, Duclos, Montesquieu, Rousseau, Voltaire, d'Alembert, Diderot, und Gott weiß, mit welch schmückenden Beiwörtern sie belegt werden!«

Es stellt sich heraus, daß Rameau jenem Kreis angehört, der damals unter einflußreicher Protektion gegen die Enzyklopädisten Front machte. Allerdings hat er es sich soeben mit seinem Gönner verscherzt:

»Ich lebte so recht wie die Laus im Pelz. Der Gefeierte war ich. Man war betrübt, blieb ich auch nur einen Augenblick fort. Ich war ihr kleiner Rameau, ihr artiger Rameau, ihr Rameau der Narr, der Flegel, der Ignorant, der Faulpelz, der Vielfraß, der Schalk, das dumme Tier. Jeder dieser Kosenamen brachte mir ein Lächeln ein, eine Liebkosung, einen kleinen Schlag auf die Schulter, einen Backenstreich, einen Fußtritt, bei Tisch einen guten Happen, den man mir auf den Teller warf, nach Tisch eine Freiheit, die ich mir herausnahm, ohne daß man ihr Bedeutung beimaß; denn ich selbst, ich bin bedeutungslos. Man macht aus mir, mit mir, vor mir alles, was man will, ohne daß ich Anstoß daran nehme; und die kleinen Geschenke, die auf mich herabregneten! Dummer Hund, der ich bin; alles habe ich verloren, nur weil einmal, ein einziges Mal in meinem Leben, der Menschenverstand aus mir gesprochen hat; ah, wenn mir das je wieder geschehen sollte!«

Was war passiert? Der Herausgeber des *Observateur littéraire*, Abbé de la Porte, der eigentlich auf seiten Diderots und der Enzyklopädisten stand, hatte eine Einladung zum Essen angenommen und war bei Bertin erschienen:

»Es wird aufgetragen; man erweist dem Abbé die Ehre, man setzt ihn ans obere Ende der Tafel. Ich trete ein, ich bemerke es. Wie, Abbé, sage ich, Ihr präsidiert? Na, für heute mag das gut sein; aber morgen werdet Ihr um einen Teller herunterrücken, wenn Ihr gestattet; übermorgen um einen weiteren Teller, und so Teller um Teller, sei es auf der rechten oder linken Seite, bis Ihr weit von dem Platz, den ich einmal vor Euch eingenommen ... an meiner Seite Euren Stammplatz haben werdet, neben mir armen Tropf Euresgleichen, *che siedo sempre come un maestoso cazzo fra duoi coglioni*.« Also: ... der ich immer wie ein majestätischer Schwanz zwischen zwei Weicheiern sitze.

Der Witz kommt schlecht an. Der ungebildete Bertin hält sich nicht an den Kirchenlehrer Johannes Chrysostomos und dessen Lehrsatz: »Parasiten müssen sich Schande und Spott gefallen lassen, erfreuen sich aber voller Redefreiheit.« Rameau wird hinausgeworfen und beklagt nun verzweifelt sein Schicksal:

»Draußen, an den Fenstern des Cafés, drängten sich die Passanten, die bei dem Lärmen stehengeblieben waren. Alles lachte schallend, daß die Decke hätte bersten mögen. Er merkte nichts; er machte weiter, ergriffen von einem Wahn, einem Enthusiasmus, der dem Irrsinn so nahe war, daß es ungewiß schien, ob er wieder zu sich finden würde;

ob man ihn nicht in eine Kutsche werfen und geradewegs ins Tollhaus führen müsse. Er sang ein Bruchstück aus den Klagegesängen von Jomelli, dabei wiederholte er mit einer unglaublichen Genauigkeit, Wahrheit und Wärme aus jedem Abschnitt die schönsten Stellen; das schöne obligate Rezitativ, wo der Prophet die Verwüstung Jerusalems schildert, benetzte er mit einer Flut von Tränen, daß jeder zutiefst gerührt war. Alles war darin: die Zartheit des Gesangs, die Gewalt des Ausdrucks; der Schmerz. Besonders betonte er jene Stellen, an denen sich der Tonkünstler recht eigentlich als großer Meister gezeigt hatte; verließ er die Gesangspartie, so, um die Instrumente aufzunehmen, die er dann ebenso plötzlich unterbrach, um zur Stimme zurückzukehren; das eine in das andere verflechtend, so daß die Bindungen und die Einheit des Ganzen erhalten blieben; sich unserer Seele bemächtigend und sie an die seltsamste Stimmung fesselnd, die ich jemals empfunden habe ... War es Bewunderung? Ja, es war Bewunderung! War ich von Mitleid gerührt? Ich war vom Mitleid gerührt; doch ein Hauch des Lächerlichen mischte sich unter diese Gefühle und nahm ihnen die Natürlichkeit.«

Rameau ist ein Tausendsassa, er ist ein ehrlicher Lügner, ein dilettantisches Genie, ein gutmütiger Satan, vor allem aber ist Rameau Schauspieler. Er will ein genialer Teufel sein, aber er kann ihn nur spielen. Er ist zum mittelmäßig guten Menschen verdammt, zum tragikomischen Mimen, zum Erzmimen im existentiellen Sinn, in einer schwindelerregenden Abfolge von Rollen.

Und so verliert sich unter der changierenden Oberfläche der Lächerlichkeit der Blick im Abgrund.

»Er weinte, er lachte, er seufzte; er blickte zärtlich, ruhig oder wütend; er spielte eine Frau, die vor Schmerz in Ohnmacht sinkt; einen Unglücklichen, der all seiner Verzweiflung hingegeben ist; einen Tempel, der aufragt;

Vögel, die beim Untergang der Sonne verstummen; Wasser, die an einsamen und kühlen Orten raunen oder als reißende Bäche von den Höhen der Berge stürzen; ein Unwetter, einen Sturm, die Klage derer, die zugrunde gehen, vermischt mit dem Pfeifen des Windes, dem Krachen des Donners; es war die Nacht mit ihrer Finsternis; es war der Schatten und das Schweigen; denn selbst das Schweigen stellt sich in den Tönen dar: Sein Kopf hatte sich völlig verwirrt. Erschöpft vor Anstrengung, wie ein Mensch, der aus tiefem Schlaf oder aus langer Geistesabwesenheit erwacht, so verharrte er, unbeweglich, stumpf, erstaunt. Er blickte um sich wie ein Verirrter, der den Ort, an dem er sich befindet, wiederzuerkennen sucht. Er wartete auf die Rückkehr seiner Kräfte und seiner Lebensgeister; mechanisch trocknete er sein Gesicht. Ähnlich jenem, der beim Erwachen sein Bett von einer großen Anzahl Personen umgeben sieht, in einem völligen Vergessen oder einer tiefen Unwissenheit dessen, was er getan hat, rief er im ersten Moment: Nun, meine Herren, was gibt's?«

Der Philosoph kann ihm die Existenzberechtigung nicht absprechen.

»ER: Ich bin in dieser Welt und bleibe drin; aber wenn es natürlich ist, Appetit zu haben – denn ich komme immer zum Appetit zurück, zu der Empfindung, die mir immer gegenwärtig ist –, so finde ich, daß es keine gute Ordnung sei, nicht immer etwas zu essen zu haben. Welche Teufelseinrichtung! Menschen, die alles übervoll haben, indessen andre, eben auch wie sie mit ungestümen Mägen, wie sie mit einem wiederkehrenden Hunger, nichts für ihren Zahn finden. Und dann ist die gezwungene Stellung, in der uns das Bedürfnis hält, das allerschlimmste. Der bedürftige Mensch geht nicht wie ein andrer: er springt, er kriecht, er krümmt sich, er schleppt sich und bringt sein Leben zu, indem er Positionen erdenkt und ausführt.

ICH: Was sind denn Positionen? . . .

Nun lächelt er, spielt den Bewundernden, den Bitten-
den, den Gefälligen; er setzt den rechten Fuß vor, den
linken zurück, den Rücken gebogen, den Kopf in die Höhe,
den Blick wie auf andrer Blicke gerichtet, den Mund halb
offen, die Arme nach einem Gegenstand ausgestreckt. Er
erwartet einen Befehl, er empfängt ihn; fort ist er wie ein
Pfeil, er ist wieder da, es ist getan, er gibt Rechenschaft;
er ist aufmerksam auf alles; was fällt, hebt er auf; ein
Kissen legt er zurecht; einen Schemel schiebt er unter; er
hält einen Präsentierteller, er nähert einen Stuhl, er öffnet
eine Türe, zieht die Vorhänge zu, bemerkt den Herrn und
die Frau, ist unbeweglich mit hängenden Armen, steifen
Beinen; er hört, er horcht, er sucht auf den Gesichtern
zu lesen, und dann sagt er: Das ist nun meine Pantomime
ungefähr, wie aller Schmeichler, Höflinge, Laufburschen
und Bettler.«

Rameau war keine Maske, keine Legende wie Chairephon. Diderot verkleidete ihn nur dürftig, nicht mehr als
sich selbst. Er genoß es, von seinen Freunden als *Philosoph* angesprochen zu werden, und sah in sich einen
antiken Redner, von *einer Gutmütigkeit, die an Dummheit
grenzt.* Er zeichnete den Parasiten mit großer Liebe und
ließ dabei die Möglichkeit offen, auch er, der große Philosoph, nehme nur eine Positur ein, im groben Rock, mit
dieser Zeugweste, in diesen baumwollnen Strümpfen, seinen schweren Schuhen und seiner alten Perücke.

M JAHRE 1772 brach James Cook auf, in den un-
erforschten Weiten des Pazifik den sagenhaften Südkonti-
nent zu suchen, von dem von alters her die Rede gewesen
war, auf den Campanella seinen Sonnenstaat und Thomas
Morus sein Utopia angesiedelt hatten.

Gab es ein Paradies auf Erden, wie es in der Bibel stand und wie Kolumbus noch felsenfest geglaubt hatte, dann mußte es dort zu finden sein, in jenen Gebieten, in denen jetzt das Schiffschronometer, mit dem die Längengrade endlich zuverlässig meßbar wurden, eine sichere Navigation ermöglichte.

Cook umsegelte als erster von Ost nach West den Südpol, um festzustellen, daß die *terra australis*, ein sechster Kontinent, nicht existiert. Im antarktischen Winter wich er nach Norden aus und ankerte in Tahiti:

»Ein Morgen war's, schöner hat ihn schwerlich je ein Dichter beschrieben, an welchem wir die Insel O-Tahiti, 2 Meilen vor uns sahen. Der Ostwind, unser bisheriger Begleiter, hatte sich gelegt; ein vom Lande wehendes Lüftchen führte uns die erfrischendsten und herrlichsten Wohlgerüche entgegen und kräuselte die Fläche der See. Waldgekrönte Berge erhoben ihre stolzen Gipfel in mancherley majestätischen Gestalten und glühten bereits im ersten Morgenstrahl der Sonne.«

Dem achtzehnjährigen Georg Forster, der zusammen mit seinem Vater Cook begleitete, erschien die Insel wie ein Garten Eden, bis er auf einem Ausflug ins Innere eine bittere Enttäuschung erlebte. Er traf in einem hübschen Haus auf einen sehr fetten Mann, der in der nachlässigsten Stellung der Welt, das Haupt auf ein hölzernes Kopfkissen gestützt, faulenzte. Während zwei Bediente dem Kerl den Nachtisch bereiteten, stopfte ihm eine Frau Stücke von einem großen gebackenen Fisch und Brotfrucht ins Maul, die er mit gefräßigem Appetit verschlang, während er die Besucher beim Kauen kaum eines Blickes würdigte:

»Hatten wir uns bis dahin mit der angenehmen Hoffnung geschmeichelt, daß wir doch endlich einen kleinen Winkel der Erde ausfündig gemacht, wo eine ganze Nation einen Grad von Civilisation zu erreichen und dabey doch

eine gewisse frugale Gleichheit unter sich zu erhalten gewußt habe, dergestalt, daß alle Stände, mehr oder minder,
gleiche Kost, gleiche Vergnügungen, gleiche Arbeit und
Ruhe mit einander gemein hätten. Aber wie verschwand
diese schöne Einbildung beym Anblick dieses trägen
Wollüstlings, der sein Leben in der üppigsten Unthätigkeit
ohne allen Nutzen für die menschliche Gesellschaft, eben
so schlecht hinbrachte, als jene privilegirten *parasites* in
gesitteten Ländern, die sich mit dem Fette und Überflusse
des Landes mästen, indeß der fleißigere Bürger desselben
im Schweiß seines Angesichts darben muß.« (*A Voyage
round the World*, 1777.)

Da war er, der Teufel im Paradies. Der Parasit war der
Sündenbock für eine epochale Enttäuschung. Er mar-
kierte und markiert äußerste Grenzen: die Grenze zur Urzeugung, zum Leben; die Grenzen der Aufklärung; die
Grenzen der Utopie. 🐚

N WEIMAR geriet unter den Händen Christoph
Martin Wielands der klassische Kolax als schmeichelnder
Fürstendiener zum klassizistischen Versatzstück. Die
Geschichte des Agathon (1773), ein in der griechischen
Antike spielender philosophischer Entwicklungsroman,
schildert den Besuch Platons bei Dionysios I., dem Tyran-
nen von Syrakus. Vernünftigerweise richten sich die Hoff-
nungen des Philosophen nicht auf Dionysios I., den Er-
finder des Damoklesschwertes, sondern auf den Sohn des
Tyrannen, den späteren Dionysios II.

Der Prinz rechtfertigt diesen Optimismus jedoch nur
teilweise. Vor der Ankunft Platons hat sich der tempe-
ramentvolle Junge, umgeben von einem *Schwarme von
schmeichelnden Höflingen*, ganze Monate dauernden Gast-

mählern hingegeben. In seinem Kreis existiert nur ein einziger Mann, der besser denkt als *die verächtliche Brut der Parasiten*: Dion, ein Held der Tugend, der die Absicht hat, aus Syrakus eine platonische Republik zu machen. Doch Dion ist ein starrer Purist. Er weigert sich, *den Grazien zu opfern,* und begreift nicht, daß die Syrakuser sich an die Tyrannei gewöhnt haben und Leuten gleichen, »die von einer langwierigen Krankheit wieder aufstehen, und, ungeduldig sich der Vorschrift eines klugen Arztes, in Absicht ihrer Diät, unterwerfen, sich zu früh wie gesunde Leute betragen wollen.«

Als der junge Prinz der Ausschweifungen müde wird und Dion um Rat fragt, ruft dieser Platon aus Griechenland. »In wenigen Tagen glaubte Plato zu Athen in seiner Akademie zu seyn, so bescheiden und eingezogen sah alles in dem Hause des Prinzen aus.« Langbärtige Weise wandeln paarweise mit gesenkten Häuptern auf und ab. Sogar die Köche verziehen ihre Gesichter zu geometrischen Gebilden. Der platonische Staat scheint Formen anzunehmen. Aber die Begeisterung des Prinzen für Platon verfliegt so schnell, wie sie gekommen ist. Er verliebt sich in eine schöne Tänzerin. Dion wendet sich gegen das Verhältnis, wird verhaftet und außer Landes gebracht. Der Prinz verfällt in seine alte Lebensweise. Bald wimmelt es in seiner Umgebung von Dichtern und Sophisten. Platon muß sich bei üppigen Gelagen leichtsinnige Scherze anhören und erhält schließlich seine Entlassung.

Endlich ist die Schaubühne vorbereitet für den Auftritt des Helden Agathon. Ein hedonischer Philosoph führt ihn bei dem jungen Prinzen ein. Agathon bekommt bei einer Sitzung der Akademie Gelegenheit, die Frage zu beantworten, »welche Regierungsform einen Staat glücklicher mache, die Republicanische oder die Monarchische?« Er erklärt sich geschmackvoll für die erstere und steigt dadurch zum Berater des Prinzen auf; aber obwohl er mora-

lische Besserung und verfeinerten sinnlichen Genuß nicht
als Gegensätze begreift, gelingt es auch ihm nicht, den
Prinzen und das syrakusische Staatswesen zu veredeln.
Zu beschränkt ist die Rolle, die ein *weiser und rechtschaf-
fener Mann* unter einem *schwachen Fürsten spielen* kann:
»Was wird es ihm helfen, mit Einsichten und Muth nach
den besten Grundsätzen und nach dem richtigsten Plan
zu handeln: wenn das verächtlichste Ungeziefer, wenn ein
Sclave, ein Kuppler oder etwas noch schlimmers, irgend
ein Parasite, dessen ganzes Verdienst in Geschmeidigkeit,
Verstellung und Schalkheit besteht, es in ihrer Gewalt
haben, die Maaßregeln des Biedermannes zu verrücken,
aufzuhalten, oder gar zu hintertreiben?«

Unter Wielands historischem Roman wurde eine Umriß-
zeichnung, wurden die vorsichtigen Konturen eines deutschen Musterländchens sichtbar, das nicht Wirklichkeit
werden wollte, weil wir den allzu schwachen Fürsten daran
hinderten, Vernunft anzunehmen. 🐚

IM JAHRE *1782* erschien in Leipzig von Johann
August Ephraim Goeze der *Versuch einer Naturgeschichte
der Eingeweidewürmer thierischer Körper. Mit 44 Kupfer-
tafeln.* Goeze war eine europäische Kapazität, sein Buch
das umfassendste helminthologische Kompendium des
18. Jahrhunderts. Auf den 471 Seiten tauchte der Begriff
parasitär nicht einmal auf. Statt dessen hielt Goeze fest:

»Die Erfahrung lehrt, daß diese Würmer [Intestinal-
würmer] nicht, wie Linné von den Bandwürmern glaubte,
zu den Thierpflanzen (Zoophyta) gehören; sondern wahre,
eigentliche, mit einem obgleich zum Theil sehr einfach
organisirten Körper begabte Thiere sind, und sich, entweder, wie einige Geschlechter derselben, durch lebendige

Geburten, oder durch Eyer fortpflanzen: wobey wir dennoch nicht in Abrede sind, daß nicht einige Geschlechter derselben, als die Bandwürmer, die hinten am breiten Ende ihre reifen Glieder abzusetzen pflegen, pflanzenartiger Natur seyn können.«

Goeze berief sich auf Autoritäten wie Harsoeker, Vallisnieri, Andry, Clerikus, ja sogar Hippokrates, und auf seine eigene Erfahrung, »daß die Eingeweidewürmer thierischer Körper nie von außen in dieselben gekommen sind, auch nie durch diesen Weg gelangen können«; »daß der Saamen dieser Würmer allen thierischen Körpern angebohren sey, und daß diese allein von der Natur für diese Würmer, zu ihrer Entwicklung, Nahrung, Wachsthum, Ökonomie und Fortpflanzung bestimmt sind«. Die *spitzfündige* Frage *Warum hat Gott dem Menschen so viel quälendes Ungeziefer anerschaffen?* berührte Goeze, der eigentlich ein Geistlicher war, nur kurz: »Genug! die Würmer sind da ...«

Er sah sie: Rundwurm, Haarkopf, Zwirnwurm, Kappenwurm, Pallisadenwurm, Bastardkratzer, Kratzer, Plattwurm, Bindwurm, Bandwurm und das infusorische Chaos im Schleim des Mastdarms *bey den Fröschen, Wasser- und Landkröten.*

Zudem beruhigte ihn der Gedanke, daß die Würmer keine Krankheit seien, wenn sie nicht zu unnatürlicher Größe heranwüchsen oder durch *gekünstelte Ernährung* unruhig würden. Er führte das Beispiel eines jungen Gelehrten an, dem einige Bandwurmglieder abgegangen waren, der aber, *außer wenn er Musik gehöret,* von seinem *Gast* noch nie etwas gespürt hatte.

Am 30. Mai 1781 fand er zwei Wasserkröten, zerschnitt die Lungen und fand in jedem Lobo an die zwanzig Fadenrundwürmer: »Ich sahe die weibliche Öffnung, und was mich am meisten vergnügte, in jedem ein Heer von wenigstens 700 lebendigen Jungen: mehr, als einmal, von mehr als einem Auge gezählt: also in einem Wurm 700;

20 Würmer in jedem Lungenlobo macht 14000; in beyden Lungen mit den Alten 136000 Würmer ... Ein herrliches Objekt!«

Inmitten der scheußlichsten Begriffsverwirrungen huldigte Goeze andächtig der reinen Forschung. Am 2. Mai 1781 fand er in den Gedärmen verschiedener Frösche Pfriemenschwänze:

»Es war Mittwoch, als ich in jedem der Pfriemenschwänze, bey 300 lebendige junge Würmer im Leybe erblickte, und lebendig auspreßte. Ich wiederholte dieses vor den Augen einiger Ärzte, mit mehr als sechs Mutterwürmern, und es fehlte nie. Die Jungen spielten theils frey im Uterus der Mütter herum; theils waren sie noch in einem Häutchen eingeschlossen, worinn sie sich aber merklich regten; theils noch oberwärts, nach dem Kopfende des Wurms zu, als dunkele, rohe, ungebildete Foetus. Die ausgeschlossenen lebendigen Jungen kamen durch den Preßschieber zur Welt, wo sie in dem wenigen Vorrath von Wasser munter um ihre todten Mütter herumspielten. Diejenigen, die noch in ihren Häutgen steckten, arbeiteten mit dem Kopf so lange, bis das Häutgen platzte, und sie auch frey wurden. Das herrlichste Schauspiel, das man sich vorstellen kann!«

WÜRMER blieben Würmer. Noch. Aber die Pflanzen, die sich in Parasiten verwandelt hatten, blieben dabei nicht stehen. Die Pflanzenparasiten nahmen wieder Gesichter an und bekamen wieder Arme und Beine. Allerdings verwandelten sie sich nicht in altgriechische Parasiten zurück, sondern wurden zu angeblichen Juden. Johann Gottfried Herder behauptete im dritten und vierten Teil seiner *Ideen zur Philosophie der Geschichte der Menschheit* (1787/1791) über die Hebräer:

»Kurz, es ist ein Volk, das in der Erziehung verdarb, weil es nie zur Reife einer politischen Cultur auf eignem Boden, mithin auch nicht zum wahren Gefühl der Ehre und Freiheit gelangte. Das Volk Gottes, dem einst der Himmel selbst sein Vaterland schenkte, ist Jahrtausende her, ja fast seit seiner Entstehung eine parasitische Pflanze auf den Stämmen anderer Nationen; ein Geschlecht schlauer Unterhändler beinah auf der ganzen Erde, das trotz aller Unterdrückung nirgend sich nach eigner Ehre und Wohnung, nirgend nach einem Vaterlande sehnet.«

Wir Heiden, die wir unsere Ahnen, die mit griechischen Göttern speisten, in hohen Ehren halten, begreifen bis heute nicht, wie eine Christenheit, die sich auf das Alte Testament beruft und den Jehovah der Juden, den einzigen großen Gott anbetet, die also dem Judentum entwachsen ist und daher mit sehr viel größerem Recht als Schmarotzerpflanze auf dem alten Stamm der Juden bezeichnet werden könnte, ihren geistigen Vorvätern auf so undankbare Weise das *wahre Gefühl der Ehre und Freiheit* absprechen konnte.

Herder schrieb:

»Daß sie den Aussatz in unsern Welttheil gebracht, ist unwahrscheinlich; ein ärgerer Aussatz wars, daß sie in allen barbarischen Jahrhunderten als Wechsler, Unterhändler und Reichsknechte niederträchtige Werkzeuge des Wuchers wurden, und gegen eignen Gewinn die barbarischstolze Unwissenheit des Europäers im Handel dadurch stärkten. Grausam ging man oft mit ihnen um, und erpreßte tyrannisch, was sie durch Geiz und Betrug, oder durch Fleiß, Klugheit und Ordnung erworben hatten; indem sie aber solcher Begegnungen gewohnt waren und selbst darauf rechnen mußten, so überlisteten und erpreßten sie desto mehr.«

Nicht einmal unsere allerböswilligsten Feinde hatten uns bis zu diesem Zeitpunkt in irgendeiner Form mit Geld in Verbindung gebracht. Von Anbeginn unserer Existenz an hatten wir immer nur mit Naturalien zu tun haben wollen. Keiner von uns hatte jemals Schätze besessen oder erstrebt, nicht einmal unser Faust, der düstere Mosca; und nicht einmal der Teufel, dem er sich verschrieb, Volpone, hatte jemals Geld verliehen! Mit reinem Herzen und reinen Händen standen wir in dieser Frage hoch über den Parteien, und auch hier waren wir von der protestantischen Heuchelei des Pastors Herder nicht erbaut, der es zwar für unwahrscheinlich hielt, daß die Juden den *Aussatz* nach Europa gebracht hatten, aber es doch auch nicht ausschloß; der unterschlug, daß die Juden, ausgesperrt von fast allen Berufen, zum Handel mit Geld gezwungen waren; daß sie Sklaven der Barone oder anderer Herren waren; daß sie nur in den seltensten Fällen so frei waren, unsere Profession ergreifen zu können; daß sie als Hofjuden Ausdruck eben jener *Reife einer politischen Cultur auf eignem Boden* waren, die der fromme Mann seinem eigenen Volk so zugute hielt. Christliche Kaufleute wie die Fugger und Welser hatten Könige und Kaiser und ihre Kriege, die Eroberung fremder Weltteile finanziert, und was die angebliche *barbarisch-stolze Unwissenheit des Europäers im Handel* betraf, so war es gewiß zweifelhaft, wer überhaupt sich außer uns einer solchen Naivität noch rühmen durfte.

Herder schloß zwar fromm: »Es wird eine Zeit kommen, da man in Europa nicht mehr fragen wird, wer Jude oder Christ sei: denn auch der Jude wird nach Europäischen Gesetzen leben, und zum Besten des Staates beitragen. Nur eine barbarische Verfassung hat ihn daran hindern, oder seine Fähigkeit schädlich machen können.« Aber die aufklärerische Schlußformel konnte nicht darüber hinwegtäuschen, daß Herder die Juden als eine Art Auswuchs ansah, den er zum Verschwinden bringen wollte. Mit einer echten, von Gott geschaffenen Pflanzengattung ging das natürlich nicht. Eine *planta secundaria* aber, die aus den Säften einer wahren Pflanze hervorging, ließ sich durch geeignete Maßnahmen wegheilen.

Ein katholischer Geistlicher der Diozöse Metz, Henri Comte de Grégoire, kam in seinem *Essai sur la régénération physique, morale et politique des juifs* (1789) zu ähnlichen Schlüssen. Die preisgekrönte Schrift war das Ergebnis eines Aufsatzwettbewerbs mit dem Thema: Gibt es Mittel und Wege, die Juden in Frankreich glücklicher und nützlicher zu machen? Abbé Grégoire suchte die Ursache für die »Entartung« der Juden im Verzehr von rituell geschlachtetem Fleisch. »Sie sind Schmarotzerpflanzen, die die Substanz des Baumes aufzehren, an den sie sich hängen.« Eine »Wiedergesundung« der Juden war nach Ansicht des Abbé nur dadurch zu erreichen, daß man sie mit Sanftmut der Religion zuführte, natürlich der katholischen.

Seit den ersten Ritualmord-Anklagen zwischen 1141 und 1150 wurden die Juden beschuldigt, das Blut eines Kindes dem ungesäuerten Brot einzuverleiben. Nach Untersuchungen einer Kommission war in der Goldenen Bulle Kaiser Friedrichs II. die Beschuldigung, Juden seien *gierig auf Menschenblut*, zurückgewiesen worden. 1401 brachten die Schöffen der Stadt Freiburg bei einer an Herzog Leopold gerichteten Bitte um Austreibung der Juden vor, daß *alle Juden nach dem Blut von Christen dürsten, das es ihnen ermögliche, ihr Leben zu verlängern.* Die Vorstellung, die Juden nährten sich von den Körpersäften »echter«, das heißt getaufter Menschen, war es, die in dem Vergleich mit Pflanzenparasiten weiterwirkte.

Die Verwirrung aller Begriffe, deren unschuldiger Mittelpunkt wir waren, nahm Ausmaße an. Was konnten wir den frischernannten jüdischen Pflanzenparasiten raten?

Wir waren zweifellos menschliche, wenn auch über das Pflanzenreich vermittelte, Schicksalsgenossen. Auch den Juden wurde die Identität abgesprochen. Aber nie wäre es uns in den Sinn gekommen, den Hebräern zu empfehlen, allesamt Parasiten zu werden und ihre ehrwürdigen Vorälteren gegen unsere Vorväter einzutauschen, die heidnischen Gottheiten als Priester gedient hatten. 🐚

DIE FRANZÖSISCHE REVOLUTION, die auf lange Sicht mit Millionen und Abermillionen freier Bürger ein gewaltiges Heer potentieller Parasiten schaffen sollte – denn ein freier Mann zu sein, das war von unseren ersten Anfängen an die Voraussetzung, unseren Beruf zu ergreifen –, schien unsere Lage zunächst nicht zu verändern. Georg Forster, der 1773 auf Tahiti jenen Parasiten gesichtet hatte, der ihm bewies, daß auch in der Südsee das Paradies nicht zu finden war, war inzwischen als Bibliothekar des Erzbischofs von Mainz tätig. Nachdem französische Truppen die Stadt besetzt hatten, arbeitete er an der Errichtung der ersten deutschen, der Mainzer Republik und wurde 1793 in den Pariser Nationalkonvent gewählt.

Schiller dichtete auf ihn das Xenion *An mehr als einen*: »Erst habt ihr die Großen beschmaust, nun wollt ihr sie stürzen; hat man Schmarotzer noch nie dankbar dem Wirte gesehn.« Mainz wurde von der gegenrevolutionären Koalition zurückerobert. Feierlich zog der Erzbischof wieder in die Stadt ein. Zwanzig weißgekleidete Mitglieder der Metzgerzunft sprangen herbei, spannten die Pferde aus und zogen die Kutsche durch die Menge zum Schloß.

Parasiten spielten in der französischen revolutionären Rhetorik so gut wie keine Rolle. Eine Ausnahme war eine

126

Resolution der Einwohner der drei vereinigten Sektionen des Arbeiterviertels Faubourg Saint-Antoine vom 4. Juli 1793:

»Bürger Gesetzgeber! In Erwägung, daß bis heute der Arme allein euch geholfen hat, die Revolution weiterzuführen und die Verfassung zu schaffen; daß es Zeit ist, ihn ihre ersten Früchte ernten zu lassen; setzt endlich auf die Tagesordnung die seit so langer Zeit gewünschte Einrichtung von Werkstätten, wo der Arbeitsame immer, zu allen Zeiten und überall die Arbeit findet, die ihm fehlt; von Heimen, wo der Greis, der Kranke und der Sieche von Brüdern die Hilfe empfängt, die ihm die Menschlichkeit schuldet; von Stätten endlich, wo der Schmarotzer, der Arbeitsscheue an die Arbeit gewöhnt wird und darüber erröten lernt, daß er von den Früchten des Schweißes anderer gelebt hat.«

Der Astronom Bailly, der sich eine vom Unkraut entvölkerte Erde geträumt hatte, auf der nur nützliche Pflanzen gedeihen sollten, wurde im November 1793 in Paris guillotiniert.

FRIEDRICH VON SCHILLER übersetzte 1803 die französische Komödie *Médiocre Et Rampant, ou Le Moyen de Parvenir,* also *Dutzendmensch Und Kriecher, oder Wie man Erfolg hat* von Louis-Benoît Picard. Er gab ihr den Titel *Der Parasit oder Die Kunst, sein Glück zu machen.* Seiner Frau schrieb er nach der Weimarer Premiere: »Zimmerman spielte aber schlecht und es war ein Glück, daß der Bösewicht im fünften Akte entlarvt und bestraft wurde. In dem Augenblick da dieß geschah entstand ein allgemeiner Jubel und lautes Klatschen über die poetische Gerechtigkeit.«

Das Stück reflektierte die Gegenwart. Der von Schiller Parasit getaufte Selicour, der Sekretär eines an die Macht gekommenen Ministers, entläßt den alten Schreiber und besetzt die Stelle mit einem Freund. Der Schreiber sinnt auf Rache; er will nicht nur seine Stelle wieder, er will zudem die Tochter des Ministers heiraten. Letzteres will auch Selicour. Er schwatzt dem Vater des Schreibers eine Denkschrift für den Minister ab und übergibt sie diesem als eigenes Werk.

Der Schreiber durchschaut ihn, verständigt sich mit dem Minister und stellt Selicour eine Falle: Der Minister sei gestürzt, die Denkschrift nicht mehr opportun. Daraufhin enthüllt Selicour, daß er gar nicht ihr Autor ist, und entlarvt sich als Plagiator und Opportunist. »Kriecht, schmeichelt, macht den Krummbuckel, streicht den Katzenschwanz, das empfiehlt seinen Mann! Das ist der Weg zum Glück und zur Ehre!« So charakterisiert La Roche, der Schreiber, seinen Gegner.

Im Titel und Text des Originals kam das Wort Parasit nicht vor. Parasit – das roch nach Ancien régime, nach Klamotte, und wäre als Etikett für eine französische Sozialsatire, die das neue System in Gestalt des Direktoriums aufs Korn nahm, ungeeignet gewesen. Anders in Deutschland. Hier klang es bedrohlich nach einem klassizistischen höfischen Schleicher, zu jedem Verbrechen bereit, um an der Macht zu partizipieren.

In Deutschland war alles beim alten geblieben. Für das Unerträgliche an den Zuständen wurden Fürstendiener verantwortlich gemacht, die im deutschen Trauerspiel Marinelli hießen oder Wurm. Die feudale Kleinstaaterei war immer schwerer zu legitimieren. Wieland lebte noch, und die Verhältnisse, auf die er seinen *Agathon* gemünzt hatte, dauerten fort. Wahrscheinlich war der berühmte alte Mann zur Premiere aus Osmannstedt nach Weimar gekommen. Schiller spürte mit seinem ausgeprägten Sinn für die Kolportage die Virulenz, die das Wort auf deutschem Boden entfaltete. Ein negatives politisches Symbol, das den Zuschauern aus dem *Agathon* vertraut war, wurde angeprangert. Der aufgeklärte Fürst applaudierte im Vorgefühl der *Franzosenzeit* und rührte im Verein mit seinen Untertanen die Hände.

All das schien mit uns herzlich wenig zu tun zu haben. Wir irrten uns, wir irrten uns gründlich. Wir ahnten nicht, daß mit diesem *Dutzendmenschen* zum letztenmal für lange Jahre ein Parasit als Mensch auftreten durfte. Bald sollten wir so gründlich aus der Menschheit verbannt werden, daß sie zum größten Teil heute noch glaubt, wir wären im Grund unseres Wesens Ratten und Schmeißfliegen, Würmer und Bazillen, Tiere in Menschengestalt.

III

loh, Laus und Milbe – Schmarotzergölse – Krank-
heitsprozeß – Einschleicher – Vatermörder – Contagium
vivum – Königsgelber Wurm – Finne – In der Leberwurst
– Mit Mördern hingerichtet – Trichinenarmee – Ein-
zelliger Pilz – Schimmel und Hefe – Parasitärer Polizei-
dienst – Proletarier – Industrieritter – Straßenräuber
– Gatte, Freund und Gefährte – Bacillus anthracis –
Tuberkel – Im Choleradarm – Pasteurisiert – Ahasverus –
Fremdartige Influenz – Sacculina carcini – Degenerierter
Bettler – In lebenslänglicher Haft – Minderwertiges
Gewürm – Dämon Arbeit – O Faulheit, erbarme dich! –
Budgetfresser – Zwischenperson – Fauler Genosse –
Tapfere Symbiontin

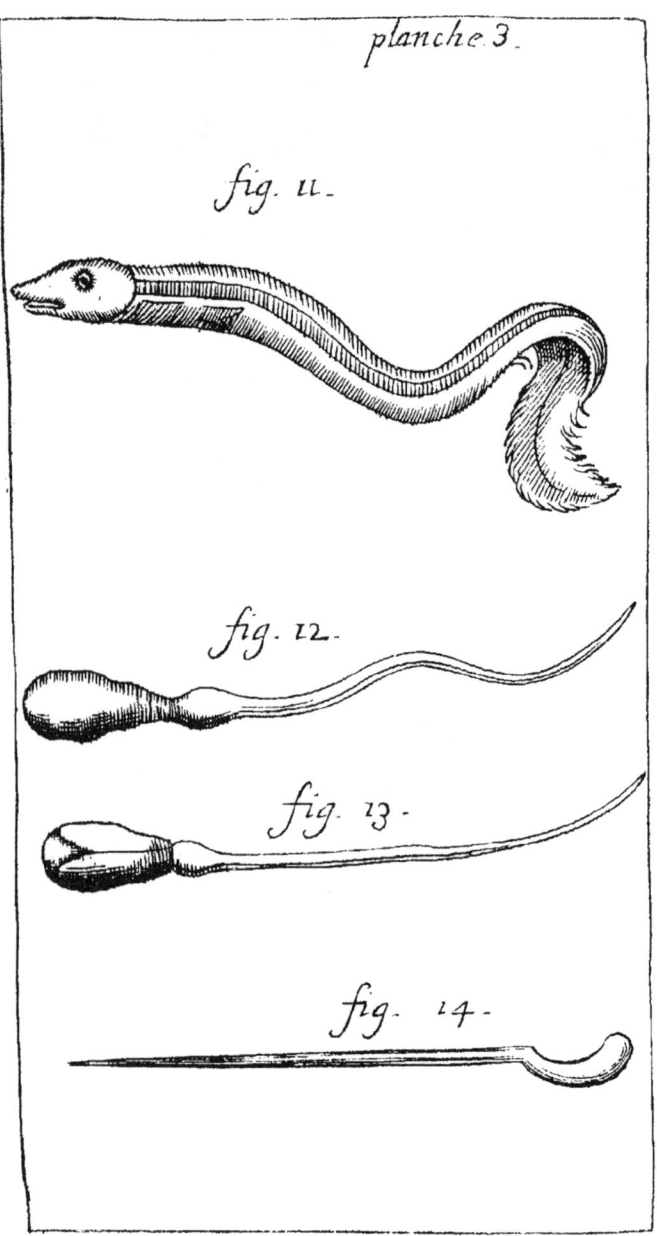

planche 3.

fig. 11.

fig. 12.

fig. 13.

fig. 14.

IE NAPOLEONISCHEN Kriege säkularisierten Europa, und der Parasit wurde zum Floh. Nicht zum Floh der galanten Literatur, der in *curieusen Floh-fallen* gefangen worden war, der als *schwarzer Jungfern-Ritter* auf *schnee'gen Hügeln* und in *busch'gen Tälern* ins Turnier ritt als Objekt spitzfindiger *Schertz-Gedancken,* und auch nicht zu jenem Floh, von dem Mephistopheles (1808) singt:

»Es war einmal ein König, / Der hatt einen großen Floh, / Den liebt' er gar nicht wenig, / Als wie seinen eignen Sohn. / Da rief er seinen Schneider, / Der Schneider kam heran: / Da, miß dem Junker Kleider / Und miß ihm Hosen an!... / In Sammet und in Seide / War er nun angetan, / Hatte Bänder auf dem Kleide, / Hatt auch ein Kreuz daran / Und ward sogleich Minister / Und hatt einen großen Stern, / Da wurden seine Geschwister / Bei Hof auch große Herrn.«

Nein, der Parasit wurde zum millionenfachen Quälgeist am Leib des Menschen, und es war kein Dichter, der ihn dazu machte. Es war ein Wissenschaftler, eine europäische Autorität, ein Helminthologe, der damit seine Lieblinge, die Eingeweidewürmer, in Schutz nehmen wollte: Carl Asmund Rudolphi, eine Kapazität, welche die Anzahl der beschriebenen Helminthen verdreifachte.

Er wollte mit der seit Linné umhergeisternden Vorstellung, die Eingeweidewürmer könnten als freie Tiere leben, ein für allemal Schluß machen. Und um der Tatsache Rechnung zu tragen, daß im Innern lebender Tiere nicht nur in den Eingeweiden, sondern auch im Muskelfleisch kleinere lebende Tiere zu finden sind, prägte er den Begriff des *Entozoon*.

Sein lateinisch verfaßtes Monumentalwerk, das 1808 bis 1810 in Amsterdam erschien, hieß: *Entozoorum sive vermium intestinalium historia naturalis – Naturgeschichte der Eingeweidewürmer oder Entozoen.*

Von »Innentieren« – so muß man den aus dem Altgriechischen abgeleiteten Ausdruck Entozoen übersetzen – handelte also das epochemachende Buch. Der Begriff wurde von der Forschung sofort aufgegriffen. Er ist bis heute gebräuchlich, vor allem in der angelsächsischen Welt. Von Parasiten war in Rudolphis Buch nur *der Vollständigkeit halber* in einem Anhang unter der Überschrift *De insectis animalium parasiticis* die Rede. Als *parasitische Insekten der Lebewesen* wurden aufgeführt: Floh, Laus, Krätzmilbe und eine blutsaugende Milbe, der *Acarus sangisugus*.

Die Krätzmilbe war eine Wiederentdeckung. Die alten Ägypter hatten sie bereits gekannt. Der Araber Ben-Sohr hatte sie als *Syrones* erwähnt, die heilige Hildegard unter dem Namen *Seuren*. Aber die Kunst, *Seuren zu graben,* war verlorengegangen, die Ursache der Hautentzündung in Vergessenheit geraten. Nun wurden sie wieder erspäht, die Milben, unter dem Mikroskop, zuerst allerdings nur die weiblichen Tiere, die zwischen den Fingern, an den Arm- und Kniegelenken und am Hoden unter der Oberhaut ihre Gänge graben und Eier ablegen.

Krätzmilben, Wanzen und Flöhe begleiteten Napoleon nach Moskau und zurück. Der Typhus im Gefolge der Läuse kostete Napoleon mehr Menschenleben als all seine Schlachten. 🐛

N DER NOMENKLATUR der deutschen Botaniker und Zoologen wurde der Begriff *parasitisch* epidemisch. Philipp Andreas Nemnich sprach von einem Schmarotzerkrebs, einer Krebsgattung mit unbeschupptem Schwanz, den sie zum Schutz in leeren Schalentieren zu verbergen pflegt; von einer Schmarotzermöwe, einer Möwenart, die anderen Möwen ihre Beute abjagt, der *Larus parasiticus*, von der schon Linné gesprochen hatte; von einer Schmarotzernessel, einer *Urtica parasitica*; von einem Schmarotzerschwamm, *Fungus parasiticus*, und von einer Schmarotzerschale, *Testa parasitica*. Letzteres war allerdings kein Tier und keine Pflanze, sondern bezeichnete das sogenannte Rehbein, eine unnatürliche Erhöhung am Hinterknie der Pferde. Der von Friedrich Wilhelm Schelling beeinflußte Naturwissenschaftler Lorenz Oken sprach von einer Schmarotzermilbe, *Astoma parasitica*; von Schmarotzerkäfern; von einer Schmarotzergölse, einer Gattung der Lippenmücken *(Volucella)*; von Schmarotzermucken und von Schmarotzerpilzen, Staubpilzen, die bloß aus Zellen oder Samen bestünden.

Der Glaube an die *generatio spontanea* trieb neue Blüten. Oken orakelte in seinem *Lehrbuch der Naturphilosophie* (1809–1811): »Der Urschleim, aus dem alles Organische erschaffen worden ist, ist der Meerschleim.« Aus dem Urschleim entstehe zunächst ein Urbläschen und »das schleimichte Urbläschen heißt Infusorium. Besteht die organische Masse aus Infusorien, so muß die ganze organische Welt aus Infusorien bestehen, Pflanzen und Tiere können nur Metamorphosen von Infusorien sein.«

1673 hatte Antony van Leeuwenhoek der *Royal Society* in London die Entdeckung unzähliger sich bewegender winziger *animalcula* in einem Tropfen Teeaufguß gemeldet. Linné hatte die mikroskopischen Wesen als *Chaos infusorium* seinem System eingegliedert. Inzwischen galten sie als augenscheinlicher Beweis für eine ständig stattfindende Urzeugung. Der in Zusammenhang mit Linné schon zitierte Johann Gottfried Bremser war überzeugt, die spontane Entstehung von Nelkenwürmern *(Caryophyllaeus mutabilis L.)* persönlich in einem Karpfen belauscht zu haben. In seinem kapitalen Werk *Über lebende Würmer im lebenden Menschen* (1819) stand:

»Wenn Würmer wirklich von außen in den Nahrungskanal kommen, und einige Zeit lang parasitisch (m) in demselben fortleben, so werden sie allerdings auf dem Marsch ertappt«.

Die Anmerkung (m) lautete: »Streng genommen sind zwar alle Eingeweidewürmer als Parasiten zu betrachten. Ich brauche jedoch hier das Wort parasitisch nur von jenen Würmern, welche mittels des von einem Thiere zur Speise verwendeten anderen Thieres in den Nahrungskanal des ersteren gelangt sind.«

Neunzig Jahre lang hatte sich die Helminthologie gegen den Begriff *parasitisch* gewehrt, und nun dieses Geständnis!

Die Ärzte stimmten in den Chor der Insektenforscher, der Helminthologen, der Pflanzensystematiker und Naturphilosophen ein. Karl Wilhelm Stark raunte in seinen *Pathologischen Fragmenten,* Weimar 1824:

»Sowohl bei niedern als höhern Organismen sehen wir mehrere selbständige Leben, bald bleibend, bald nur vorübergehend, mit einander vereint... Ein blühender Obstbaum, wo jeder Ast dem ganzen Gewächs, jeder Zweig wieder dem Ast, jedes Blatt dem Kelche und Blüthenblatt, jedes Einzelne dem Ganzen und wieder dem Einzelnen gleicht, wird gesund genannt. Dem schwangeren Thier, als solchem, dem doppelleibigen ungarischen Mädchen, wird ebenfalls Niemand das nämliche Prädicat verweigern. Wenn aber die Rinde des Baumes mit Moos und

Flechten bedeckt ist, die Krone statt der eigenen Blüthen, oder neben denselben die der Eichenmispel zeigt; wenn das Thier in der Gebärmutter statt wirklicher Früchte Windeier, Hyatiden, Fleischmolen, oder in andern Theilen des Körpers Würmer beherbergt, so heißen beide, Pflanze und Thier, krank.«

Stark bestimmte Krankheit als »eine in einem Individuum sich entwickelnde, mit dessen Gattungscharakter nicht übereinstimmende und die individuelle Selbsterhaltung beschränkende Lebensform«, als »Hinzuerzeugung eines absolut neuen Lebensprozesses zu dem schon vorhandenen«. Es sei ein »krankhafter Zustand des Darmkanals«, der die Entstehung des Wurms bedinge:

»Der Krankheitsprozeß, der als ein Parasit an einem andern Mutterorganismus sich entwickelt, nimmt die Natur desselben zum Theil mit an, wie wir dieß ebenfalls an den Pilzen und Schwämmen bemerken, die nach Verschiedenheit des Mutterstammes eine verschiedene Bildung besitzen.«

Der Parasit wurde das Thema von wissenschaftlichen Versammlungen. Es ging um das »dringendste Geschäft der germanischen Medizin«. Eisenmann erklärte 1835 »die Krankheit für Leben am Leben und auf Kosten des Lebens«. Das *Protokoll der achtzehnten Versammlung deutscher Ärzte und Naturforscher* erklärte die »Theorie des Parasitism zu einer der wichtigsten Tagesfragen, welche jetzt die Medizin bewegen«.

Der Parasit wurde zum Abstraktum, zur Krankheit per se:

»Krankheit ist in der Sphäre des gesammten eigenthümlichen Lebens ein besonderes Leben, welches nicht aus der reinen inneren Form von jenem hervorgeht, und in die organische Sphäre des menschlichen Lebens seinen eigenen, diesem fremdartigen, Organism bildet.« (Ernst Anton Quitzmann: *Geschichtliche Entwicklung der Parasiten-*

Theorie und ihre Bedeutung für die Ausbildung der Patho-
genie (1842).

Wir explodierten. Wir zerstoben zum *Parasitism*, zu
einer Abstraktion, zu einer bedrohlichen Wolke, zu einem
lebenden Nebel.

INE BISHER unbekannte Seuche näherte
sich den Grenzen Europas und fachte die pathologischen
Spekulationen an. 1821 waren aus Kalkutta und Bombay
die ersten Berichte englischer Ärzte eingetroffen, die europäischen Zeitungen sahen die Katastrophe heranrücken.

Die Cholera wird auf zwei Wegen übertragen: durch
direkten Kontakt mit den Ausscheidungen eines Kranken
und indirekt, durch verseuchtes Trinkwasser; ob es wirklich zu einer Infektion kommt, entscheidet der allgemeine
Gesundheitszustand.

Die englischen Mediziner konnten sich nicht entschlie-
ßen, die neue Krankheit für ansteckend zu erklären. Sie
gab scheinbar unlösbare Rätsel auf:

»Die Krankheit beschrieb zuweilen einen vollkommenen
Kreis um ein Dorf und ging, indem sie es unberührt ließ,
weiter, als wolle sie den Bezirk ganz verlassen. Dann kam
sie nach Verlauf von Wochen, ja sogar Monaten plötzlich
wieder, erschien kaum in denjenigen Theilen, welche sie
bereits verheert hatte, und entvölkerte fast den Ort, der
sich eben erst gefreut hatte, ihr entgangen zu seyn.«

Die Cholera schien sich nicht an den Menschenverkehr
zu heften und wurde daher als *miasmatische Seuche* ein-
gestuft. Das Wort *Miasma*, altgriechisch für *Verunreini-*
gung, bezeichnete seit der Antike ein dem Erdboden ent-
strömendes, sich durch die Luft verbreitendes Gift. Im

Herbst 1823 trat die Cholera in Astrachan auf, sie hatte
Europa erreicht. Menschen stürzten auf der Straße mitten im Gespräch zu Boden und starben Stunden später,
Pfleger und Ärzte blieben zumeist verschont. Ende September 1829 brach die Seuche in Orenburg am Uralfluß
aus, im Mittelpunkt des asiatischen Karawanenhandels.
Ein Militärkordon wurde um die Stadt gelegt, aber wieder
kam eine ärztliche Kommission zu dem Schluß, die Krankheit wäre nicht ansteckend und verbreitete sich durch die
Luft; sie wäre durch Quarantänemaßnahmen nicht aufzuhalten.

Es folgte ein halbes Jahr trügerischer Ruhe. Dann
verknüpfte eine rasche Folge von Volksaufständen und
Ausbrüchen der Cholera im europäischen Bewußtsein für
immer die Begriffe Seuche und Revolution. In Frankreich
fegte die Julirevolution 1830 die Bourbonen vom Thron.
Der Zar ordnete an, alle dort lebenden Russen hätten
das »politisch verseuchte Land« zu verlassen. Die Cholera
eroberte das von einem Sanitätskordon umgebene Moskau
und wurde endlich zur ansteckenden Krankheit erklärt. In
Brüssel kam es zum Aufstand gegen die Herrschaft des
Hauses Oranien, in Warschau zum Aufstand gegen die russische Besatzung. Preußen schloß seine Grenze zu Polen.
Quarantänestationen wurden eingerichtet. Infizierte Personen, welche die Kontrolle umgingen, konnten mit dem
Tod bestraft werden. Es begann die Jagd auf *Einschleicher*.

Ende Mai 1831 erschien die Cholera in Danzig. Wer
sich bei einem leichten Unwohlsein ertappen ließ, wurde
auf den Holm, auf eine Insel in der Weichsel, zu einer
dreiwöchigen Quarantäne verschleppt. Die Militärwache
war mit scharfer Munition versehen. Die Insel, auf der
Massengräber angelegt und Leichen verbrannt wurden,
wurde als Ort der Verdammnis betrachtet. Täglich erhob
sich von dort mächtiger Qualm.

Im Juni brach die Cholera im fest zernierten St. Petersburg aus, was der Ansteckungstheorie einen schweren Schlag versetzte. Die Bevölkerung wollte es nicht glauben. Sie stürmte das zentrale Krankenhaus und befreite die Kranken. Der Zar eilte herbei und hielt eine Strafpredigt: »Bedenkt, was ihr getan habt, ihr seid nicht Franzosen und nicht Polen. Ihr seid Russen.« Er hieß die Menge niederknien und Gott um Verzeihung bitten. Die Cholera erwähnte er mit keinem Wort, und so wurden angebliche Franzosen und Polen als »Giftmischer« zur Polizei geschleppt.

Im Juli 1831 wurde Ostpreußen befallen, in Elbing als erstes ein schwächlicher vierzehnjähriger Knabe, ein ehemaliger Tabakarbeiter, der schon seit Tagen nichts mehr gegessen hatte. In Königsberg erfolgte der Ausbruch in sechs kleinen Häusern, in denen sich 136 Menschen drängten. Die Kolonie wurde sofort von Militär zerniert. Ohne Erfolg. Als die Choleraträger ein gestorbenes Mädchen abholten, rotteten sich Brauerei-Hilfsarbeiter zusammen, die »der anordnenden Polizeybeamten ungeachtet, sangen, tanzten und Hurrah schrien«. Es kam zu Straßenkämpfen. Berlin, speziell die arme Rosenthaler Vorstadt, wurde ebenfalls nicht verschont. Kein Wunder, die sanitären Verhältnisse ähnelten denen Kalkuttas. Die Fäkalien wurden nachts von mit Laternen ausgerüsteten Frauen, *Frauen der nächtlichen Arbeit* oder *Nachtemmas*, in Eimern aus den Häusern abgeholt und in die Spree geschüttet.

Als im Winter 1831 die Seuche in Preußen erlosch, waren dort trotz schärfster Maßnahmen über 40000 Menschen gestorben. Die Theorie, die Cholera sei ansteckend, war diskreditiert. Kaiser Franz I. brach in einer Kabinettsordre vom 1. Oktober 1831 den Stab über das Contagium. Die Cholera überwand alle künstlichen Hindernisse, ergriff Frankreich und Belgien und setzte nach Amerika über.

Gustav Theodor Fechner versammelte 1832 in einer satirischen Schrift 54 ärztliche Ansichten über die rätselhafte Seuche:

»Es hält der eine die Krankheit für schlechthin contagiös, der andere für schlechthin nicht contagiös, der fünfte für secundär contagiös, der sechste für sowohl contagiös als nicht contagiös, der siebte für nicht so contagiös als man glaubt, der achte hält es für töricht, nach der Contagiosität oder nicht Contagiosität zu fragen, der neunte erklärt den für unvernünftig, der an die Contagiosität nicht glaubt, und der zehnte den für einen Narren, der daran glaubt. Wieder der eine hält die Krankheit für miasmatisch, der andere für epidemisch, der dritte für tellurisch, der vierte für kosmisch, der fünfte für contagiös und miasmatisch, und hierbei sind noch dazu alle die Ansichten von der elektrischen, galvanischen, magnetischen, elektromagnetischen, siderischen, infusoriellen Fortpflanzung, ihrem Zuge mit oder gegen den Wind, mit Nordlicht, Erdbeben, großen Eismassen, längs der Flüsse usw., die sich in verschiedenen Werken finden, übergangen.«

Bei dem Ausdruck *infusorielle Fortpflanzung* horchten wir auf. Wir waren überall und nirgends. In Frankreich bezeichnete das Wort *parasite* seit geraumer Zeit einen Hemdkragen mit langen Spitzen, der in Gefahr war, Suppen, Krümel, Speisereste »mitzuessen«. Deutsche Studenten machten aus ihm einen spaßhaften *parricide* (frz.), *Vatermörder.*

JAKOB HENLE verfaßte die Anklageschrift. Sie erschien 1840 im Rahmen seiner *Pathologischen Untersuchungen* und trug die erschreckende Überschrift: *Von den Miasmen und Kontagien und von den miasmatisch-*

kontagiösen Krankheiten. Die Arbeit, ein Meilenstein der Medizingeschichte, rehabilitierte die 1546 von dem venezianischen Mönch Girolamo Fracastoro aufgestellte Theorie vom *contagium vivum*, der zufolge ein lebender Ansteckungsstoff die Pest bewirke. Aber damit nicht genug. Henle behauptete, »daß die Materie der Kontagien nicht nur eine organische, sondern auch eine *belebte*, und zwar mit individuellem Leben begabte ist, die zu dem kranken Körper im Verhältnisse eines *parasitischen Organismus* steht«.

Bevor Henle seine Beweise vortrug, verwahrte er sich unverzüglich gegen eine »*scheinbare* Übereinstimmung« mit gewissen Medizinern, »welche, oberflächlich betrachtet, die Lehre von dem Leben des Kontagiums mit einer pathologischen Theorie zeigen möchten, die als Residuum der Naturphilosophie in Deutschland noch viele Anhänger, und unter denselben Männer von großem wissenschaftlichem Einfluß zählt... Nicht das Kontagium, sondern die *Krankheit* wird von dieser Schule als ein parasitischer Organismus, oder zweideutiger noch, als ein parasitischer Lebensprozeß betrachtet.«

In Henles Augen waren wir zwar nicht die Krankheit, aber wir lösten sie aus; wir waren schuld an Pocken, Masern, Röteln, an Scharlach und Typhus, an Influenza, Ruhr, Cholera und Pest. Freilich wußte er keinen Weg, uns direkt zu packen. Er führte einen Indizienprozeß.

Erstes Indiz: die direkte Übertragbarkeit der Pocken. »Ein Atom Pockengift kann einen Pockenausschlag über den ganzen Körper erzeugen.« Das Kontagium vermehrte sich, also mußte es leben: »Die Fähigkeit, sich durch Assimilation fremder Stoffe zu vermehren, kennen wir nur an lebendigen organischen Wesen. Keine tote, chemische Substanz, auch nicht organische, vermehrt sich auf Kosten einer anderen.« Das heißt: Ein Stoff, der sich auf Kosten anderer Stoffe vermehrt, lebt.

142

Zweites Indiz: die Muscardine, die Seidenraupenkrankheit. Die erkrankte Raupe zeigt kein äußeres Symptom, erst nach ihrem Tod bedeckt sich ihr Körper mit weißem, pulverartigem Schimmel. In den Jahren 1835 und 1837 hatten Agostino Bassi und Jean Victor Audouin die Sache untersucht. Bassi hatte entdeckt, daß der Schimmel nicht nur Produkt der Krankheit war, sondern sie auch auslöste; Audouin hatte nachgewiesen, daß sich das unendlich leichte, feine und lebenszähe Schimmelpulver miasmatisch, über die Luft, verbreitete. »Diese mörderische Kreatur«, hatte Bassi geschrieben, »ist organisch, lebend und pflanzlich. Es ist eine kryptogame Pflanze, ein parasitischer Pilz.«

Das krankheitserregende *contagium vivum* war also Henle zufolge ein Stoff, »der sowohl in der Luft schweben, als in Flüssigkeiten des kranken Körpers enthalten sein kann, ein Stoff, der im kranken Körper eine bestimmte Zeit verweilt, und innerhalb desselben einer Vermehrung fähig ist.« Der Krankheitsprozeß entsprach dem hypothetischen Lebensprozeß dieses Stoffes: »Mit der Aufnahme der parasitischen Wesen (oder ihrer Keime) beginnt die Krankheit ... In der ersten Zeit veranlassen die Parasiten keine merklichen Symptome ... entweder ruhen sie während dieser Zeit unentwickelt, oder es bedarf einiger Zeit, bis sie sich zu der Quantität vermehrt haben, daß sie dem Körper fühlbar werden ... Durch die Einwirkung der Parasiten auf die lebende Substanz entstehen dann Entzündungen, faulige Zersetzung, das Fieber.«

Es hatte Jahrzehnte gedauert, bis aus der parasitären Pflanze ein Parasit, ein Hauptwort wurde. Der *parasitäre Organismus* Henles brauchte dazu nur wenige Seiten: »Wenn nun der Parasit seine Entwickelung bis zum Tode oder zur Keimbildung oder wenigstens so weit durchgemacht hat, als es in dem ergriffenen Körper möglich ist, so ist die Krankheit beendet.«

Damit waren wir angeblich überführt; aber Henles Parasit war reine Hypothese. Die in der Pockenlymphe oder in der Pestbeule beobachteten winzigen Kügelchen mochten Eiterkügelchen, Fäulnisprodukte oder Infusorien sein, die mit einem Erreger nichts zu tun hatten. Die Mikroskope waren zu schwach. Die Fachwelt zögerte. Die Anklage lautete auf Massenmord, aus Mangel an Beweisen wurden wir vorerst noch einmal freigesprochen.

Henles Definition des Lebens als eines Stoffes, der sich auf Kosten anderer Stoffe vermehrt, versank im Schutt der Wissenschaftsgeschichte. Nur wir erinnern uns noch daran.

m Jahre 1831 machte Karl Mehlis die Entdeckung, daß die Eier gewisser Leberegel einen Embryo enthielten, der durch Gestalt und Flimmerung einem Infusorium glich und nach dem Hervorschlüpfen aus der Eihülle als solches im Wasser umherschwamm; seltsam war nur, daß es dem Leberegel in keiner Weise ähnelte.

Von Nordmann, ein Gegner der Urzeugungstheorie, zog daraus den Schluß, daß die Leberegel »während ihrer ersten Lebensperiode das Wasser zu ihrem eigentlichen und natürlichen Aufenthalte haben und erst später in den Leib ihrer Wirte gelangen«. Allerdings klinge dies angesichts der völligen Verschiedenheit von Egel und Flimmertierchen durchaus *märchenhaft*.

Es stellte sich heraus, daß der Lebensweg dieses Tieres tatsächlich einem abenteuerlichen Roman gleicht. Das dem Ei entschlüpfte, mit Augenflecken versehene Wimperntierchen bohrt sich in eine Schnecke und verwandelt sich dort in einen Schlauch, der eine Masse von *königs-*

gelben Würmern hervorbringt, die ihrerseits wieder von der Schnecke zehren und in ihrem Leib Scharen von sogenannten Cercarien erzeugen, geschwänzte Miniaturausgaben des Leberegels. Das Cercarium begibt sich ins Wasser, bohrt sich unter Abwerfung seines Schwanzes in eine neue Schnecke, verkapselt sich und wartet, bis sie von einem Fisch gefressen wird. In diesem Fisch entwickelt sich aus ihm dann endlich wieder ein erwachsener, Eier legender Leberegel.

Der in Vang in Norwegen geborene Johann Steenstrup beobachtete im Experiment, wie geschwänzte Cercarien unter Abwerfen ihres Schwanzes in eine Teichhornschnecke eindrangen, und ordnete das Puzzle verwirrender Beobachtungen zu einem geschlossenen Bild. 1842 erschien in Kopenhagen sein Werk *Ueber den Generationenwechsel, oder die Fortpflanzung und Entwickelung durch abwechselnde Generationen*, in dem es hieß:

»Der eigentliche Inhalt dieser Abhandlung ist der Grundgedanke, welcher sich im *Generationenwechsel* ausspricht: in dieser merkwürdigen, bisher unerklärbaren Erscheinung in der Natur, dass ein Thier eine Brut gebährt, die nicht dem Mutterthiere ähnlich ist oder wird, sondern, diesem unähnlich, selbst eine Brut hervorbringt, die zur Form und ganzen Bedeutung des Mutterthiers zurückkehrt, so dass also ein Mutterthier nicht in seiner eigenen Brut sondern erst in seinen Nachkommen des zweiten, dritten usw. Gliedes oder Generation seines Gleichen wiederfindet.«

Damit war in der Heminthologie die Theorie von der spontanen Erzeugung widerlegt. Mit ihr fielen jedoch auch die Vorbehalte, die den Begriff Parasit aus dem Allerheiligsten der Helminthologie ausgeschlossen hatten. Aus dem Leberegel in seinen verschiedenen Erscheinungsformen wurden Massen von schmausenden Gästen und aus den sie beherbergenden Leibern Wirte.

Die Entozoen entpuppten sich als Verwandlungskünst-
ler sondergleichen, ihre unzähligen Metamorphosen grenz-
ten an Zauberei. Die schwindelerregende Abfolge der verschiedenen Gestalten, in denen sie in einem Moment als
Infusorien durchs Wasser schnellten, um im nächsten als
winzige Schläuche ganze Scharen von Würmchen hervorzubringen, deren Aussehen in keiner Weise ihre Herkunft
verriet, erinnerte an ein phantastisches Maskenspiel.

Es war, als beseelte diese Tiere derselbe Geist wie das
parodistische Genie Rameau: »Nichts gleicht ihm weniger
als er selbst.« Gestern in zerrissenen Hosen, heute ge-
pudert. Speist beim Schatzmeister und schläft im Pferde-
stall:

»Sogleich nimmt er die Stellung des Violinspielers an...
sein rechter Arm ahmt die Bewegung des Bogens nach...
Er tritt den Takt, zerarbeitet sich mit dem Kopfe... Aber
in der Mitte solcher heftigen Bewegungen verändert mein
Mann sein ganzes Wesen bei einer harmonischen Stelle, wo
der Bogen sanft auf mehreren Saiten stirbt... Ich glaubte,
so gut die Akkorde zu hören als er... Nun sang er, prä-
ludierte, exekutierte... Er häufte und verwirrte dreißig
Arien, italienische, französische, tragische, komische, von
aller Art Charakter... Nun ist er Priester, König, Tyrann,
er droht, befiehlt, erzürnt sich; nun ist er Sklave und
gehorcht... Mit aufgeblasenen, strotzenden Wangen und
einem rauhen, dunkeln Ton stellte er Hörner und Fagott
vor, einen schreienden, näselnden Ton ergriff er für das
Hautbois; mit unglaublicher Geschwindigkeit übereilte er
seine Stimme, die Saiteninstrumente darzustellen, deren
Tönen er sich aufs genaueste anzunähern suchte; er pfiff
die kleinen Flöten, er kollerte die Querflöte, schrie, sang
mit den Gebärden eines Rasenden und machte ganz allein
die Tänzer, die Tänzerinnen, die Sänger, die Sängerinnen,
ein ganzes Orchester, ein ganzes Operntheater, sich in
zwanzig verschiedene Rollen teilend, laufend, innehaltend,

mit der Gebärde eines Entzückten, mit blinkenden Augen und schäumendem Munde.«

Wir wollen es nicht unterschlagen: Viele hundert Jahre vor Linné und Steenstrup hatte bereits ein weltbekannter Naturforscher einem Tier den Beinamen *parasiticus* gegeben. Plinius der Ältere sprach in seiner *Historia Naturalis*, erschienen im Jahre 77, von der Berg- beziehungsweise Horneule *(Strix otus L.)* als einer *Otus parasiticus,* weil es ihm schien, sie ahme andere Tiere nach.

TEENSTRUPS THEORIE lieferte den Schlüssel, mit dem die Helminthologie nun auch dem ungelösten Rätsel der Blasenwürmer zu Leibe rückte, die bereits Aristoteles als lebende, in Zysten eingeschlossene Würmer in der Schweinezunge beschrieben hatte. Diese Finnen oder Quesen, die im Rind, im Hund, im Schaf und auch im Menschen gefunden werden, waren bisher als eigenständige Tiergattungen oder – da unter dem Mikroskop ihre Ähnlichkeit mit verschiedenen Arten von Bandwürmern unübersehbar war – als verirrte und daher deformierte Bandwürmer angesehen worden. Der Mann, der sich ihrer mit einem selbst für Helminthologen ungewöhnlichen Eifer annahm, hieß Friedrich Küchenmeister, ein höchst ehrgeiziger praktischer Arzt in Dresden, nebenbei ein glühender Vorkämpfer der Feuerbestattung.

Küchenmeister erkannte Blasenwürmer als Vorstufen des Bandwurms und geriet auf den Gedanken, die nur scheinbar verirrten Tiere könnten, zusammen mit ihrem Wirt von einem Räuber verspeist, in diesem zu geschlechtsreifen Tieren heranwachsen. 1851 verfütterte er vierzig in Kaninchenfleisch gefundene Finnen an gefangene Füchse.

Das Resultat: fünfunddreißig Bandwürmer. Dann nahm er Finnen, die er in Mäusen fand, und verfütterte sie an Katzen, wieder mit dem besten Erfolg. Sein Aufsatz *Über die Metamorphose der Finnen in Bandwürmer* in der *Prager Vierteljahresschrift* 1852 war eine Sensation. Die Geschichte der Helminthologie hat kein zweites Ereignis aufzuweisen, das derartiges Aufsehen erregt hätte. Die Tatsache, daß die Blasenwürmer, die so lange Zeit als ein unerschütterliches Bollwerk der Urzeugung gegolten hatten, wirklich die unreifen Jugendzustände von Bandwürmern (Cestoden) darstellten, erstaunte die Fachwelt, und der grauenerregende experimentelle Nachweis durch Fütterung elektrisierte das allgemeine Publikum.

1853 verfütterte Küchenmeister die Finnen eines an der Drehkrankheit leidenden Schafes an einen Hund und die Bandwurmsegmente, die dieser dann nach einigen Wochen ausschied, wieder an ein gesundes Schaf, das nach sechzehn Tagen prompt erkrankte. Küchenmeister ließ es schlachten und fand bei der Sektion im Hirn ebensolche Finnen, wie er sie zu Beginn des Experiments dem ersten Schaf entnommen hatte.

Nicht alle seine Experimente verliefen so erfolgreich. Die höchst artenreichen Cestoden haben nämlich ganz unterschiedliche Schicksale. Der im Menschen oder in Tieren geschlechtsreif werdende Fischbandwurm *(Diphyllobothrium latum)* verläßt diese als Ei, gelangt ins Wasser, schlüpft als Larve mit sechs winzigen Häkchen, läßt sich von einem Wasserfloh fressen, durchbohrt dessen Darmwand, verankert sich in der Leibeshöhle, entwickelt sich zum *Procercoid* und muß nun zusammen mit dem Wasserfloh von einem Fisch gefressen werden, in dem er – wiederum nach Durchbohren der Darmwand – zum 6 Millimeter großen *Plerocercoid* wird, um dann auf einen Menschen oder aber auf einen anderen Säuger zu warten, wo sich sein Entwicklungskreis schließt.

Im Gegensatz dazu wird der Schweinebandwurm, die *Taenia solium*, nur im Menschen geschlechtsreif. In jedem anderen Säugetier geht er zugrunde. Küchenmeister verfütterte die in Schweinen gefundenen Finnen an Hunde – ohne Resultat. Er ahnte, warum:

»Der Grund, warum wir die *T. solium* so häufig bei Fleischern und deren Familiengliedern finden, liegt darin, dass die Fleischer ihre eigenen Hände beim Wurstmachen, ferner aber auch die Klingen ihrer Messer beim Schlachten und Verkaufen des Fleisches verunreinigen, indem sie nun mit den also verunreinigten Händen sich über den Mund wischen und über denselben hinwegfahren, oder indem sie die mit den Finnen beschmutzten Messer in den Mund nehmen, oder indem sie endlich diese Finnen durch die genannten Messer an das Brod oder die Wurst übertragen, welche sie für sich, ihre Familie oder ihr Dienstpersonal abschneiden, bringen sie die unscheinbaren und kaum bemerkbaren Finnen in den Mund und verspeisen sie. Köche, Köchinnen, selbst kochende Hausfrauen, welche viel mit rohem Schweinefleisch verkehren, stecken sich an, indem sie theils durch ihre mit den Finnen verunreinigten Hände oder Instrumente, theils dadurch die Finnen in ihren Mund oder Darmkanal einführen, dass sie die durch Fleischklöschen zubereiteten, aus rohem Schweine- und anderen gebratenen Fleischsorten gemischten Fleischmassen vor dem Einbringen in den Brattiegel oder bei Anfertigung von sogenannten selbstbereiteten Bratwürsten vor dem Schmoren probeweise kosten. Ebenso sieht man aber auch die Möglichkeit davon ein, dass die Finnen mit den aus den Fleischläden bezogenen, roh zu geniessenden Fleischspeisen, wie rohem Schinken, Blut- und Leberwurst, in die Häuser der Privatleute verschleppt werden. So fand meine Frau z. B. in dem Abspülwasser der Bratwürste Finnen, die nothwendig beim Füllen der Würste an den Händen des Fleischers hängen geblieben und so auf die äussern Darmwände gebracht worden waren.«

Küchenmeisters Problem war, daß er ein menschliches Versuchsobjekt brauchte. Die Fachgelehrten, die ihn als Außenseiter nicht ernst nahmen, stachelten ihn an. Carl Theodor von Siebold schrieb über die Blasenwürmer, die im obduzierten Menschen gefunden worden waren:

»Ich weiß, daß man Bedenken trägt, ein Verirren der Helminthen anzunehmen... Daß diese Parasiten ursprünglich darauf angewiesen sein sollten, im Menschen vorübergehend einen Wohnsitz aufzuschlagen, daß sie hier auf eine Wanderungsgelegenheit harren sollten, die sich nur dann anböte, wenn der die bekannten geschlechtslosen Schmarotzer beherbergende Mensch von einem bestimmten Raubthiere als Nahrung würde verzehrt worden sein, diese Ansicht wird als mit der Menschenwürde unverträglich gewiss jeder Leser dieser Blätter zurückweisen.«

Die Einrichtung Zoologischer Gärten in London (1825), Amsterdam (1838), in Antwerpen und Berlin (beide 1843) und in Frankfurt am Main (1857) verkündete das Ende der Bedrohung des Menschen durch Tiere. Nun erfuhr man, daß Entozoen sich im Menschen ebenso eigenständig und selbstverständlich bewegten wie in einer Ratte oder Ameise. Die Verehrung, die ein Goeze seinen kleinen Lieblingen entgegengebracht hatte, fußte auf dem festen Glauben, daß sie für den Menschen keine größere Gefahr darstellten als eine Warze. Nun aber stellte sich heraus, daß es in der Natur gang und gäbe war, daß oft winzige Entozoen einen Menschen bei lebendigem Leibe teilweise oder gänzlich vertilgten.

Küchenmeister antwortete Siebold auf seine Weise und erwirkte 1854 die behördliche Genehmigung für »folgendes Experiment bei einem dem Beile verfallenen Raubmörder«:

»72, 60, 36, 24 und 12 Stunden vor der Hinrichtung wurden theils in bis zur Blutwärme abgekühlter Reis- oder

Façonnudel-Suppe (sogenannte Eiergräupchen), theils in Blutwurst, aus der die Fettwürfel entfernt und durch *Cysticerus cellulosae* ersetzt woren waren, dem Delinquenten 12, 18, 15, 12 und 18 Stück *Cysticerus cellulosae* beigebracht. Die Finnen hatten schon 72 Stunden in einem Keller gelegen, ehe ich sie endlich durch Zufall entdeckte. ... Bei der 48 Stunden nach der Hinrichtung angestellten Section fand ich 10 junge Taenien, von denen 6 zwar ihrer Haken beraubt waren, 4 jedoch deutlich die Haken der *T. solium* erkennen ließen. Die kleinen Taenien waren 4–8 Mm. lang, hatten ihre Haken und Rüssel vorgestreckt, sich mit ihnen am Darme befestigt und besassen einen kleinen, etwa 2–5 Mm. grossen, bandförmigen Anhang, der am Ende eingekerbt oder eingestülpt war, wie wir es bei jenen Individuen sehen, die wir z. B. 3 Tage nach der Fütterung eines Hundes mit Kaninchenfleisch im Hundedarme auffinden.«

Fünf Jahre später wiederholte er sein Experiment. Diesmal »verfütterte« er die Finnen vier Monate vor der Exekution und konnte den Eingeweiden dann einen über einen Meter langen Bandwurm entnehmen.

MIT DER ENTDECKUNG der Trichinenkrankheit schlug die Erregung der gelehrten Welt und der deutschen, ja der europäischen Öffentlichkeit in Panik um. 1822 hatte Friedrich Tiedemann verkalkte Trichinenkapseln im menschlichen Muskelgewebe beobachtet. Drei Jahre später fand der englische Student James Paget den in der Kapsel enthaltenen Wurm aus der Familie der Nematoden. Sein Professor, Richard Owen, nahm diese Entdeckung für sich in Anspruch und beschrieb das Tier, einen Fadenwurm, die *Trichinella spiralis*, unter dem

151

Titel: *Description of a microscopic entozoon infesting the muscles of the human body.* Für gefährlich hielt er das Würmchen nicht; es sei nicht unwahrscheinlich, »daß in allen Fällen der Patient selbst die mikroskopischen Parasiten, die sich auf seine Kosten ihres Lebens erfreuen, überhaupt nicht bemerkt«.

1860 machte Friedrich Albert von Zenker in Dresden die Beobachtung, daß eine angeblich am Typhus gestorbene Person in Wirklichkeit an der *Trichinella spiralis* zugrunde gegangen war. Die Sektion der Leiche ergab eine förmliche Überschwemmung des Darms und der Muskeln mit Trichinen. Nachforschungen zeigten, daß die Erkrankung von Schinken, Blut- und Cervelatwurst eines geschlachteten Schweines herrührte. Die Trichinenkapseln lösten sich im menschlichen Darm auf, der Wurm bildete sich zum erwachsenen Tier aus, durchbohrte die Darmwand und verkapselte sich im Muskelgewebe. Dort wartete er darauf, zusammen mit dem Menschen von einem Raubtier gefressen zu werden. Die Trichine erwies sich als Tier, welches das Schwein, den Marder, den Hamster, den Iltis, die Ratte, die Maus, die Katze und den Fuchs ebenso wie den Menschen durchwandert.

Es dauerte nicht lange, bis sich Versicherungen, so auch *Die Anhaltische Trichinenversicherungs-Anstalt in Köthen,* der Sache annahmen. Zuvor aber kam es am 18. Oktober 1863 – beim fünfzigsten Jahrestag der Völkerschlacht von Leipzig – zu einem Ausbruch nationaler Parasitenhysterie, welcher die zerstrittenen deutschen Länder kurz vor dem Österreichisch-Preußischen Krieg in lähmendem Entsetzen vereinte. Der festliche Verzehr einer Herde von Schweinen an diesem Tag, der an die Niederlage Napoleons und an den *Beginn von Deutschlands Wiedergeburt* erinnern sollte, führte in der sächsischen Metropole zu einem Massenausbruch der Trichinenseuche, die 158 Bürger erfaßte. 28 starben, darunter auch ein Veteran, der in der denkwürdigen Schlacht mitgestritten hatte. Die Symptome: Magendrücken, Aufstoßen, Mattigkeit, Erbrechen schleimiger und galliger Massen, vage Schmerzen, Gefühl von Steifsein, wassersüchtiges Aufschwellen des Gesichts, starre, anschwellende Muskeln, die eine »kautschukartige Resistenz« erlangen, zunehmende Schmerzen, schließlich typhöses Fieber und Tod durch Zwerchfellähmung oder allgemeine Erschöpfung.

Die Fleischbeschau wurde zur nationalen Frage, die Trichineninspektion ein deutscher Fetisch. Bis 1895 sollte allein in Preußen ein Inspektorenheer von 27 089 Beschauern, eine Armee fast so groß wie die damalige US-Army, gegen die *Trichinella spiralis* aufmarschieren.

RUDOLF LEUCKARTS Werk *Die menschlichen Parasiten und die von ihnen herrührenden Krankheiten* (1863) war nicht geeignet, den nach der versauten Jubelfeier losbrechenden Aufruhr zu dämpfen. Der Verfasser war seit zehn Jahren »an dem Ausbau der Parasitenlehre nach Kräften« beteiligt. Die Zweideutigkeit des Begriffes *menschliche Parasiten* war ihm nicht im geringsten bewußt. Sie steigerte sich bei einem ersten Versuch, seinen Forschungsgegenstand zu definieren, ins Groteske: »Als Parasiten bezeichnen wir, im weitern und eigentlichen Sinne des Wortes, alle diejenigen Geschöpfe, die bei einem lebendigen Organismus Nahrung und Wohnung finden.«

Fast selbst ein wenig überrascht, fügte der Forscher hinzu: »Die Larve, die das Holz eines Baumes oder das Fleisch einer Frucht bewohnt, ist darnach eben so gut ein Parasit wie der Spulwurm im Darmkanale des Menschen, und der Käfer, der unsere Waldungen entblättert, eben so gut wie die Spinnfliege zwischen den Federn der Schwalbe. Der Umfang des parasitischen Lebens erscheint bei solcher Fassung ein ausserordentlich weiter.«

Je genauer er hinsah, um so dichter wurde das temporäre, stationäre, lebenslängliche und periodische Gewimmel: »Der Schmarotzer ist in allen Fällen kleiner und schwächer als sein Wirth; ausser Stande, denselben zu überwältigen, begnügt er sich damit, ihn zu plündern, von seinen Säften und festen Theilen nach Bedürfniss zu zehren.«

Trotz der relativ geringen Größe galt:

»Die Lage eines Parasiten ist in ökonomischer Beziehung gewiss eine sehr günstige zu nennen. Die Ausgaben desselben, besonders für Bewegung und Herbeischaffung der Nahrung, sind gering, viel geringer im Allgemeinen als bei den frei lebenden Thieren, die Einnahmen dabei reichlich.«

Gerade unser winziges Format machte uns so gefährlich: »Kein Gebilde, und wäre es noch so versteckt und geschützt, ist vollkommen sicher vor den Angriffen der Parasiten.«

Wachsamkeit war angezeigt: »Hüte Dich vor jeder Gelegenheit, die eine Ansteckung mit Parasiten herbeiführen kann.« Allerdings mußte Leuckart gestehen, daß es schwierig, ja unmöglich war, in jedem einzelnen Fall diesem Gebot nachzukommen, und so blieb nur die resignierte Feststellung: »Gegen unbekannte und unsichtbare Feinde kann man sich nicht wehren, und solche sind es zum Theil, mit denen wir es hier zu thun haben.«

Wir vergaßen, wer wir waren. Wir begannen, von Parasiten zu sprechen, ohne dabei an uns zu denken.

N DER BOTANIK hatte man 1850 damit begonnen, die infektuösen Pflanzenkrankheiten auf ein lebendes Kontagium zurückzuführen; sie hießen nun *parasitäre Infektionskrankheiten*. Die Erreger: *kleinste lebende Wesen, einzellige Pilze* von kugeliger, stäbchenförmiger oder spiralförmiger Gestalt, die sich durch Zellteilung und ungeschlechtliche Sporen vermehrten. Bakterien hießen sie erst später.

Über das Mutterkorn waren zahlreiche Bücher geschrieben worden. Man hatte es lange für ein krankhaft verändertes Samenkorn gehalten. 1853 säte der Franzose Louis-René Tulasne Mutterkörner in einen Blumentopf, und es erschienen Pilze in Form gestielter rötlicher Köpfchen. Bis 1858 wurden drei verschiedene Pilze gefunden, die ihrerseits wieder auf dem Mutterkorn wuchsen. In Deutschland untersuchte Heinrich Anton de Bary die Rost- und Brandpilze. *Afterprodukte einer krankhaft veränderten Zellbildung* wollte er in ihnen zwar nicht mehr sehen, aber er charakterisierte sie dadurch, daß sie allesamt entweder *auf Kosten unserer Kulturpflanzen* oder *auf Kosten wildwachsender Pflanzen* lebten.

Die Landwirte griffen zum Mikroskop. Julius Kühn verkündete in seinem Buch *Die Krankheiten der Kulturgewächse, ihre Ursache und ihre Verhütung* (1858): »Es ist die Aufgabe der Zeit, es ist die Aufgabe insbesondere der jüngeren Landwirthe, rüstig fortzuschreiten, die Wissenschaft mit dem Leben zu verknüpfen.« Seine Forderung: »Resultate, practische Resultate ...«

Kühn unterschied zwischen landwirtschaftlich schädlichen Tieren und parasitischen Pflanzen. Dabei beunruhigten ihn nicht so sehr die Mistel, die Flachs- und Kleeseide, die Orobanchen Kleeteufel, Hanftod, Läusekraut und Klaffer oder der »erst kürzlich als Parasit erkannte«

Ackerwachtelweizen; für gefährlicher hielt er die blüten-
losen Pflanzen, hauptsächlich »Staubpilze, fast alle ausschließlich Schmarotzer«, die sich im Innern der Pflanzen
entwickelten, dann aber auch die Faden- und Kernpilze, die
sich auf der Oberfläche der Nutzpflanzen breitmachten,
wie der walzensporige Wirtelschimmel. Manche Kryptogamen schienen spontan zu entstehen, aus kranken Pflanzen, aber ausgerechnet in ihnen wollte Kühn um keinen
Preis *wahre Parasiten* sehen.

1859 füllte der Direktor des Naturhistorischen Mu-
seums zu Rouen eine Flasche mit kochendem Wasser,
tauchte ihren Hals in ein Quecksilberbad, öffnete die
untergetauchte Flasche und verband sie mit einer Retorte,
durch die künstlich hergestellter Sauerstoff eindrang und
das Wasser zur Hälfte verdrängte. Dann brachte er etwas
Heu, das er in einem Ofen hoher Temperatur ausgesetzt
hatte, mittels einer sterilisierten Pinzette durch das
Quecksilber an die Mündung der Flasche, in der es empor-
stieg und sich im Wasser verteilte. Nach wenigen Tagen
wimmelte das Wasser von scheinbar durch Urzeugung entstandenen Mikroorganismen.

Louis Pasteur wiederholte das Experiment, verdunkelte
das Zimmer und richtete einen starken Lichtstrahl auf
den Apparat. Nun wurde offenbar, daß die Oberfläche
des Quecksilbers mit Staubpartikelchen bedeckt war, die
beim Eintauchen des Heus mitgerissen wurden. Pasteurs
Fazit versetzte dem Jahrtausende alten Glauben an die
Urzeugung den letzten Todesstoß:

»Die *generatio spontanea* der mikroskopischen Lebewesen ist ein Hirngespinst. Nein, es sind heute keine Umstände bekannt, unter denen mikroskopische Lebewesen
ohne vorhandene Keime, ohne Vorfahren, die ihnen ähnlich
sind, erzeugt worden wären.«

Plötzlich war die Luft voller lebender Keime, voller
fäulnis- und gärungserregender Sporen!

Der englische Chirurg Joseph Lister zog 1867 den Schluß:

»Wenn die Untersuchungen Pasteurs gezeigt haben, daß die fäulnisfähige Eigenschaft von der Atmosphäre abhängig ist, und zwar nicht vom Sauerstoff oder einem anderen gasförmigen Bestandteil derselben, sondern von winzigen, in ihr enthaltenen Organismen, denen sie ihre Gefährlichkeit verdankt, so habe ich den Eindruck, daß eine Zersetzung in der Wunde durch Abschluß der Luft vermieden werden könnte, durch Anwendung von Verbänden, deren Material imstande ist, das Leben der flottierenden Organismen zu vernichten.«

Lister erfand den sterilen Verband. War früher der Parasit als Krankheit aus dem Leib gebrochen, versuchte er nun unablässig, in diesen einzudringen. Die Krankenhäuser begannen nach Karbolsäure zu stinken.

1869 wandte sich de Bary mit seiner Broschüre *Über Schimmel und Hefe* an das alarmierte deutsche Publikum, das die Enthüllungen Küchenmeisters und den Trichinenschock noch nicht verdaut hatte und sich nun mit der Tatsache konfrontiert sah, daß es in einem dichten Meer aggressiver Spalt- und Gärungspilze lebte und atmete:

»Wir wissen, daß viele unserer Culturpflanzen durch parasitische Pilze krank gemacht und zerstört werden; daß von anderen selbst dem menschlichen Körper Gefahr droht... Kein Wunder daher, daß man jetzt allüberall, wo es sich um Krankheiten, Zersetzungen und dergleichen handelt, Pilze sucht und im blinden Eifer gar oft auch das erste beste gefundene Geschöpf, welches wie ein Pilz aussieht, flugs für den Übelthäter erklärt, der eine Reihe bisher rätselhafter Erscheinungen verschuldet haben muß.«

Nach dieser kritischen Bemerkung über *die Pilzjagd unserer Tage* schlug der populäre Wissenschaftler beruhigende Töne an: »In dem Haushalte der belebten Natur kommt es der Pflanzenwelt zu, Sauerstoff und Stickstoff darzustellen, aus welchen der Körper der lebenden Wesen sich aufbaut. Diese die organische Schöpfung aufbauende Tätigkeit kommt ausschließlich der grün gefärbten Vegetation zu.«

Eine Menge von Gewächsen entbehre jedoch des Chlorophylls und sei dadurch »wie die Tiere auf bereits vorhandene organische Substanz angewiesen… Sie siedeln sich daher entweder auf den lebenden Organismen selber an als deren Schmarotzer oder Parasiten, oder auf deren abgestorbenen Theilen und Producten, als Zersetzungs-, Fäulnisgewächse, Saprophyten.« Die große Mehrheit dieser *nie grün gefärbten Schmarotzer*, die kryptogamen Pilze, erfülle aber höchst nützliche Funktionen:

»Die Schmarotzerpilze befallen zunächst einzelne Individuen, jeweils bestimmter, zu ihrer Ernährung geeigneter Pflanzen- und Thierarten… Die von Schmarotzern befallenen Individuen erkranken selbstverständlich und ihr Absterben wird beschleunigt. Je mehr eine Species, welche einen Parasiten ernährt, sich vermehrt, je ausschließlicher und dichter sie von einem Areal (auf Kosten anderer) Besitz nimmt, um so leichter wird der Parasit und die durch ihn verursachte Krankheit übersiedeln, die Krankheit mithin den Charakter einer Epidemie annehmen… große Mengen von Raupen, Stubenfliegen usw. werden alljährlich durch Schmarotzerpilze getödtet. Der Polizeidienst der Parasiten richtet sich somit gegen das Überhandnehmen einzelner geselliger Species auf Kosten anderer. Diese Thätigkeit fällt jedoch wenig ins Gewicht gegen die energische Handhabung der Straßenpolizei durch die auf todter organischer Substanz vegetirenden Saprophyten.«

Der doppelbödige Text war geeignet, die Nervosität noch zu steigern. Die Deutung der Saprophyten als eine Art Müllabfuhr der Natur mochte ja beruhigend wirken, aber in der Formulierung vom *Polizeidienst der Parasiten*, der sich *gegen das Überhandnehmen einzelner geselliger Spe-cies auf Kosten anderer richtet*, lag ein drohender Unter-ton. Wo war in diesem System die Stellung des Menschen? Lebte er nicht wie die Tiere von den Chlorophyll produ-zierenden Pflanzen? War er also nicht selbst ein *nie grün gefärbter Schmarotzer*? Auf der anderen Seite: Konnte man ihn nicht mit sehr viel mehr Recht eine *gesellige Species* nennen als Raupe und Stubenfliege? Stand er viel-leicht selbst schon auf der Fahndungsliste der parasitären Polizeidienste?

IE AUSNAHMESTELLUNG der mensch-lichen Spezies war bereits zehn Jahre zuvor von promi-nenter Seite ins Visier genommen worden. Charles Darwin selbst bezeichnete den explosiven Kern seiner 1859 er-schienenen Studie *On the Origin of Species by Means of Natural Selection; or the Preservation of Favoured Races in the Struggle for Life* nur mit einem Wink: »Es wird Licht fallen auf den Ursprung des Menschen und auf seine Ge-schichte.« In der ersten deutschen Übersetzung von 1860 fehlte der Satz.

Darwins Zartgefühl wurde von seinen Propagandisten nicht geteilt. Einer der rührigsten war Ernst Haeckel, der spätere deutsche Papst der Entwicklungslehre. Der junge Professor hielt im Dezember 1868 im Saal des Berliner Handwerkervereins einen Vortrag *Über Arbeitstheilung in Natur- und Menschenleben*. Er fiel mit der Tür ins Haus: »Hier, wie in so vielen anderen Fällen erkennt der un-befangene Blick des Naturforschers, daß die menschlichen Lebensverhältnisse im Thierleben wiederkehren.«

Bei der Schilderung der »berüchtigten südamerikani-schen Raubameisen aus der Gattung Eciton« (die Schlacht von Königgrätz lag noch keine drei Jahre zurück) ging dem feurigen Redner das Herz auf:

»Gewöhnlich kommt ein Officier auf eine Compagnie von etwa dreißig Mann. Auf dem Marsche sind die Officiere zu beiden Seiten der langen Marschsäule vertheilt, und klettern oft auf erhöhte Standpunkte, um von da aus den Zug der Truppen zu überwachen und zu leiten. Die Befehle und Anordnungen geschehen durch Gebärden- und Tastsprache. Insbesondere dienen die Fühlhörner theils durch winkende Bewegungen als Telegraphen zum Zeichengeben in die Ferne, theils durch unmittelbare Berührung zur Mittheilung von Wünschen, Empfindungen und Gedanken an die Umstehenden.«

Daß im Tierreich in der Regel vorbildlich gearbeitet werde, war für Haeckel eine Selbstverständlichkeit; abgesehen von einigen niedrigen parasitischen Crustazeen klappte die Arbeitsteilung vorzüglich. Auch sonst konnten sich die Berliner Handwerker an manchen Tieren ein Beispiel nehmen:

»Die sittliche Basis, durch welche die Ehe bei den höheren Culturvölkern in so hohem Maße veredelt worden ist, fehlt *gänzlich* den vielen niederen Naturvölkern, den amerikanischen Indianerstämmen, vielen Negerstämmen, den Australnegern usw. Bei diesen viehischen Menschen, bei denen das Weib kaum den Rang und die Behandlung eines nützlichen Hausthieres genießt, kann von einer moralischen Grundlage der Ehe keine Rede sein, viel eher bei den in strenger Monogamie lebenden Thieren, wie den Tauben, Papageyen und vielen anderen Vögeln.«

Wir hatten die weiteste Entfernung von unserem menschlichen Urbild erreicht. Nun traten wir, die Eingeweidewürmer und Flöhe, Gärungshefen, Crustazeen und Flechten, den langen Marsch zurück in die Menschheit an.

1869 erinnerte der Zoologe und spekulative Philosoph Maximilian Perty in einem populärwissenschaftlichen Vortrag *Über den Parasitismus in der organischen Natur* an die Parasiten des Herkules und an die graue Vorzeit, als das Amt des Parasiten noch *als schön und ehrenwerth* galt. Perty beließ es rasch bei der Feststellung, daß es unbekannt sei, »wie der gehässige Begriff des gemeinen Schmarotzers mit dem ursprünglich ehrenvollen Worte Parasit verbunden wurde«. Parasiten hätten »falsche Eide und andere Verbrechen« begangen, »jene der niedrigsten Klasse ließen sich wohl für die Abfütterung alle Mißhandlung und Beschimpfung gefallen ... Von Athen aus verbreitete sich das Parasitentum an die Höfe der Fürsten und Tyrannen von Sicilien, Cypern und Syrien, welche sich Parasiten hielten, deren Namen sich zum Theil erhalten haben.« Der sehr kursorische Rückblick schloß mit der Empfehlung: »Ich möchte die Zoologen darauf aufmerksam machen, daß diese Namen bei Aufstellung neuer parasitischer Thiersippen gut zu verwenden sind.«

Dann kam Perty auf die Parasiten von heute zu sprechen:

»Der niedrige Begriff, welchen wir mit dem Schmarotzerthum verbinden, wird durch die Untersuchung der parasitischen Thiere und Pflanzen nur zum Theil gerechtfertigt. Wir können die Vorstellung nicht zurückweisen, daß in der menschlichen Gesellschaft ein Individuum, das, ohne selbst etwas Nützliches zu leisten, nur auf Kosten Anderer leben will, das seine Existenz nur erhält, indem es die Existenz anderer beeinträchtigt, ein schädliches, jedenfalls widriges Wesen sei. Schmarotzer in der menschlichen Gesellschaft lassen neben niederer Gesinnung öfters auch niedrige Begabung erkennen, bei den Schmarotzern in der Natur kann letzteres Moment vorhanden sein oder nicht.«

Bei der äußeren Erscheinung der »entschiedensten Schmarotzer« unter Pflanzen und Tieren fand er allerdings »Schwäche und Mangelhaftigkeit sehr augenfällig,

161

… so wie sie häufig auch etwas Fremdartiges, Unschönes, manchmal Widerliches haben, oft klein, blaß, von abweichender Färbung sind.«

In seiner zusammenfassenden Würdigung kam er zu dem Ergebnis:

»So schwach übrigens die Ausstattung und Begabung parasitischer Organismen in vieler Rücksicht ist, so stark ist meistens ihre Vermehrungsfähigkeit, wodurch eben ihre Wirkung in der belebten Natur so bedeutend und verderblich werden kann. Vermögen diese Proletarier auch sonst nichts zu leisten, so können sie doch reichliche Nachkommenschaft erzeugen, quälen, krank machen, tödten.«

Wir hatten unser Latein noch nicht ganz vergessen. Das Wort *proles* bedeutet Sprößling, Kind oder Nachkomme; *proletarius* war nach der Volkseinteilung des Servius Tullius ein Bürger der untersten Klasse, der dem Staate nur mit seiner Nachkommenschaft (proles) und nicht mit irgendeinem Vermögen diente.

Erstaunt erfuhren wir durch Ludwig Büchners Werk *Aus dem Seelenleben der Thiere* (1876) von einer »Ackerbau treibenden Ameise in Texas«, vom »Bienenstaat als constitutioneller Monarchie« und vom »Communismus und Socialismus unter den Bienen«. In Belgien erschien von Pierre Joseph van Beneden das Standardwerk *Die Schmarotzer des Tierreichs* (1874). Ganz im Stil Haeckels hieß es da:

»Bei genauerer Betrachtung findet man zwischen der Thierwelt und der menschlichen Gesellschaft mehr als eine Analogie, und ohne weit zu suchen, kann man sagen, dass es kaum ein gesellschaftliches Verhältnis gibt, das nicht, wenn ich so sagen darf, sein Gegenstück bei den Thieren fände. Die meisten von ihnen leben friedlich von der Frucht ihrer Arbeit und treiben ein Gewerbe, das sie ernährt; aber neben den ehrlichen Gewerbetreibenden sehen wir auch Gesindel, das der Hülfe des Nachbarn nicht zu entrathen vermag und sich theils als Schmarotzer in deren Organe einnistet, theils als Mitesser neben deren Beute.«

Das fromme Staunen früherer Forschergenerationen war dem Mißtrauen des Kriminalpathologen gewichen:

»Einem jeden Thier ist seine Speisekarte im voraus in unauslöschlichen Zügen geschrieben, und es ist für den Naturforscher nicht so schwer, diese zu entziffern, wie für den Archäologen die Entzifferung eines Palimpsestes. Sie erscheinen in Form von Knochen oder Schuppen, Federn oder Schalen auf den Verdauungswegen. Nicht durch Haussuchungen, sondern durch Magensuchungen muß man sich Zutritt zu den Geheimnissen des Haushalts schaffen.«

Wir waren keine Trichinen, wir waren Wirtschaftskriminelle. Wir waren keine Orobanchen, für uns galt das bürgerliche Gesetzbuch.

»Alle Gewerbe hantieren unter der Sonne, und wenn es darunter ehrliche gibt, so kann man nicht leugnen, dass es darunter auch andere gibt, die diese Bezeichnung nicht verdienen. In der alten, wie in der neuen Welt gleicht mehr als ein Thier einem Industrieritter, der als großer Herr dahinlebt, und nicht selten findet man neben dem elenden Taschendieb den kühnen Straßenräuber, der von nichts als Blut und Mord lebt. Die Zahl dieser Wesen ist sehr groß, welche immer, bald durch List oder Kühnheit, bald durch die Gewalt der Bosheit, der socialen Strafe entgehen.«

Viele von uns, so Beneden, waren *wahre Zigeuner*. Als hätten wir jemals in großen Familienverbänden gelebt! Manche von uns wurden bei Eintritt des Alters häuslich, andere setzten ihr *Vagabundenleben* bis zum Tode fort und starben *auf der Landstraße*. »Glatte weiche Würmer«, stand da, »beginnen gewöhnlich mit dem Vagabundenthum« und »verdammen sich schliesslich zu ewiger Haft«. Van Beneden hatte eine Erkennungsdienst aufgebaut:

»Es ist nicht immer leicht gewesen, die Identität dieser Personen festzustellen, die heute die Salons, morgen im Bettlerkleide die verstecktesten Winkel besuchen. Die meisten blatt- oder bandförmigen Würmer vollführen solche Wanderungen ... alle fangen bescheiden in dem kaum erreichbaren Dachstübchen an und gelangen schliesslich in die grossen und geräumigen Gemächer.«

Der Professor der Universität Löwen wies jedem von uns einen bestimmten Platz zu. Es war nur nicht ganz klar, wo dieser war, ob in einem Gemeindesaal oder auf dem Meeresboden:

»Die Hülfsleistungen unter den Thieren sind ebenso mannichfaltiger Art wie unter den Menschen; die einen erhalten die Wohnung, andere den Tisch und wieder andere Speise und das Gedeck. Aber wenn man neben diesen Armen andere sieht, welche sich gegenseitig Dienste leisten, so würde es wenig schmeichelhaft sein, wollte man alle als Schmarotzer oder Mitesser bezeichnen. Wir glauben ihnen gegenüber gerechter zu sein, wenn wir sie Mutualisten nennen und dem Mutualismus einen Platz neben dem Commensalismus und dem Parasitismus einräumen.«

Seither gilt: Ein Kommensale ist »ein Thier, das zu dem Tische seines Nächsten Zutritt hat, um mit ihm den Fang zu theilen«; Mutualisten sind Tiere, »welche aufeinander leben, ohne Schmarotzer oder Mitesser zu sein; mehrere von ihnen schleppen sich, andere leisten sich gegenseitig Dienste, andere beuten sich aus, andere wiederum verleihen sich Schutz, und endlich gibt es solche, welche durch ein Band der Sympathie aneinander gefesselt werden.«

So menschlich wir auch wirkten, wir sollten Tiere bleiben. Van Benedens Schlußformel lautete: »Ein Schmarotzer ist ein Thier, welches berufsmässig auf Kosten seines Nachbarn lebt, und dessen ganzes Streben darin besteht, denselben haushälterisch auszubeuten, ohne sein Leben in Gefahr zu bringen.«

Und was war mit dem Massaker, das die Trichinen in Leipzig angerichtet hatten? Was war mit den *Straßenräubern, die von nichts als Blut und Mord lebten?* Was war mit den *Ichneumonidae,* mit den Schlupfwespen, deren Larven andere Insekten bei lebendigem Leib von innen heraus verzehren und von denen Darwin gesagt hatte: »Ich kann mich nicht zu dem Glauben durchringen, daß ein wohltätiger und allmächtiger Gott die *Ichneumonidae* mit der ausdrücklichen Absicht geschaffen hat, daß sie im Körperinnern von lebenden Käfern ihre Nahrung finden sollen.«

INER UNSERER VERFOLGER witterte, daß das blindwütige Haberfeldtreiben zu nichts Vernünftigem führte. Das Buch *Die Erscheinung der Symbiose* (1879) von de Bary war ein Symptom. Der Pilzspezialist hatte zwar das unbestimmte Gefühl, irgendwie zu weit gegangen zu sein, aber zu einer ernsten Kurskorrektur war auch er nicht fähig. Anstatt den Augiasstall der üblen Nachrede auszuräumen, änderte er das Etikett.

Zur Popularisierung seines griechischen Begriffes, der sich aus der Präposition συν, mit, und βίος, Leben, zusammensetzt, berief sich der Rektor der Straßburger Universität auf Athenaios. Bei diesem heißt es:

»Die Steckmuscheln wachsen vom Meeresboden senkrecht in die Höhe. In ihrem Innern befindet sich der Muschelwächter, ein kleiner Krebs oder eine kleine Krabbe. Wird dieser fortgenommen, so sterben sie schnell. Pamphilos von Alexandria sagt in seinem Werk *Über Namen*, daß Muschel und Muschelwächter zusammen geboren werden. Und Chrysippos von Soli sagt im fünften Buch seines Werkes *Über das Vergnügen und das Gute*: ›Die Steckmuschel und der Muschelwächter wirken zusammen, und keiner kann ohne den anderen bestehen. Die Steckmuschel ist ein Schalenfisch, der Muschelwächter ist eine kleine Krabbe. Die Steckmuschel öffnet ihre Schalen und wartet. Der Muschelwächter paßt auf, und wenn ein kleiner Fisch in die Muschel schwimmt, kneift er sie, wie um ein Zeichen zu geben, und auf das Kneifen hin schließt sie sich. So ist die Beute drinnen gefangen, und sie verzehren sie gemeinsam.‹«

Die reizende Stelle, in der allerdings von *Symbiose* mit keinem Wort die Rede ist, wird bis heute mystifiziert. Der klassische englische Übersetzer des Athenaios, der emeritierte Harvardprofessor Charles Burton Gulick, schmuggelte noch 1961 in den kurzen Text gleich zweimal das Wort *Parasit* ein, von dem sich im Original keine Silbe findet. Das altgriechische Wort Symbiose bezeichnete eine gesellschaftliche Verbindung unter Menschen. Das Adjektiv σύμβιος bedeutete *zusammenlebend, als Gatte, Freund, Gefährte*. Bei Theophrast heißt συμβιωτός: zum geselligen Leben gemacht. Bei de Bary wurde daraus »das gesetzmäßige Zusammenleben von ungleichartigen Organismen, d. h. von Organismen, welche verschiedenen Arten, meist sogar verschiedenen Abtheilungen des Thier- und Pflanzenreiches angehören«.

Im »Naturhaushalt« seien manche Pflanzen und Tiere so sehr auf andere Arten angewiesen, daß sie ohne diese rasch zugrunde gingen:

»Bald sind sie allein nicht im Stande sich Nahrung zu erwerben, bald besitzen sie nicht die Mittel, sich zu vertheidigen und vor Nachstellungen zu schützen, bald geht ihnen irgend eine andere Eigenschaft ab, ohne welche es nicht möglich ist, im Kampfe um das Dasein das Feld zu behaupten. Was ihnen fehlt, ersetzen sie durch das Zusammenleben mit einem zweiten Organismus, von welchem sie sich mehr oder minder abhängig gemacht haben. Ein

166

solches Verhältnis bezeichnen wir als Schmarotzerthum oder Parasitismus. Die Abhängigkeit ist hier eine einseitige.«

Für diese Form der Symbiose gelte: »Der Wirth gedeiht auch ohne den sich ihm aufdrängenden Gast, von dem er nicht allein keine Gegendienste empfängt, sondern oft sogar in seiner Ernährung geschädigt, wenn nicht in seinem Leben bedroht ist.« De Barys schön klingender Kunstbegriff sprach unserer Geschichte hohn, einer Geschichte zwischen Menschen, nicht zwischen verschiedenen Arten.

Auch die zweite Form der Symbiose, in welcher das Zusammenleben zweier Geschöpfe auf voller Gegenseitigkeit beruhe, war nach de Barys Vorstellungen ein *gesetzmäßiges Zusammenleben von ungleichartigen Organismen, d. h. von Organismen verschiedener Arten.* Als Beispiel führte de Bary die Flechten *(Lichenes)* an, die bisher als eigenständige Pflanzenklasse betrachtet worden waren, in Wirklichkeit aber aus chlorophyllhaltigen Algen und mit ihnen eng zusammenlebenden Pilzen bestehen. Er sprach von den Seerosen, die sich auf Einsiedlerkrebsen festsetzen und diese mit ihren Nesselhaaren schützen, dafür aber auch, von den Krebsen umhergetragen, beweglich werden. Er schwärmte von den grünen Algen, die sich im durchsichtigen Gewebe von Süßwasserpolypen, Seeanemonen und Quallen festsetzen und *dafür* Sauerstoff ausscheiden, den diese Tiere zur Atmung benutzen.

Wir ließen uns von seinen schmeichlerischen Worten nicht täuschen. De Bary wollte uns keine Gerechtigkeit widerfahren lassen. Der unechte Begriff, den er uns überstülpte, konnte die sich in uns immer lebhafter regende Erinnerung nicht ersticken, daß wir uralte menschliche Eigenschaften bargen.

ROBERT KOCH, ein Schüler Jakob Henles, hatte im Jahre 1873 als Kreisphysikus in Wollstein, heute Wolsztyn, damit begonnen, das Blut von Schafen, die am Milzbrand verendet waren, mikroskopisch zu untersuchen. Er fand dabei stäbchenartige Gebilde, Bakterien, die sich zwischen den Blutkörperchen zeigten und im Blut gesunder Schafe nicht aufzuspüren waren. Er übertrug das Blut kranker Tiere auf weiße Mäuse, die daraufhin prompt erkrankten. In ihrem Blut schwammen die vertrauten Stäbchen, die Koch im Kammerwasser ausgeschälter Ochsenaugen kultivierte und dann in Reinkultur züchtete, bevor er mit ihnen neue Kontrollinfektionen durchführte.

Es blieben Fragen: Wie erfolgte die Infektion der Tiere in der Natur, und wie konnten sich die Bazillen im Freien, bei sehr viel niedrigeren Temperaturen als im Labor, am Leben erhalten? Als er entdeckte, daß die Bakterien Sporen bildeten, gegen Umwelteinflüsse resistente Dauerformen, die sich unter geeigneten Umständen wieder in Bakterien verwandelten, ging Koch an die Öffentlichkeit. In seiner Schrift über *Die Äthiologie der Milzbrand-Krankheit, begründet auf die Entwicklungsgeschichte des Bacillus anthracis* (1876) berichtete er »über diesen bisher so rätselhaften Parasiten«:

»Es unterliegt wohl keinem Zweifel, daß die meisten Kadaver der an Milzbrand gefallenen Tiere, welche im Sommer mäßig tief eingescharrt werden oder längere Zeit auf dem Felde, im Stalle, in Abdeckereien liegen, ebenso die blut- und bazillenhaltigen Abgänge der kranken Tiere im feuchten Boden oder im Stalldünger mindestens ebenso günstige Bedingungen für die Sporenbildung des *Bacillus anthracis* bieten, als es in den vorher geschilderten Versuchsreihen der Fall ist. Durch diese Versuche würde also der Beweis geliefert sein, daß dieser Parasit in jedem

Sommer im Boden, dessen Feuchtigkeit das Austrocknen der den Höhlungen des noch lebenden oder schon abgestorbenen milzbrandigen Tieres entströmenden Nährflüssigkeiten verhindert, seine Keime in unzählbarer Menge ablagert.«

Er nannte die Wiederkäuer die »eigentlichen Wohntiere des uns beschäftigenden Parasiten« und erwog die Frage, ob die infizierten Pferde, Kühe und Schafe »durch die bei dem intensiven Wachstum der Bazillen im Blute entwickelte Kohlensäure oder, was wohl wahrscheinlicher ist, durch giftig wirkende Spaltprodukte der von den Parasiten zu ihrer Ernährung verbrauchten Eiweißkörper getötet werden«.

Der Absurditäten war kein Ende. Das sollten Parasiten sein? Hier wurden wir mit etwas gleichgesetzt, was nicht mehr die entfernteste Ähnlichkeit mit uns hatte. Schweigen wir von so banalen Dingen wie das Aussehen. Bei den Pflanzen waren es die überflüssigen Säfte eines reichen Wirtes gewesen, die uns – welch aberwitzige Übertreibung! – geradezu hervorbrachten. Bei den Helminthen im Speisekanal des Menschen war es die geschmacklose Gleichsetzung des Darmes mit einer üppigen Tafel gewesen, was noch eine gewisse Eselsbrücke zwischen uns und diesen Würmern konstituierte. Was steckte hinter der zwanghaften Penetranz, uns immer und überall in irgendwelche Krankheiten, in Fäkalien und Ungeziefer hineinzulesen? Wo war hier noch irgendeine, wenn auch nur homöopathische Ähnlichkeit mit einem Bazillus festzustellen, mit dem ja nun wirklich in keiner Form mehr zu spaßen war? Was war der Punkt, der da verglichen wurde, das *Tertium comparationis?* Daß der *Bacillus anthracis* von lebenden Lebewesen lebte? Aber das war es nicht, was Koch an diesem Bazillus interessierte. Dieser Bazillus mordete. Das interessierte Koch. Er führte den von Henle angestrengten Prozeß zu Ende.

1878 sprach er auf der Jahrestagung der Naturfor-
scherversammlung, die einst von Oken ins Leben gerufen
worden und der Schauplatz der naturphilosophischen Dis-
kussionen um den Parasiten Krankheit gewesen war. Das
Thema:»Neue Untersuchungen über die Mikroorganismen
bei infektuösen Wundkrankheiten« und die Frage,»ob die
Wundinfektionskrankheiten parasitären Ursprungs sind«.
Koch bejahte dies. Allerdings müsse es sich nicht immer
nur um Bazillen handeln, auch Amöben oder andere Einzeller, Protisten, seien *verdächtig*.

1877 hatte auch Louis Pasteur begonnen, sich mit dem
Milzbrand zu beschäftigen. Er entwickelte einen Impfstoff
und wurde mit dem berühmten Experiment von Pouilly
le Fort 1881 zum Nationalhelden. Es ist heute kaum mehr
nachzuvollziehen, welchen Sturm patriotischer Begeisterung dieser Versuch auslöste, bei dem Pasteur einige ge-
impfte und ungeimpfte Schafe mit dem Anthraxbazillus
infizierte, so daß am Ende die geimpften, als hätte eine
höhere Macht ihre Hand über sie gehalten, zwischen den
Kadavern der verendeten, ungeimpften weideten. Zeit-
genossen verglichen Pouilly-le-Fort mit den berühmten
Schlachtfeldern des für Frankreich so unglücklich verlau-
fenen Deutsch-Französischen Kriegs 1870/71. Sie sahen
Pouilly le Fort als Ort der Revanche. Mit diesem Experiment positionierte sich Pasteur als heroischer Gegen-
spieler von Koch. Koch nahm im Namen des aus dem Sieg
über Frankreich hervorgegangenen deutschen Kaiser-
reichs die Herausforderung an und antwortete mit einem
Gegenhieb.

Pasteur hatte das plötzliche Wiederauftauchen des Milz-
brandes an Orten, wo an dieser Krankheit verendete Tiere
begraben worden waren, mit den Worten erklärt:»Regen-
würmer sind die Träger des Keimes und bringen den in
der Tiefe begrabenen schrecklichen Parasiten zurück an
die Erdoberfläche.« Der deutsche Forscher protestierte

und wies darauf hin, daß die Anthraxbazillen unmöglich winterliche Temperaturen überstehen konnten und in den Mägen von Regenwürmern noch nie nachgewiesen worden waren. Das beschriebene Phänomen war tatsächlich nur mit der von Koch entdeckten Bildung widerstandsfähiger Sporen zu erklären. Zwei nationale Geistesriesen wetteiferten im Kampf gegen den Parasiten.

1880 wurde Koch Regierungsrat im Kaiserlichen Gesundheitsamt in Berlin und legte nach zwei Jahren eine Arbeit über *Die Ätiologie der Tuberkulose* vor. Lungentuberkulose war eine der häufigsten Todesursachen in Deutschland, speziell die Arbeiterschichten waren betroffen. Noch war die allgemeine Lebenserwartung in ganz Europa sehr niedrig. Nach amtlichen Statistiken, mitgeteilt von Karl Marx im *Kapital*, betrug im Jahre 1875 in Manchester die mittlere Lebensdauer der wohlhabenden Klasse 38, die der Arbeiterklasse 17 Jahre. Gleich zu Beginn seines Berichtes stellte Koch fest: »Das Ziel der Untersuchung mußte zunächst auf den Nachweis von irgend welchen, dem Körper fremdartigen, parasitischen Gebilden gerichtet sein, die möglicherweise als Krankheitsursache gedeutet werden konnten.«

Seine Vorgehensweise war die gewohnte. Er stellte Reinkulturen her und verimpfte sie dann an Meerschweinchen, Mäuse, Ratten, Hamster, Igel, Tauben, Frösche, Kaninchen, Hunde und Katzen, die daraufhin erkrankten. Befriedigt konnte er feststellen, daß es zum ersten Male gelungen war, »den vollen Beweis für die parasitische Natur einer menschlichen Infektionskrankheit, und zwar der wichtigsten von allen, vollständig zu liefern. Bisher war dieser Beweis nur für Milzbrand erbracht.«

Der Erreger war bekannt, nun mußte er nur noch vernichtet werden: »Bisher war man gewohnt, die Tuberkulose als den Ausdruck des sozialen Elends anzusehen, und hoffte von dessen Besserung auch eine Abnahme dieser

171

Krankheit... Aber in Zukunft wird man es im Kampf gegen diese schreckliche Plage des Menschengeschlechtes nicht mehr mit einem unbestimmten Etwas, sondern mit einem faßbaren Parasiten zu tun haben...«

Noch im selben Jahr 1882 fand in Berlin die erste Hygieneausstellung statt. Der Pavillon im Gesundheitsamt war überlaufen, »da alle die ausgestellten gefährlichen und ungefährlichen Bakterien, die Photographien und zahlreichen Apparate sehen und erklärt haben wollten«. Koch hielt vor dem Kronprinzen, der Großherzogin von Baden und dem König und der Königin von Sachsen private Vorträge, überall berichtete er von seinem Kampf gegen die Parasiten.

ALS IM JUNI 1883 das Wolffsche Telegrafenbüro das Auftreten der Cholera in Damiett am Nil meldete, schickte Koch seinen Meisterschüler voraus. Dieser infizierte sich gleich nach seiner Ankunft. Koch kam gerade noch rechtzeitig in Ägypten an, um für ihn einen Kranz niederzulegen. Anschließend begab er sich ins Hospital von Dr. Schieß-Bey in Alexandrien. Schnell war das Laboratorium in vollem Betrieb. Darminhalte wurden feucht, getrocknet, gekocht und ungekocht in Affen, Katzen, Hühner und Mäuse injiziert. Da die Seuche abklang, begab sich Koch, nachdem er die Cheopspyramide besucht hatte, direkt über Ceylon nach Kalkutta. In seinem Bericht vom 2. Februar 1884 konnte er melden:

»Die noch unentschieden gebliebene Frage, ob die im Choleradarm befindlichen Bazillen ausschließlich der Cholera angehörige Parasiten sind, kann nunmehr als gelöst angesehen werden... Die geeigneten Nährböden, ähnlich

denen des Tuberkelbazillus, waren auch für den Cholera-
erreger gefunden worden, es war nachgewiesen, daß er
Hitze und Trockenheit nicht ertragen konnte, um so besser
aber in Feuchtigkeit schmarotzte. Besonders wichtig war
die Feststellung seiner Widerstandsunfähigkeit gegen des-
infizierende Mittel wie Sublimat und Karbol.«

Im April 1884 erstattete Koch seinem alten Kaiser Bericht und nahm den Kronenorden am schwarz-weißen
Bande mit Stern in Empfang. Beim anschließenden Bankett wurde er von dem Chirurgen Ernst von Bergmann
mit dem homerischen Helden Ajax verglichen, der seinen
Gegner immer wieder mit größter Zähigkeit von allen
Seiten angegriffen habe.

Nun waren wieder die Franzosen am Zug. Pasteur gelang es, den Erreger der Tollwut zu isolieren, daraus ein
Serum zu entwickeln und das erste Mal in der Geschichte
der Medizin während der Inkubationszeit einen infizierten
Menschen vor der sonst tödlich verlaufenden Krankheit
zu retten. In grenzenlosem Optimismus erklärte er 1885:
»Ja, meine Herren, der Tag wird kommen, an dem dank
kämpferischer, wissenschaftlicher Hygiene Krankheiten
verschwinden werden, so wie bestimmte vorsintflutliche
Spezies verschwunden sind.« Im März 1886 schlug er vor,
ein Institut zur Entwicklung von Impfstoffen zu gründen.
Drei Monate später waren 2 500 000 Goldfrancs für das
Unternehmen eingegangen, das dann im März 1888 er-
öffnet wurde.

Koch arbeitete fieberhaft daran, dem Franzosen wieder
den Rang abzulaufen. Im Vorfeld des Zehnten Internationalen Medizinischen Kongresses, der 1890 in Berlin stattfand, wurde bekannt, es seien von Koch »bisher geheim-
gehaltene weltbewegende Entdeckungen« zu erwarten.
Der Zirkus Renz wurde nach dem Vorbild des Zeustempels
in Olympia umdekoriert. An Stelle der Zeusstatue war
an zentraler Stelle eine Statue von Äskulap aufgebaut

worden. Den Vorsitz führte der bayerische Herzog Karl
Theodor mit Gemahlin. Koch sagte vor seinen 8000 Zuhörern unter anderem:

»Der Gedanke, daß Mikroorganismen die Ursache der
Infektionskrankheiten sein müßten, wurde zwar von einzelnen hervorragenden Geistern schon sehr frühzeitig
ausgesprochen, aber die allgemeine Meinung konnte sich
damit nicht recht vertraut machen und verhielt sich gegenüber den ersten Entdeckungen auf diesem Gebiete sehr
skeptisch. Um so mehr war es geboten, gerade in den
ersten Fällen mit unwiderleglichen Gründen den Beweis zu
führen, daß die bei einer Infektionskrankheit aufgefunde-
nen Mikroorganismen auch wirklich die Ursache dieser
Krankheit seien. Damals war der Einwand immer noch
berechtigt, daß es sich um ein zufälliges Zusammentreffen
von Krankheit und Mikroorganismen handeln könne, daß
letztere also nicht die Rolle von gefährlichen Parasiten,
sondern von harmlosen Schmarotzern spielten, welche erst
in den erkrankten Organen die im gesunden Körper fehlen-
den Existenzbedingungen fänden. Manche erkannten zwar
die pathogenen Eigenschaften der Bakterien an, hielten
es aber für möglich, daß sie erst unter dem Einfluß der
Krankheitsprozesse aus anderen harmlosen, zufällig oder
auch regelmäßig vorhandenen Mikroorganismen sich in
pathogene Bakterien verwandelt hätten. Wenn es sich aber
nun nachweisen ließ: erstens, daß der Parasit in jedem einzelnen Falle der betreffenden Krankheit nachzuweisen ist,
und zwar unter Verhältnissen, welche den pathologischen
Veränderungen und dem klinischen Verlauf der Krankheit
entsprechen; zweitens, daß er bei keiner anderen Krankheit als zufälliger und nicht pathogener Schmarotzer vor-
kommt; und drittens, daß er, von dem Körper vollkommen
isoliert und in Reinkultur hinreichend oft umgezüchtet,
imstande ist, von neuem die Krankheit zu erzeugen; dann
konnte er nicht mehr zufälliges Akzidens der Krankheit

174

sein, sondern es ließ sich in diesem Falle kein anderes Verhältnis mehr zwischen Parasit und Krankheit denken, als daß der Parasit die Ursache der Krankheit ist.«

Was war dies plötzlich für eine Unterscheidung zwischen *gefährlichen Parasiten* und *harmlosen Schmarotzern*? War sich Koch plötzlich seiner Sache nicht mehr ganz sicher? Wie auch immer: Als er am Ende der Rede mitteilte, seine systematische Suche nach einem spezifischen Therapeutikum gegen die Tuberkulose habe ein Mittel erbracht, mit dem im Tierexperiment »der Krankheitsprozeß vollkommen zum Stillstand gebracht werden kann«, brach »brausender Beifall, nie gehörter Jubel« los.

Schüler Kochs drangen mit dem *Kochin* in die Quartiere der Lungenkranken »und spritzten und spritzten«. Aus der ganzen Welt strömten Tuberkulosepatienten nach Berlin. Das Centralhotel platzte aus allen Nähten. In den USA wurden für ein Gramm des Glyzerinextraktes aus reinen Tuberkelzellen bis zu 1000 Dollar gezahlt. Aber das Mittel wirkte nicht. Die hochgeputschte Spekulation brach zusammen. Koch ließ sich scheiden, heiratete die junge Malerin, an der er sein Mittel erprobt hatte, und floh erst einmal nach Luxor. Zurück blieben Koch-Taschentücher, Koch-Bierhumpen, Koch-Tabakspfeifenköpfe. Noch heute verkündet jede Milchtüte den Sieg des Franzosen.

Es war ein denkwürdiges Jahr. Bismarck wurde entlassen. Die Sozialistengesetze wurden aufgehoben. Es begann der kometenhafte Ruhm Nietzsches, der im Jahr davor den Verstand verloren und weinend vor Mitleid den Gaul eines Fiakers umarmt hatte. *Also sprach Zarathustra:* »...und das widrigste Tier von Mensch, das ich fand, das taufte ich Schmarotzer: das wollte nicht lieben und doch von Liebe leben.«

IT DER Christlich-Sozialen Partei, gegründet am 3. Januar 1878 durch den Berliner Hof- und Domprediger Adolf Stoecker, trat in Deutschland der moderne Antisemitismus in Erscheinung. Der *jüdische Parasit* wurde kreiert.

Der Kouponschneider Arthur Schopenhauer hatte Herders Wort von der *Schmarotzerpflanze* weitergegeben:

»Der ewige Jude Ahasverus ist nichts Anderes, als die Personifikation des ganzen jüdischen Volkes... So ist denn noch heute dieser Johann ohne Land auf dem ganzen Erdboden zu finden, nirgends zu Hause und nirgends fremd, behauptet dabei mit beispielloser Hartnäckigkeit seine Nationalität, möchte auch gerne irgendwo recht fußen und Wurzel schlagen... Bis dahin lebt es parasitisch auf den andern Völkern, ist aber dabei nichtsdestoweniger vom lebhaftesten Patriotismus für die eigene Nation beseelt, den es an den Tag legt durch das feste Zusammenhalten, wonach Alle für Einen und Einer für Alle stehn.«

Der Mensch, von dem Schopenhauer sprach, wollte Wurzeln schlagen und konnte nicht. Er zeigte eine für Pflanzen höchst ungewöhnliche Mobilität. Die Metapher hatte sich selbständig gemacht.

Ein gewisser H. Nandh bemühte 1880 in einem Aufsatz unter dem Titel *Professoren über Israel* das 5. Buch Moses: »Du wirst alle Völker fressen, die der Herr, Dein Gott, Dir geben wird.« Er setzte hinzu: »Das ist die Verheißung, derer das Volk der Parasiten bedurfte.« Nandh wollte die Bibel nicht verstehen. Hatte er jemals von der Mittleren Komödie gehört? Von Terenz, vielleicht von Schillers Übersetzung?

Von welchen Parasiten sprach er? War etwa von fleischfressenden Pflanzen die Rede? Bandwürmer jedenfalls konnten nicht ganze Völker verzehren. »Die Juden haben seit dreitausend Jahren strenge Inzucht getrieben und während dieser Zeit dasselbe Parasitenleben fortgeführt«, schrieb Nandh.

In Meyers Konversations-Lexikon von 1890 findet sich unter dem Stichwort *Inzucht* nur der Verweis: »s. Viehzucht«. Von menschlichen *Rassen*, die aus dem Meer hervorgegangen seien, hatte als erster Benoît de Maillet zu Beginn des 18. Jahrhunderts gesprochen. Die *Encyclopédie* schränkte den Gebrauch des Wortes *race* auf Tiere ein, vor allem auf Pferde. Noch Herder hatte die Anwendung des *unedlen* Begriffes *Rasse* auf den Menschen getadelt.

Das erste Manifest des Rassismus, das *Essai über die Ungleichheit der menschlichen Rassen* von Joseph Arthur de Gobineau, war noch keine dreißig Jahre alt. Darin stand zwar viel über eine *arische Rasse,* der die Menschheit ihre ganze Kultur verdanke, aber nichts über Parasiten. Nandh schrieb: »Bei der parasitischen Lebensweise, auf welche sie ihre Körperbeschaffenheit hinweist und welche aufzugeben sie, ihrem geistigen Hange folgend, auch nach ihrer sogenannten Emancipation noch nicht einmal versucht haben, ist eine Änderung ihres Characters nicht zu erwarten, selbst nicht bei denen, die wissenschaftliche oder wenigstens studirte Laufbahnen einschlagen.«

Meinte er unsere sportgestählten Körper? Die Juden waren vor dem Gesetz endlich zu freien Bürgern geworden. Damit war die formale Voraussetzung dafür geschaffen worden war, daß sie das Handwerk der Parasitik ergreifen konnten. Aber wie kam es, daß sie plötzlich, wie mit einem Zauberschlag, nicht nur alle Parasiten geworden, sondern schon immer gewesen sein, ja daß sie überhaupt zu keiner anderen Existenzform in der Lage sein sollten?

Daß der Vergleich der Juden mit uns den Kitzel der Neuheit hatte, läßt sich an einem Vortrag ablesen, den der Wagnerianer Dr. Bernhard Förster 1881 im Berliner

Zweigverein des Bayreuther Patronats-Vereins hielt. Das Thema: *Das Verhältniss des modernen Judenthums zur deutschen Kunst.* Auf die rhetorische Frage »Wie hätte eine durch Inzucht so fest begründete Race sich in andere auflösen sollen?« antwortete der Referent:

»Einzelne Splitter haben sich gelöst und sich den sie umgebenden Massen assimilirt... Nun sind aber solche Versuche nie von den unter uns wohnenden Juden in ihrer Gesammtheit gemacht worden, vielmehr haben sie sich stets in ihrer Rolle, als fremdartiger Sonderling, als undeutscher Gast, als ewig wandernder Jude gefallen. Sie sind also mit einem Wort *Parasiten* geworden. (Heiterkeit und Beifall.) Der Ausdruck ist hart, aber nicht zu umgehen. Dieses Parasitenthum ist für beide Theile nicht ehrenvoll und angenehm. Der Organismus, der von Parasiten behaftet ist, freut sich derer nicht und der Parasit wird gemisshandelt, verfolgt und gering geachtet. (Lauter, anhaltender Beifall.)« Und ein paar Sätze später: »Vernichten wir den Kapitalismus – sonst vernichtet er uns! (Lebhafter Beifall.)«

Das Gelächter zeigte, daß der Vergleich frisch war, daß er noch juckte. Und er machte Schule. Max Bergedorf schrieb in seiner deutschen, *zum Himmel schreienden Leidensnot*:

»Die Thatsache der Geringheit der Juden nach ihrer Zahl und nach ihren Kräften nötigt uns zu einem Vergleiche, bei welchem wir uns von vornherein gegen die Annahme verwahren, als hätten wir damit eine Beleidigung und Herabwürdigung der Juden im Sinne. Wenn wir von Parasiten geplagt werden, welche Schlußfolgerungen haben wir daraus zu ziehen? Gewiß doch die, daß wir uns nicht rein halten; und was haben wir zu thun, wenn wir uns von dieser Plage befreien wollen? Wir haben nicht einen großen Feldzug gegen die Parasiten zu unternehmen, um sie zu vernichten, was uns auch schwerlich gelingen würde, sondern wir haben sie im einzelnen wohl abzustreifen, im allgemeinen aber uns selbst zu reinigen und rein zu halten.«

Hier schien von Insekten die Rede zu sein, nicht unbedingt von flinken Flöhen, eher von trägen und relativ gut sichtbaren Tieren, die sich einzeln leicht entfernen ließen, dann aber auch von jenen bereits durch Leuckart empfohlenen Präventivmaßnahmen der allgemeinen Vorsicht:

»Nochmals wiederholen wir, wir wollen die Juden nicht beleidigt und als Parasiten bezeichnet haben, aber eine Analogie zu jenem Bilde trägt unser Leiden doch an sich: das Leiden eines edelen [sic], freien, mächtigen, gesunden Körpers durch eine kleine, schwache, fremdartige, feindliche Influenz.«

Langsam kamen wir der Sache näher. Es ging um Bazillen. 1883 hieß es im *Antisemiten-Brevier* von Wilhelm Berg:

»Deutschland ist also zum Filtrirapparat für heimathlose Juden geworden!« Der antisemitische Syllogismus hieß: Die Bazillen sind Parasiten, die Parasiten sind Bazillen, die Juden sind Bazillen, die Bazillen sind Juden, die Juden sind Parasiten. Paul de Lagarde schrie es schließlich in seinem Buch *Juden und Indogermanen* (1887) offen hinaus: »Mit Trichinen und Bazillen wird nicht verhandelt, Trichinen und Bazillen werden auch nicht erzogen, sie werden so rasch und so gründlich wie möglich vernichtet.«

Sein Gebrüll verhallte. Der kurzlebige deutsch-nationale Handlungsgehilfen-Verband nutzte den Umstand, daß Zehntausende von Angestellten jüdische Prinzipale hatten, und agitierte gegen die Frauenarbeit in den Kontoren; sein Führer brachte es zum antisemitischen Reichstagsabgeordneten und versank nach einigen antikapitalistischen Phrasen in einem erotischen Skandal.

Natürlich waren die Juden genausowenig Trichinen und Bazillen wie wir, aber stammten wir von den Juden ab?

Stammten die Juden von uns ab? Nach einer *ethologischen Studie*, die Otto Ribbek, Mitglied der Königlich Sächsischen Gesellschaft der Wissenschaften 1883 über den *Kolax* veröffentlichte, war eine solche ursprüngliche Volksverwandtschaft eher unwahrscheinlich. Ribbek verwies auf die ἱστορίαι des Poseidonius von Apamea, genauer gesagt auf das bei Athenaios zitierte 23. Buch dieses Schriftstellers, in dem es hieß:

»Die Kelten haben auch im Kriege συμβιῶται, also Symbioten, Gefährten, mit sich, die sie Parasiten nennen. Diese singen Preislieder auf sie vor versammelten Hörerscharen wie auch vor einzelnen Zuhörern. Diesen Ohrenschmaus liefern die sogenannten Barden, das sind Dichter, die Ruhmeslieder vortragen.«

Keltische Barden also waren wir nach Ansicht des sächsischen Professors, Urgermanen.

IE IDEE der Degeneration der menschlichen Rasse wurde zur allgemeinen Zwangsvorstellung: die Zivilisation führe zur Entartung, weil sie die *natürliche Auslese* blockiere.

Der Engländer Francis Galton schlug 1869 vor, »durch wohlausgewählte Ehen während einiger aufeinanderfolgender Generationen eine hochbegabte Menschenrasse hervorzubringen«. Die Idee der »Rassenhygiene« war geboren.

Samuel Butler entwarf 1872 in seinem Roman *Erewhon* (= Nowhere) eine ideale Gesellschaft, in der Krankheit, Armut und Unglück wie Verbrechen bestraft, Verbrechen aber wie Krankheiten therapiert wurden. Maschinen waren in dieser utopischen Gesellschaft als eine Spezies, die den Menschen überflügeln könnte, verboten:

»Wer darf behaupten, es sei der Mensch, der sehe oder höre? Er ist eine solche Generalversammlung von Schmarotzern, daß es fraglich ist, ob sein Körper nicht eher ihnen gehört als ihm und ob er überhaupt etwas anderes ist als auch so eine Art Ameisenhaufen. Könnte der Mensch nicht selber eine Art Schmarotzer auf den Maschinen werden? Eine liebevoll maschinenkitzelnde Blattlaus?«

1879 griff der Oxfordprofessor und Direktor des British Museum, der Zoologe Ray Lankester, in seinem Essay *Degeneration: A Chapter in Darwinism* die Vorstellung an, die Evolution wäre als fortlaufender Prozeß der Höherentwicklung anzusehen. Sein Kronzeuge: Der Parasit. Der Parasitismus sei Stagnation, Degeneration, *Entartung*, wie es in der deutschen Übersetzung hieß. Ganz neu war diese Sicht der Dinge nicht, aber Lankesters Beispiel, der Sackkrebs, die *Sacculina carcini*, traf den Nerv. Sie dient Predigern, Nazis und Verhaltensforschern, von Drummond über Alfred Rosenberg bis Konrad Lorenz, bis in unsere Tage dazu, ihren Zuhörern das Blut in den Adern gefrieren zu lassen.

Uns stellt sich heute die Sache so dar: Eine Wasserlarve, eine Nauplie mit Augenflecken, dringt unter Hinterlassung einer winzigen Chitinhülle in eine Krabbe ein. Sie entzieht ihr über ein Geflecht Nährstoffe und bildet am Bauch der Krabbe einen kleinen Sack aus, in dem sie die neuen Nauplien ausbrütet. Nach Lankester begann das aus dem Ei geschlüpfte Tier sein Leben zunächst als zwar winziger, aber vorbildlicher Krebs mit Kopf, Mund, Schwanz, gegliedertem Leib und Beinen. Sobald es sich jedoch an einer Krabbe festmachte und diese aussaugte, sank es zur Pflanze, zu einer Art Klette mit Wurzeln herab. Sein Fazit:

»Wenn ein Tier in eine derartige neue Lage gerät, daß ihm Nahrung und Sicherheit ganz ohne Anstrengung zuteil wird, so führt dies in den meisten Fällen zu Entartung, gerade so wie ein gesunder, thätiger Mensch zuweilen versumpft, wenn er plötzlich reich wird, oder so wie Rom entartete, als es die Schätze der Alten Welt besaß. Die Lebensweise des Parasiten hat augenscheinlich dieselbe Wirkung auf den tierischen Organismus. Sobald sein Dasein gesichert ist, verschwinden Füße, Kinnbacken, Augen, Ohren, und anstatt ein thätiger, reich ausgestatteter Krebs, ein Insekt oder Kriechtier zu werden, wird aus ihm nichts weiter als ein nahrungsaufsaugender, eierlegender Sack.«

Wie die Mayas, die im Schatten der von ihren Vorfahren errichteten Tempel lebten, dösten für Lankester die degenerierten Europäer seiner Zeit, blasse Imitationen der glorreichen alten Griechen, ihrem Untergang entgegen: »Vielleicht treiben wir alle auf einen solchen Zustand zu und werden zu intellektuellen Kletten.«

ENRY DRUMMONDS Naturgesetz in der Geisterwelt (1881) machte nicht nur in England, sondern auch im evangelischen Deutschland Furore.

Das Buch roch streng nach Armensuppen und Dreigroschenoper, Heilsarmee und Zuchtanstalt. Drummond, der wochentags vor Studenten über Naturwissenschaften dozierte, sonntags aber vor einer Zuhörerschaft, die sich hauptsächlich aus dem Arbeiterstand zusammenfand, über sittliche und religiöse Fragen predigte, war ein Bewunderer der »biologischen Gesellschaftslehre« von Herbert Spencer. Von den Protozoen schien ihm über die Echinodermen, die Würmer, die Mollusken, die Fische, Amphibien und Reptilien eine gerade Linie zu den Säugetieren, zur Familie der *weißen Rasse*, zur christlichen Familie, zur *Heiligen Familie* Raphaels zu führen.

Zweck des Lebens war für Drummond die »höhere Ver-vollkommnung«. Krabben, deren Lebensproblem nur darin lag, »wie man dem Tod entgeht und ein müheloses Leben führt«, hatten, so urteilte er unnachsichtig, »ihren Platz auf der Stufenleiter des Tierreichs verwirkt«.

»Parasiten sind das Bettlervolk der Natur – Geschöpfe, die sich nicht die Mühe nehmen, ihre Nahrung selbst zu suchen, sie vielmehr von Fleißigeren borgen und stehlen ... Sie sind in allen Graden des Bettlertums zu Hause, einige thun noch etwas für ihren Unterhalt, während andere so heruntergekommen sind, daß sie sich ihre Nahrung nicht einmal zubereiten wollen. So gibt es gewisse Pflanzen – die Flachsseide zum Beispiel –, die ihr Leben mit den besten Absichten anfangen, richtig Wurzeln in den Boden schla-gen und ganz den Anschein haben, als wollten sie ein eigenständiges Leben führen. Sehr bald aber erlahmt die-ser Eifer der Selbsterhaltung, sie strecken merkwürdige Fühler aus, die sich wie Blutegel an Stiel und Stengel be-nachbarter Pflanzen ansaugen. Das Unternehmen glückt, das Schmarotzergewächs hört schließlich auf, etwas für sich selbst zu thun, und bezieht von seinem Wirt die schon zubereitete Nahrung. In diesem Bettelzustand braucht es keine Ernährungsorgane, die Natur nimmt sie ihm daher weg. Die ausgewachsene Flachsseide bietet dem Auge des Naturkundigen den unwürdigen Anblick einer Pflanze ohne Wurzel, ohne Stiel, ohne Blatt, mit so kraftlosem Stengel, daß selbst ihr eigenes Gewicht ihr zu viel ist.

Die Mistel trägt in mancher Hinsicht ein noch verkom-meneres Schmarotzertum zur Schau. Sie ist sozusagen durch die Gewohnheit von Generationen verderbt, das Schmarotzen ist ihr angeboren, und sie fängt in frühester Jugend damit an. Die Mistelbeeren, welche den Samen der künftigen Pflanze tragen, sind eigens dazu ausgestattet, dieser Entartung zu frönen, denn anstatt auf den Boden zu fallen, wie sonst ein ehrlicher Same, bleiben sie am nächsten besten Zweig eines Apfel- oder Eichbaums hängen, so daß die junge Mistel schon als Bettelkind auf die Welt kommt. Unter den Tieren spielen diese *Lazzaroni* eine noch viel bedeutendere Rolle. Fast jedes Tier ist ein wandelndes Armenhaus, welches auf oder in seinem Körper einer oder mehreren Arten von Schmarotzern nicht nur unentgeltlich eine nicht kündbare Wohnung, sondern auch sonst alles gewährt, was zur Lebensnotdurft oder Labsal gehört.«

Bei der Beschreibung des Sackkrebses, der »Laufbahn einer in der Natur fast beispiellosen Entartung«, ließ der Pastor die Zügel der Phantasie vollends schießen:

Zunächst rudert der Nauplius mit »sechs wohlgefügten Füßen munter durchs Wasser… Bald aber tritt ein Wechsel ein. Das Erbübel des Schmarotzertums steckt ihm im Blut, und er geht dazu über, dem Betteltriebe seiner Rasse zu frönen. Der kleine Körper rollt sich zusammen, die zwei Vordergliedmaßen verlängern sich zu dünnen Fasern, die zwei Paar Hinterfüße verschwinden vollständig, und zwölf kurzgabelige Schwimmorgane treten zeitweise an ihre Stelle.« Dann, »zu böser Stunde unter Umständen, welche stets den Übelthäter begünstigen«, dringt die Sacculina in den Krebs ein, »sie nimmt allmählich die sackförmige Gestalt an, ihre sämtlichen Schwimmfüße fallen ab – sie will sich derselben ja nie wieder bedienen –, und das Geschöpf richtet sich für den Rest seines Lebens als Parasit ein.«

Moral: »In den Augen der Natur ist dies eine zwiefache Übertretung. Erstlich ist es eine Mißachtung der Evolution, und dann ist es, was im Grund dasselbe ist, ein Umgehen des großen Gesetzes der Arbeit. Die Strafe der Natur konnte darum nicht ausbleiben, sie mußte das verletzte Gesetz an der Sacculina ahnden, und nach dem merkwürdigen und seltsamen Strafverfahren der Natur in solchen Fällen wurde die Strafe durch naturgemäße Vorgänge bestimmt, die sich im Organismus des Sträflings vollziehen. Die Strafe bestand einfach darin, daß sie eine Sacculina war, daß sie nur eine Sacculina war, während sie eine Crustacee hätte werden können.«

Es hätte ein richtiger Krebs aus ihr werden können, so wurde sie »ein träger, fast gestaltloser Sack in lebenslänglicher Haft, lebendigem Tod anheimgegeben«.

RANCIS GALTON konnte im Vorwort zur zweiten Auflage seines Buches *Hereditary Genius* (1892) feststellen:

»Die schlagendsten Resultate einer üblen Vererbung haben sich dem populären Geist bereits so eingeprägt, daß freimütig, ohne auf irgend einen Widerstand seitens der anderen zu stoßen, die Empörung darüber geäußert wird, daß jährlich die schwachen Kinder unfähiger Eltern gefördert werden, die ihrer Konstitution nach unfähig sind, zu nützlichen Bürgern heranzuwachsen und die ein ernsthaftes Hindernis für die Nation sind.«

Der von Galton geprägte Ausdruck *Eugenetik* wurde Schlagwort.

In Deutschland gewann Wilhelm Schallmeyer, Autor des Buches *Über die drohende körperliche Entartung der Kulturmenschheit*, im Jahre 1903 für seine Untersuchung über *Vererbung und Auslese im Lebenslauf der Völker* einen von Friedrich Krupp ausgesetzten Preis, der unter Haeckels Vorsitz vergeben wurde. 1905 gründete Schallmeyer zusammen mit Alfred Ploetz die internationale »Gesellschaft für Rassenhygiene«, das erste eugenische Institut der Welt. Die Mitglieder – Juden waren zugelassen – mußten weiß sein und prosperierend.

Drei Jahre später wurde in Cambridge der erste Lehrstuhl für *genetics*, Genetik, eingerichtet. William Bateson erklärte in seiner Antrittsvorlesung die *Abhängigkeit von Lastern* und *abergläubische Vorstellungen* für Erbmängel. Er drängte auf soziale Reformen. Darunter verstand er freilich nicht die Abschaffung der Klassen, sondern ein System, das jedem Individuum die *richtige* Klasse zuwies; dort hätte dann »dieses menschliche Wesen in der Regel ebenso wie seine Kinder zu verbleiben«. Von *interbreeding*, *Kreuzungen* sozialer Klassen, erwartete er nur Störungen: In der Gesellschaft müsse wie im menschlichen Körper das beste Blut zu Kopfe steigen.

Der US-Bundesstaat Indiana begann mit der Zwangssterilisierung von Schwachsinnigen, Kriminellen und Alkoholikern, New Jersey folgte. 1911 wurde in New York ein rassenhygienisches Institut gegründet. Im selben Jahr erschien in New York das Buch *Evolution* von Patrick Geddes, in dem unter der Überschrift *Retrogressive Evolution: Verfall und Parasitismus* unter Berufung auf Lankester zu lesen war:

»Selbst heute bestimmt der alte optimistische Glaube an den politischen Fortschritt noch allzusehr das öffentliche Bewußtsein; wider besseres Wissen tendieren wir alle, außer den größten Pessimisten unter uns, hie und da zur sogar schriftlich geäußerten Ansicht, Evolution bedeute zwangsläufig Fortschritt, und das Überleben des Tüchtigsten sei auch das im gewöhnlichen Wortsinne optimale Ergebnis. Daraus ergibt sich die Notwendigkeit, sich rücksichtslos einige jener häßlichen Seiten der Evolution vor Augen zu führen, die aus dem Abstieg so vieler, selbst hoher und wunderbarer Lebensformen in eine beinahe unglaubliche Entartung, in ekelhaften Parasitismus, folgen.« Dann kam der unvermeidliche Sackkrebs.

In den USA wurde die äußerst zählebige Legende von der amerikanischen Landstreicherin Ada Juke geboren,

die in kürzester Frist 2820 Nachkommen hatte, von denen
etwa die Hälfte vergeblich versuchten, durch Prostitution
ihr Leben zu fristen, um schließlich zusammen mit der
anderen Hälfte dem Staat mehr als 2,5 Millionen Dollar
an Gerichts- und Verpflegungsgeldern zu kosten.

William Bateson fiel nicht aus dem Rahmen, als er den
Instinkt, der die parasitische Schlupfwespe befähigt, im
verfaulten Baumstumpf die Maden zu wittern, in die sie
ihre Eier legt, mit jenem *Instinkt* verglich, der einen
Jugendlichen, der das »Alkohol-Laster« von seinen Eltern
geerbt habe, zur Flasche greifen läßt; und er formulierte
nur eine allgemeine Meinung, als er vor der British Asso-
ciation in Sydney, Australien, 1914 erklärte:

»Die Macht der Wissenschaft, defekte Menschen zu
erhalten, ist enorm... Beabsichtigte zivilisatorische Eingriffe zur Erhaltung von minderwertigen Erbanlagen
müssen früher oder später ein Ende nehmen... Eindeutig
Schwachsinnigen sollten im Rahmen des Anstands Zügel
angelegt werden, wie dies nun sogar in England zu geschehen beginnt, und wir sollten sichere Vorkehrungen
gegen solche geschlechtliche Verbindungen treffen, bei
denen beide Teile Defekte aufweisen, denn es ist bewiesen,
daß solche Ehen zwar fruchtbar sind, aber gewöhnlich
überhaupt keine normalen Kinder hervorbringen. Wir sollten die geschlechtliche Verbindung von solchem *vermin*,
Gewürm, ebensowenig zulassen, wie wir es Parasiten er-
lauben würden, auf unseren eigenen Körpern Nachkommen auszubrüten.«

Wir rülpsten. Batesons Fixierung auf die geschlecht-
lichen Formen der Fortpflanzung war uns innerlich fremd.

DIE SOZIALISTISCHE BEWEGUNG
ignorierte den Parasiten bemerkenswert lange. Den Ökonomen Karl Marx hinderte ein altertümlicher Naturbegriff
daran, aus Darwin mehr herauszulesen als die Histori-
sierung der Natur. Seine solide altphilologische Bildung
bewahrte ihn vor Verirrungen. Er sprach zwar oft und
gerne vom Wuchern und Saugen, aber nicht von uns.

1884, ein Jahr nach seinem Tod, auf dem Höhepunkt
des Bakterienfiebers, meldete sich jedoch sein französischer Schwiegersohn mit einem wunderbar schlampigen
Geniestreich zum Thema. Die Brandschrift hieß *Das Recht
auf Faulheit*. Die aus Zensurgründen in der Schweiz ge-
druckte deutsche Fassung trug den Untertitel *Widerlegung
des ›Rechts auf Arbeit‹ von 1848* und begann mit den stürmischen Worten:

»Eine seltsame Sucht beherrscht die Arbeiterklasse aller
Länder, in denen die kapitalistische Produktion herrscht,
eine Sucht, die das in der modernen Gesellschaft herrschende Einzel- und Massenelend zur Folge hat. Es ist
dies die Liebe zur Arbeit, die rasende, bis zur Erschöpfung
der Individuen und ihrer Nachkommen gehende *Arbeits-
sucht*.«

Welcher Teufel hatte die Arbeiterklasse geritten, den
alttestamentarischen, über die Menschen ausgesprochenen
Gottesfluch, im Schweiße ihres Angesichts ihr Brot zu
verdienen, auch noch als Recht einzuklagen? »Schande
über das französische Proletariat! Sklaven nur sind einer
solchen Erniedrigung fähig. 20 Jahre kapitalistischer
Zivilisation müßte man aufwenden, um einem Griechen
des Altertums eine solche Entwürdigung begreiflich zu
machen!«

Wir horchten auf. Endlich schien es ein Mensch zu
wagen, die perverse Arbeitsmoral zu attackieren, die uns

ins Tier- und Pflanzenreich, in Höllen jenseits der natürlichen Organismen, ins Reich der Wucherungen und entarteter Monstren verstieß, in Sümpfe versenkte und zu
Miasmen verdampfte. »Dadurch, daß die Arbeiter den
trügerischen Redensarten der Ökonomen Glauben schenken und Leib und Seele dem Dämon Arbeit verschreiben,
tragen sie selbst zu jenen industriellen Krisen bei, wo
die Überproduktion den gesellschaftlichen Organismus
in krankhafte Zuckungen versetzt. Dann werden wegen
Überfluß an Waren und Mangel an Abnehmern die Fabriken geschlossen, und mit tausendsträhliger Geißel peitscht
der Hunger die Arbeiterbevölkerung.«

Seit Mitte der siebziger Jahre schossen in Deutschland
die *Armen-Unterstützungs-Vereine zur Bekämpfung der
vagabundirenden Bettelei* wie Pilze aus dem Boden. Allerorten häuften sich die Klagen über das *Stromerunwesen*:
»Eine Fluth hat sich über das Land ergossen«, hieß es
in einer Siegener Broschüre, »welche in ihren Wellen auf
und nieder geht... Straßenknotenpunkte bilden Fluth-
wellen, die in ihrer Umgebung Ebbe begleitet... Wird in
den Reichslanden aufgeräumt, ergießt sich der Strom in
das Saargebiet.« Mit Gewerbeschein versehene Musiker,
Künstler, Seiltänzer, Korbflechter und Scherenschleifer
sammelten sich in »Stamm- und Hauptquartieren«, selbst
»nachhaltige eiserne Strenge und schärfste Zucht« brachte
keine Besserung, auch nicht »das Zurückkarren eines
Haufens Erde von einem Winkel des Gefängnishofes in
den andern oder das ununterbrochene Werfen von reiner
Erde durch ein Sieb«. Immer neue Wirtschaftskrisen war-
fen Massen von Arbeitern auf die Straße.

»Endlich tritt der allgemeine Zusammensturz ein«,
schrieb Lafargue, »just in dem Moment, wo die Magazine
bis an den Rand vollgepfropft sind; da werden dann so
viel Waren aus dem Fenster herausgeworfen, daß man gar
nicht begreifen kann, wie sie zur Tür hereingekommen

sind. Nach Hunderten von Millionen beziffert sich der Wert der zerstörten Waren; im vorigen Jahrhundert verbrannte man sie oder warf sie ins Wasser.«

Das zentrale Problem war also nicht die Produktion, sondern die Konsumption. Die Arbeiterklasse kam ihrer Pflicht nicht nach. Anstatt den Verzehr auf ihre Fahnen zu schreiben, übte sie sich in unentschuldbarem Verzicht:

»Die Enthaltsamkeit, zu welcher sich die produktive Klasse hat verurteilen lassen, macht es der Bourgeoisie zur Pflicht, sich der Überkonsumption der von dieser in Überzahl verfertigten Produkte zu weihen... Heute gibt es keinen Bourgeois, der sich nicht mit Trüffelkapaunen und Chateau-Lafitte anmästet, um die Geflügelzucht und den Weinbau zu fördern... Um ihrem doppelten, gesellschaftlichen Beruf als Nichtproduzent und Überkonsument nachzukommen, hat die Bourgeoisie nicht nur ihren bescheidenen Bedürfnissen Zwang angetan, die ihr seit zwei Jahrhunderten zur Gewohnheit gewordene Arbeitsamkeit sich abgewöhnen und sich einem zügellosen Luxus, der Anstopfung mit Trüffeln, sowie syphilitischen Ausschweifungen ergeben gewußt, sie mußte auch eine enorme Masse Menschen der produktiven Arbeit entziehen, um sich Mitesser zu verschaffen.«

Lafargue berief sich auf eine überraschende Rechnung, die sein Schwiegervater im ersten Band des *Kapital* aufgemacht hatte: »Nach dem Zensus von 1861 zählte die Gesamtbevölkerung von England und Wales 20 066 224 Personen. Zieht man hiervon ab, was zu alt oder zu jung zur Arbeit, alle ›unproduktiven‹ Weiber, jungen Personen und Kinder, dann die ›ideologischen Stände‹, wie Regierung, Pfaffen, Juristen, Militär usw., ferner alle, deren Geschäft ausschließlich der Verzehr fremder Arbeit in der Form der Grundrenten, Zins usw., endlich die Paupers, Vagabunden, Verbrecher usw., so bleiben in rauher Zahl 8 Millionen beiderlei Geschlechts.« Wollte man die Anzahl

190

produktiver Arbeiter erfahren, so mußte man von diesen acht Millionen noch über eine Million Bediente, Mägde und Lakaien abziehen.

Damit stand plötzlich die überraschende Tatsache im Raum, daß die überwältigende Mehrheit der Menschen *auf Kosten* einer Minderheit lebte, und zwar nicht in irgendeinem verblasenen metaphorischen, sondern im streng wissenschaftlich-ökonomischen Sinn.

»Aber so groß dieses Heer von unnützen Mäulern, so unersättlich auch seine Gefräßigkeit, so genügt es noch immer nicht, um alle Waren zu konsumieren, welche die durch das Dogma von der Arbeit verdummten Arbeiter erzeugen, ohne sie konsumieren zu wollen, ohne sich darum zu kümmern, ob sich überhaupt Leute finden, die sie konsumieren. Und so besteht, angesichts der doppelten Verrücktheit der Arbeiter, sich durch Überarbeitung abzurackern und in Entbehrungen dahinzuleben, das große Problem der kapitalistischen Produktion nicht darin, Produzenten zu finden und die Kraft derselben zu erhöhen, sondern *Konsumenten* zu entdecken, ihren Appetit zu reizen und ihnen solchen anzuerziehen... Die Fabrikanten träumen Tag und Nacht von Afrika, vom Saharameer, von der Sudanbahn...«

Alles vergebens, am Ende gebe es nur eine Lösung:

»Wenn die Arbeiterklasse sich das Laster, welches sie beherrscht und ihre Natur herabwürdigt, gründlich aus dem Kopf schlagen und sich in ihrer fruchtbaren Kraft erheben wird, nicht um die famosen ›Menschenrechte‹ zu verlangen, die nur die Rechte der kapitalistischen Ausbeutung sind, nicht um das ›Recht auf Arbeit‹ zu proklamiren, das nur das Recht auf Elend ist, sondern um ein ehernes Gesetz zu schmieden, das Jedermann verbietet, mehr als drei Stunden pro Tag zu arbeiten, so wird die alte Erde, zitternd vor Wonne, in ihrem Innern eine neue Welt sich regen fühlen... O Faulheit, erbarme Du Dich des unendlichen Elends! O Faulheit, Mutter der Künste und der edlen Tugenden, sei Du der Balsam für die Schmerzen der Menschheit!«

Wir fühlten uns als Menschen angesprochen. Unser Blick fiel auf den Satz: »Trotz der Übel, welche ihr aus demselben erwachsen, gewöhnte sich die Bourgeoisie bald an ihr Parasitenleben und sah mit Schrecken jeder Änderung der Dinge entgegen.«

Wir erhoben uns trotzdem und sangen die Internationale.

UM WIEDER Menschen zu werden, spielten wir jede angebotene Rolle: Polizeidienst, Proletarier, Vagabund, Taschendieb, Bettler, Bettelkind, *Lazzarone*, Sträfling, lebenslänglicher Häftling, sterilisierter Alkoholiker und Schwachsinniger. Die Rollen, die uns von den Sozialisten angeboten wurden, waren nicht attraktiver. So schrieb etwa der ehemalige Abgeordnete der Sozialdemokratischen Partei Deutschlands, Johann Most, in seinem anarchistischen Pamphlet *Die Eigentumsbestie* (1887):

»Ist der Arbeiter beschäftigungslos, so lauert wiederum eine ganze Bande von Hungerspekulanten darauf, ihn vollends zu ruinieren. Pfandleiher und ähnliche Schufte borgen auf die letzten Habseligkeiten der Armen kleine Beträge zu hohen Zinsen. Deren Verträge sind derart abgefaßt, daß sie nicht leicht eingehalten werden können; das verpfändete Gut verfällt und der Proletarier sinkt abermals eine Stufe tiefer. Jene Halsabschneider aber sammeln in kurzer Zeit große Vermögen an. Sogar den Bettler betrachten viele Parasiten als eine rentable Figur. Jede Kupfermünze, die er sich mühselig verschaffte, erregt das Verlangen von Inhabern schmutziger Herbergen und Spelunken.«

War hier einer von uns Eigentümer eines Nachtasyls, so wurden wir in einer Streitschrift des radikalen US-Amerikaners John Brown wunderbarerweise sofort zu Dollarmilliardären befördert. Sie trug den Titel: *Parasitic Wealth or Money Reform: A Manifesto to the People of the United States and to the Workers of the World.* Brown beklagte, daß sich Dreiviertel der Landeswährung in der Hand von drei Prozent der Bevölkerung konzentriere; diese Reichsten der Reichen seien imgrunde nichts anderes als in Käfern schmarotzende parasitische Wespen: »Mit ihrer raffinierten angeborenen Grausamkeit fressen sich diese Parasiten in die lebende Substanz ihrer unfreiwilligen, aber hilflosen Wirte und verschonen die lebenswichtigen Teile, um den Todeskampf eines sich hinziehenden Sterbens zu verlängern.«

Aber Wespen wollten wir nicht werden, Wespen waren wir lange genug gewesen. Am 4. Juli 1897 schrieb das Oberhaupt der italienischen Anarchisten Errico Malatesta in seiner Zeitung *L'Agitatione*:

»Anarchie bedeutet eine ohne Autorität organisierte Gesellschaft... Unserer Meinung nach ist für die soziale Organisation die Autorität nicht nur nicht nötig, sie lebt vielmehr, anstatt der sozialen Organisation zu nützen, von ihr als Parasit, hemmt ihre Entwicklung und dient dem besonderen Profit einer bestimmten Klasse, welche die anderen ausbeutet und unterdrückt.«

Das Stellenangebot klang vielversprechend, war aber sehr unklar gehalten. Als ebenso schwammiger *Budgetfresser*, also als Verzehrer von Steuergeldern, traten wir 1896 auch bei Peter Kropotkin auf. Als Kneipenwirt und Budgetfresser, aber auch als Krämer, Höker, fliegende Händler, als Vertreter, Makler, Agenten, Heiratsvermittler, also doch eher wieder in geduckter Haltung, fanden wir uns in August Bebels vielgelesenem Buch *Die Frau und der Sozialismus*. Er rechnete uns zu einer wachsenden Anzahl von *Zwischenpersonen*, etwas unbestimmten Existenzen, die ein sorgenvolles Leben führten: »Viele sind, um sich zu halten, gezwungen, auf die niedrigsten Leidenschaften ihrer Mitmenschen zu spekulieren und ihnen Vorschub zu leisten. Daher die Überhandnahme der Reklame, namentlich in allem, was auf die Befriedigung der Genußsucht gerichtet ist.« Cicero, sei gegrüßt!

Dem »Drang nach Lebensgenuß« frönten wir hauptsächlich dadurch, daß wir Genußmittel heranschafften, weniger, indem wir diese verzehrten. Bebels Definitionen waren verdächtig unklar:

»Obgleich die Betreffenden meist sich schwer abmühen und in Sorgen arbeiten, sind sie in ihrer Mehrzahl eine Klasse von Parasiten, die unproduktiv tätig ist und ebenso von dem Arbeitsprodukt anderer lebt wie die Unternehmerklasse. Verteuerung der Lebensbedürfnisse ist die unumgängliche Folge des Zwischenhandels. Diese werden in einer Weise verteuert, daß sie oft den doppelten und mehrfachen Preis dessen kosten, was der Erzeuger dafür erhält. Ist aber eine wesentliche Verteuerung der Waren nicht rätlich und nicht möglich, weil dann eine Einschränkung des Bedarfs eintritt, so werden sie künstlich verschlechtert, man greift zur Verfälschung der Lebensmittel ... man liefert für ein Kilo nur 900 oder 950 Gramm ... Schwindel und Betrug ...«

Wer war hier gemeint? Der Krämer an der Ecke etwa? Oder spukte hier der *jüdische Parasit* zwischen den Zeilen umher? Bebel verlor sich in Andeutungen:

»In dem Streben, den widerstreitendsten Interessen gerecht zu werden, häufen Staat und Gesellschaft Organisationen auf Organisationen, aber keine alte wird gründlich beseitigt und keine neue gründlich durchgeführt. Man bewegt sich in Halbheiten, die nach keiner Seite befriedi-

gen. Die aus dem Volksleben emporgewachsenen Kultur-
bedürfnisse erfordern, soll nicht alles aufs Spiel gesetzt
werden, einige Berücksichtigung, sie erheischen auch in
ihrer verstümmelten Ausführung bedeutende Opfer, um
so bedeutendere, weil überall eine Menge Parasiten vorhanden sind.«

Möglicherweise handelte es sich hier um Kropotkins
Budgetfresser, denn kurz danach war von Straßenbauten,
Polizei, Wasseranlagen und vom Gesundheitswesen die
Rede, in gewissem Sinn von den Erfordernissen der öffent-
lichen Hygiene, aber dieser Parasit schillerte, er schien
auch dem Kulturbürger zu ähneln, jedenfalls hatte er Ver-
bindung zum Theater: »Daneben macht eine gutsituierte
Minorität überall die kostspieligsten Ansprüche an das
Gemeinwesen. Sie verlangt höhere Bildungsanstalten, den
Bau von Theatern und Museen, die Anlegung feiner Stadt-
viertel und Parks mit der entsprechenden Beleuchtung,
Pflasterung usw...«

Von Lafargues frivolen Rezepten hielt Meister Bebel
wenig: »Die Gesellschaft kann ohne Arbeit nicht existieren ... Die alberne Behauptung, die Sozialisten wollten
die Arbeit abschaffen, ist ein Widersinn sondergleichen.
Nichtarbeiter, Faulenzer gibt's *nur* in der bürgerlichen
Welt. Der Sozialismus stimmt mit der Bibel darin überein,
wenn diese sagt: Wer nicht arbeitet, soll auch nicht essen.«

Dagegen folgte er der Einteilung der Arbeit in produktive und unproduktive sehr wohl. Allerdings wollte er die
Produktivkräfte durch die völlige Aufhebung des Handels-
standes vollends entfesseln:

»Heute ernähren sich diese Personen mehr oder weniger
als Parasiten von dem Arbeitsprodukt anderer ... In der
neuen Gesellschaft sind sie als Handelstreibende, Wirte,
Makler, Vermittler überflüssig. An Stelle der Dutzende,
Hunderte und Tausende von Läden und Handellokalitäten
aller Art, die gegenwärtig jede Gemeinde im Verhältnis zu

ihrer Größe besitzt, treten große Gemeindevorratshäuser, elegante Basare, ganze Ausstellungen, die ein verhältnismäßig geringes Verwaltungspersonal beanspruchen.«

Und schon ging es hinein ins garantiert parasitenfreie Arbeiterparadies:

»Die Hallen des Mammonstempels stehen leer, denn Staatspapiere, Aktien, Schuld- und Pfandbriefe, Hypothekenscheine usw. sind Makulatur geworden. Das Schillersche Wort: ›Unser Schuldbuch sei vernichtet, ausgesöhnt die ganze Welt‹, hat reale Wirklichkeit erlangt, und das biblische Wort: ›Im Schweiße deines Angesichts sollst du dein Brot essen‹ gilt nunmehr auch für die Helden der Börse und die Drohnen des Kapitalismus.«

PETER KROPOTKIN, der anarchistische Fürst, sprach uns auf andere Weise als Drummond oder Bebel die Existenzberechtigung ab. Er sang das Hohelied der Symbiose. Während Bebel der Biologie nur *en passant* mit Floskeln von der *Degeneration der Rasse* und dem »immer schwerer werdenden Kampf ums Dasein« die Reverenz erwies, schrieb der Anarchist ein ganzes Buch über die *Gegenseitige Hilfe in der Tier- und Menschenwelt* (1902).

Er pries die Ameisen und Bienen, die Jagd- und Fischvereinigungen der Tiere, die Brutgenossenschaften und Herbstgesellschaften: »Was das Kaninchen angeht, so lebt es in Gesellschaften und sein Familienleben baut sich vollständig nach dem Vorbild der alten patriarchalischen Familie auf; die Jungen müssen dem Vater und selbst dem Großvater unbedingt gehorchen.«

Er bewunderte die friedlichen Gemeinschaften der kanadischen Bisamratten, »die nichts begehren, als in Frieden gelassen zu werden, um heiter zu genießen«, und die bei ihm über gewölbte Häuser aus festgetretenem Lehm und Schilfrohr verfügen: »Ihre Hallen sind zur Winterszeit gut mit Teppichen belegt.«

Kropotkin stellte den Sozialdarwinismus auf den Kopf und hörte die Vögel reden: »Augenscheinlich erörtern sie die Einzelheiten der Reise«, bevor sie im Herbst in eine »wohlgewählte Richtung« abreisen. Ein Totengräberkäfer, der eine verendete Maus entdeckt hat, ruft vier, sechs oder zehn andere Käfer, »um das Werk mit vereinten Kräften zu vollbringen; wenn nötig schaffen sie die Leiche nach einem geeigneten Ort mit lockerem Boden; und sie bestatten sie sehr andächtig, ohne sich darüber zu zanken, wer von ihnen das Vorrecht haben soll, seine Eier in den bestatteten Körper zu legen.«

Von den Gesellschaftsgeiern, die sich bei ihm zum Vergnügen in großen Scharen zu *Hochflügen vereinten*, ging Kropotkin zur Menschheit über, zu den Stammesgesellschaften und den Pfahlbürgern, den Clanorganisationen, den Dorfmarkgenossenschaften, den Gilden und Innungen, den Gewerkschaften und Arbeitsassoziationen, zu den »zahllosen Vereinen zur vereinten Tätigkeit auf allen möglichen Gebieten«. Immer wieder war von der Natur als dem gemeinsamen Feind die Rede, von Kälte, Hitze, Wind und Wetter, und nur einmal, ganz nebenbei, von einer Ausnahmeerscheinung, die ganz entfernt an einen Kuckuck erinnerte: »Wenn ein fauler Sperling die Absicht hat, das Nest, das ein Genosse baut, sich anzueignen, oder auch nur ein paar Strohhalme daraus stiehlt, dann wendet sich die Gruppe gegen den faulen Genossen; und es ist klar, daß keine Nestgenossenschaften von Vögeln ohne die Regel dieser Einmischung existieren könnten.«

Symbiotische Idyllen wie diese zierten vor dem Ersten Weltkrieg populärwissenschaftliche Zeitschriften wie *Natur und Haus*, *Neue Weltanschauung* oder *Aus der Natur*. Ein typisches Produkt dieser Richtung war die 1913 in

Stuttgart erschienene Schrift des Privatdozenten Dr. Paul
Kammerer mit dem Titel *Genossenschaften von Lebewesen
auf Grund gegenseitiger Vorteile (Symbiose)*. Der Verfasser, von dem wir später noch einmal hören werden, hatte
das Büchlein seiner »tapferen Symbiontin und Mitarbei-
terin Felicitas gewidmet«.

Auf die bezeichnende Klage, in Darwins Werken fehle ein
Band über das biologische Grundprinzip der gegenseitigen
Hilfe, folgte der übliche Bilderbogen: die Flechten, die
für die Stickstoffassimilation zuständigen Wurzelbakte-
rien, die Bedeutung der Blütenkronen für den Insekten-
besuch, die Blütentreue der Honigbienen usw. Für unsere Geschichte bedeutsam ist dieses Heftchen eigentlich
nur einer Richtigstellung wegen: »Das Verhältnis des
Landmannes zu seinen Kulturgewächsen, den Getreide-,
Gemüse- und Obstarten, ist nichts anderes als ein Fall
echter Symbiose, die das höchstorganisierte Tier mit einer
Anzahl von Pflanzenarten abgeschlossen hat. Man wird
mir vielleicht einwenden: das ist eine sonderbare Symbiose, wo eins das andere auffrißt – denn das tut ja der
Mensch mit den Früchten des Feldes und des Gartens –;
sollte man eine derartige Genossenschaft nicht lieber als
Schmarotzertum, als Parasitismus bezeichnen, dem Menschen die Rolle des Schmarotzers, der jeweils zum Verspeisen bestimmten Pflanze die Rolle des geprellten Wirtes
zuteilen? Nicht doch! Denn wenn die Brüderschaft zwischen Mensch und Pflanze der letzteren ungeheure Opfer
an Individuen auferlegt, so hat trotzdem auch sie im Rech-
nungsabschluß große Vorteile zu verzeichnen: dauernden
Schutz (nicht des einzelnen Individuums, aber der Art),
stärkere Vermehrung und Verbreitung, als sie ihr sonst
zuteil würde, und unter sorgsamer Pflege ein üppiges
Gedeihen, das sich im Vergleiche zu den wilden Stamm-
pflanzen durch verschiedene Merkmale der sogenannten
Veredelung kenntlich macht.«

Auch dieser symbiotische Heuchler sprach uns die Menschlichkeit ab. Unter seinen süßlichen Worten von Brüderlichkeit, Züchtung und Veredelung lauerte die Vernichtung, *ungeheure Opfer an Individuen.*

IV

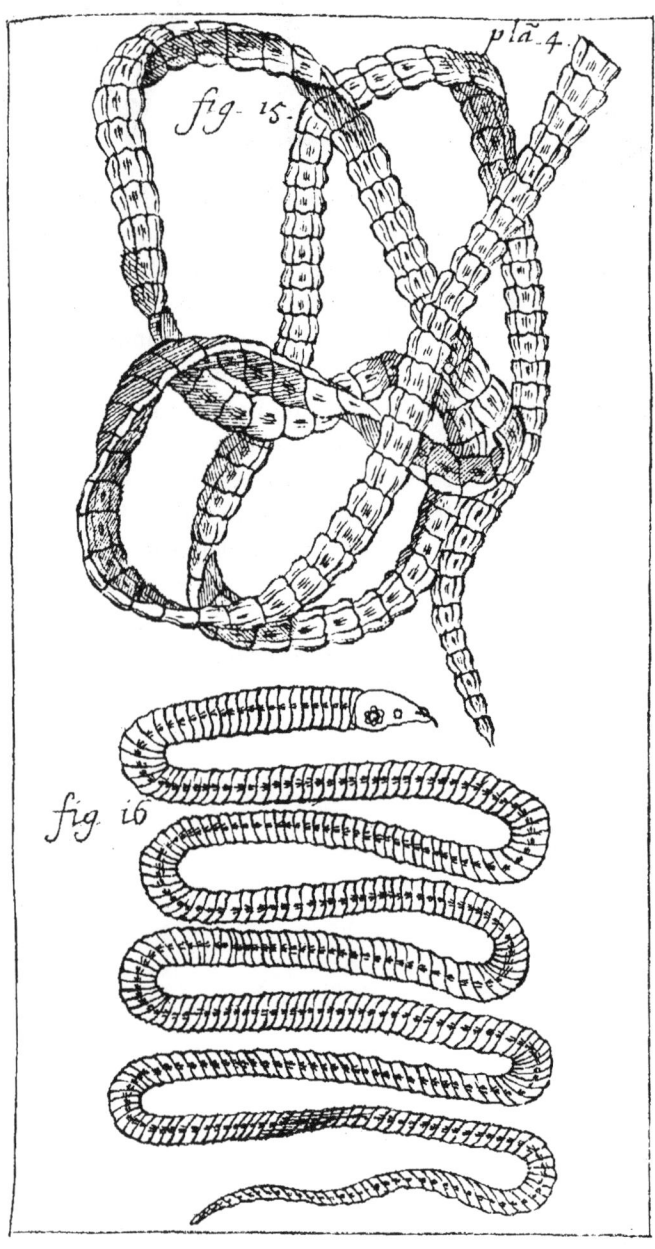
fig. 15.

plå. 4.

fig. 16

IE PARASITOLOGIE trat auf den Plan.
Die Londoner *Times* sprach 1893 das erstemal von ihr.
Fünf Jahre darauf erschien mit den *Archives de parasitologie* die erste Zeitschrift der neuen Disziplin. Aber die
parasitologischen Institute ließen auf sich warten, 1899
wurde in Cambridge erst einmal ein Lehrstuhl für Bakteriologie eingerichtet. Inhaber wurde G. H. Nuttal, ein
langjähriger Assistent von Lankester. Er gründete 1908
die Vierteljahreszeitschrift *Parasitology* und wurde erst
1920 bestallter Parasitologe.

Die Aufregung um die Eingeweidewürmer hatte sich
gelegt. Die allgemeine Verbesserung der sanitären Verhältnisse unterbrach den Lebenskreis der Bandwürmer.
Die Trichinenhysterie war nach einer europäischen Im-
portsperre für nordamerikanische Schweine abgeklungen.
1880 kam es beim Bau des Gotthard-Tunnels unter den
Arbeitern zu einer Hakenwurm-Epidemie *(Ancylostoma
duodenale)*. Die *Minenarbeiterkrankheit* breitete sich in
ganz Europa aus. 1903 waren 13 Prozent der deutschen
Bergarbeiter infiziert, aber die Rate sank bis 1914 auf
0,17 Prozent. Noch heute leiden weltweit etwa 1,3 Milliarden Menschen, die in unhygienischen Verhältnissen leben,
an Hakenwürmern.

Im Jahre 1903 wurde im kaiserlichen Gesundheitsamt
in Berlin eine Abteilung für Protozoologie eingerichtet.
Sie kümmerte sich um die Einzeller, die auch den Menschen durchwandern und verschiedene Krankheiten auslösen: Malaria, Schlafkrankheit, Brechdurchfall. Überall
blühten Institute für Tropenmedizin auf. Sie widmeten
sich neben den Protozoen der Elephantiasis und der Bil-

harziose. Der Medina- oder Guineawurm *(Dracunculus medinensis)* war schon den alten Ägyptern bekannt. Er soll das Vorbild der Schlange sein, die sich um den Äskulapstab windet. Die Parasitologie trägt ihn bis heute wie ein Wappentier vor sich her, aber sein Rätsel hatte, lange bevor es das Wort Parasitologie gab, schon ein russischer Reisender 1869 in Zusammenarbeit mit Leuckart geklärt:

Die Larven des im Menschen lebenden Wurmes müssen, um geschlechtsreif zu werden und dann mit dem Trinkwasser wieder in den Menschen zu gelangen, erst einmal den Wasserfloh *(Cyclops)* aufsuchen. Deshalb erzeugt das Muttertier an den Stellen des Leibes, die oft mit Wasser in Berührung kommen, nämlich an den Füßen und Unterschenkeln (bei Wasserträgerinnen auch am Rücken), Geschwüre, die sich, sobald das Opfer badet, öffnen und die Larven ausschütten. Die Ärzte des Altertums machten sich diesen Reflex zunutze, indem sie den Patienten mit Wasser übergossen und das daraufhin hervortretende Vorderende des ein Meter langen Wurms in ein gespaltenes Holzstäbchen einklemmten, um ihn vorsichtig, ohne ihn zu zerreißen, Stück für Stück aufzuwickeln und so aus dem Leib zu ziehen. Wenn sich etwas mit Sicherheit sagen läßt, dann dies: Sie dachten dabei am allerwenigsten daran, einen Parasiten zu entfernen.

B SICH der Engländer Ronald Ross als Parasitologe empfand, ist zweifelhaft. 1895 beobachtete der Militärarzt beim *Indian Medical Service* in Secunderabad als erster die Anfänge der Metamorphose des Malariaerregers im Magen eines Moskitos. Er wurde zur Bekämpfung einer Cholera-Epidemie nach Bangalore versetzt und mußte seine Forschungen vorläufig abbrechen. Die neue Aufgabe kam seiner praktischen Natur entgegen. Um die sanitären Verhältnisse zu studieren, begleitete er die Stra-ßenkehrer und Müllmänner bei ihrer Arbeit:

»Solche Erfahrungen vergißt man nicht leicht – die herrlichen Sterne, die im kalten Morgenwind glitzerten, die trüben Laternen, die klirrenden Eimer, der geduldige Ochse, der gräßliche Gestank. Und die armen Männer, die untersten Parias, die Outcasts der Gesellschaft, die die Aborte reinigten, während die anderen schliefen; und doch beruhte die Zivilisation der dichtbewohnten Städte auf ihrer Arbeit. Gott sei Dank war es mir möglich, ihre Be-zahlung zu verbessern und ihnen wenigsten bessere Later-nen zu geben.«

Seine Einstellung war die eines praktischen Arztes: »Was nützt es, Menschen, die in diesen erschreckenden Slums wohnen, Predigten zu halten über Moral, Philo-sophie, Politik und Kunst – wo manchmal ganze Familien in einem winzigen Raum mit Vieh, Gewürm und Abfall zusammenhausen? Deine Aufgabe, sanitärer Arbeiter, ist einfach!«

1897 entdeckte Ross endlich in einigen Exemplaren der Anopheles-Mücke die volle Metamorphose. Die Schrauben des Mikroskops waren von Schweißtropfen verrostet, und das letzte Objektiv hatte einen Sprung, als er die vorletzte Mücke untersuchte: »Wenn diese Zellen die Parasiten waren, so mußten sie im letzten Moskito, das noch übrig war, während der Nacht wachsen und größer werden...«

Ross bezeichnete mit dem Wort *Parasit* einen sich in einem anderen lebenden Körper vermehrenden individuel-len Organismus im Sinne Henles, aber im Grunde dachte er praktisch. 1899 kehrte er mit den besten Hoffnungen nach England zurück: »In zwei Jahren, sagte ich mir, werden wir die Malaria in jeder großen und mittleren Stadt in den Tropen ausgerottet haben – zumindest wenn diese über Sanitätsbehörden wie in den britischen Besitztümern verfügt.« Bei seiner Antrittsvorlesung am University College in Liverpool sprach er zur Enttäuschung vieler seiner prominenten Zuhörer nicht über seine mikroskopischen Arbeiten, sondern über konkrete Maßnahmen. Der Titel seines Vortrags: »Die Möglichkeit der Ausrottung der Malaria an bestimmten Örtlichkeiten mit einer neuen Methode«.

Noch im selben Jahr begab sich Ross nach Freetown in der damaligen britischen Kolonie Sierra Leone. Die malariaverseuchte Stadt galt als *Grab des Weißen Mannes*. Ross identifizierte die Brutstätten der Anopheles und organisierte einen einfachen Dienst, der dafür sorgte, daß die Pfützen und stehenden Gewässer entweder aufgefüllt, trockengelegt oder mit Öl bedeckt wurden. Aber als er der Stadt den Rücken kehrte, riß der alte Schlendrian wieder ein. Die Kolonialverwaltung erwies sich als unfähig, mit der örtlichen Bevölkerung zusammenzuarbeiten. Der Versuch von Ross, die britische Öffentlichkeit zu mobilisieren, mißglückte. Zu einer praktischen Durchsetzung tropenmedizinischer Erkenntnisse kam es meist nur im militärischen Rahmen. Im Jahre 1888 war ein erster französischer Versuch, den Panamakanal zu bauen, an Malaria und Gelbfieber gescheitert. US-Politiker und Militärs statteten ihre Gesundheitsbeamten mit beispiellosen Vollmachten aus, um die Mücken unter Kontrolle zu bekommen, die diese Krankheiten übertrugen.

In der Wissenschaft stellte sich Ernüchterung ein. Die *Encyclopædia Britannica* des Jahres 1900 bezweifelte den Sinn eines »ökologischen Begriffs«, der auf einen Floh ebenso angewendet wurde wie auf eine Zecke, auf eine Milbe, auf Cercarien, Ochsenstechmücken und den Guineawurm; und sie kommentierte diese Aufzählung mit dem strengen Verweis: »Kritikloser Gebrauch hat den biologischen Begriff Parasitismus verwässert.«

Stille Zweifel machten sich in der Forschung breit, ein allgemeiner Überdruß. *Die Pasteurisierung Frankreichs* endete damit, daß der Parasitenjäger Pasteur zur Gallionsfigur der Hygieniker wurde. Die Strategie der Prävention ersetzte die der Vernichtung. Die immensen Schwierigkeiten, ein probates Mittel gegen die Tuberkulose zu entwickeln – das Problem wurde erst durch die Entdeckung des Penicillins 1941 gelöst –, läuterten Koch, den rasenden Schlächter Ajax, zum milden Samariter.

In der Rede des Nobelpreisträgers von 1905 sucht man den Parasiten vergebens. Zwar nannte Koch aus alter Gewohnheit die Tuberkulose eine »parasitäre, das heißt eine ansteckende, aber auch vermeidbare Krankheit«, im Zentrum seiner Ausführungen aber standen Sanatorien und Erholungsstätten, Licht und Luft; »mit Recht« werde die Tuberkulose »eine Wohnungskrankheit genannt«. Er forderte unentgeltliche Untersuchungen, Fürsorgestellen, eine entschlossene Entwicklung des Heilstättenwesens, Geldmittel, Heizmaterial und Freibetten für die armen Schwindsüchtigen. Seine Antwort auf die Frage *Was ist Tuberkulose?* lautete nun: »Sie ist im Grunde genommen nur eine Geldfrage.«

In seiner Antrittsrede vor der Akademie der Wissenschaften am 1. Juli 1909, kurz vor seinem Tod, hielt Koch Rückschau auf die vergangenen dreißig Jahre. Er sprach von *pflanzlichen Mikroorganismen*, von *Bakterien*, von *Krankheitserregern, die ganz bedeutend kleiner sind als die kleinsten Bakterien*, von *Protozoen*, von *tierischen Mikroorganismen*, von *pathogenen Mikroorganismen* und *Trypanosomen*. Und damit begnügte er sich. Die Mikrobiologie überließ das überstrapazierte Modell Parasit den Parasitologen. Allerdings war hierbei auch Resignation im Spiel.

Die Ursache der sogenannten Tabak-Mosaik-Krankheit, einer ansteckenden Krankheit der Tabakpflanze, war mit den Methoden von Pasteur und Koch nicht zu klären. Im Lichtmikroskop war auch bei 500facher Vergrößerung nichts zu entdecken. Das mysteriöse Etwas schlüpfte, ohne irgendwelche Spuren zu hinterlassen, durch die gängigen Porzellan- und Kaolinfilter, in welchen sich die Bakterien verfingen. Auch ließ sich das unfaßbare Agens auf keinem Kochschen Nährsubstrat kultivieren. Die Reihe solcher Krankheiten, bei denen keine individuellen Erreger dingfest gemacht werden konnten, wurde länger und länger. Das Wort Virus kam auf, mit dem im ersten Jahrhundert n. Chr. Cornelius Aulus Celsus den Giftstoff bezeichnet hatte, den er für die Tollwut verantwortlich machte. Das Wort bildete ursprünglich keine Mehrzahl.

Die Institutionalisierung der Parasitologie entzauberte diese. Die atemberaubenden Leistungen vieler Helmithologen, Mikrobiologen, Zoologen usw. wird niemand schmälern wollen; aber verleiht, so fragen wir, der gekünstelte Name dieser Disziplin ihr nicht ein eher unseriöses Gepräge?

RAMEAU: »Aber, Herr Philosoph, es gibt ein allgemeines Gewissen, ebenso wie es eine allgemeine Grammatik gibt, und dann gibt es Ausnahmen in jeder Sprache – Ihr Gelehrten nennt sie ... ich glaube ... so helft mir doch ...«

DER PHILOSOPH: »Idiotismen.«

RAMEAU: »Ganz recht! Nun, so hat eben jeder Stand seine Ausnahmen vom allgemeinen Gewissen, die ich gerne gewerbliche Idiotismen nennen möchte.«

AUM HATTE die Bakteriologie begonnen, uns aus der Schurkenrolle zu entlassen, halste uns die Imperialismus-Theorie diese wieder auf. Die führenden Nationen waren dabei, die Welt mit militärischen Mitteln unter sich aufzuteilen. Die Gründe und die Folgen dieser Entwicklung wurde das Thema politökonomischer Analysen.

Wie bisher immer fing alles ganz harmlos an. Der britische Liberale John Atkinson Hobson schrieb 1902 in seiner Untersuchung *Imperialism – a Study*: »Die ökonomische Wurzel des Imperialismus liegt in dem Wunsch streng organisierter industrieller und finanzieller Interessen, mit Hilfe öffentlicher Ausgaben und der öffentlichen Gewalt private Märkte für ihre überschüssigen Waren und ihr überschüssiges Kapital zu sichern und zu entwickeln.« Die Erschließung und Sicherung dieser ausländischen Märkte geschehe mit militärischen Mitteln auf Kosten der Allgemeinheit, den Profit aber streiche der private Investor ein. Das klang alles vernünftig, dann aber fuhr er fort:

»Während die führenden Köpfe dieser ausgesprochen parasitären Politik Kapitalisten sind, beeinflussen dieselben Motive auch bestimmte Schichten der Arbeiter. In vielen Städten hängen die wichtigsten Industriezweige von Regierungsaufträgen oder Verträgen mit der Regierung ab; der Imperialismus der Zentren der Metall- und Schiffbauindustrie ist nicht zuletzt dieser Tatsache zuzuschreiben.«

Da wir, wie schon gesagt, mit Geld noch nie besonders gut umgehen konnten – unser väterliches Vermögen hatten wir schon vor über 2000 Jahren vertan –, war uns die Vorstellung, nun die Führungsposition im imperialistischen Kapitalismus anzutreten, etwas unheimlich; andererseits hatten wir nach allem, was uns angetan worden war, wenig

Lust, jetzt auch noch an einer Werkbank zu landen, Geleise zu verlegen oder in einen Schacht einzufahren. Wir fürchteten uns vor Freetown oder Secunderabad, vor Hakenwürmern, Malaria und Elephantiasis.

Hobson war sich nicht sicher, ob der Imperialismus notgedrungen in einen Krieg zwischen den europäischen Staaten münden müsse. Er wollte »eine Verständigung zwischen den Gruppen der Wirtschaftspolitiker der westlichen Staaten« nicht ausschließen; in diesem Fall erwartete er die volle Entfaltung *einer hemmungslosen politischen Oligarchie* und *des Parasitentums der Industrie*:

»Der größte Teil Westeuropas würde dann die Gestalt und den Charakter annehmen, der schon jetzt typisch ist für manche südenglische Landstriche, für die Riviera und die von Touristen überfluteten oder bevorzugten Orte in der Schweiz oder Italien: kleine Häuflein reicher Aristokraten, die Dividenden und Renten aus dem Fernen Osten beziehen, dazu eine etwas kleinere Gruppe von Angestellten und Kaufleuten und ein großes Heer von Dienstboten und Arbeitern, die im Transportgewerbe und in der Fertigungsindustrie für leicht verderbliche Waren beschäftigt sind: alle Schlüsselindustrien wären verschwunden, und die Nahrungsgüter und Waren flössen als Tribut aus Asien und Afrika ins Land.«

Natürlich hätten wir schon damals gerne als Kouponschneider an der Riviera friedlich unser Bäuchlein in der Sonne spazierengeführt, aber das, was Hobson über die Rolle schrieb, die die Parasiten angeblich im alten Rom gespielt hatten, ließ uns schließlich doch an seinem Verstand zweifeln: Auf Dauer werde, so Hobson, den *parasitischen Imperialismus* das gleiche Schicksal ereilen, an dem schon Rom zugrunde gegangen sei: Rom sei »in der Geschichte das größte, einfachste Beispiel für den sozialen parasitischen Prozeß, durch den eine finanzielle Interessengruppe innerhalb eines Staates die Zügel der Regierung an sich reißt und zur imperialistischen Expansion übergeht, ökonomische Saugnäpfe an fremden Körpern festmacht und diesen im Interesse des Luxus im eigenen Land allen Reichtum aussaugt... Aber die Natur läßt sich nicht narren; den überall in ihr wirkenden Gesetzen, welche den Parasiten zur Verkümmerung, zum Verfall und schließlicher Auslöschung verurteilen, können Nationen ebensowenig entgehen wie individuelle Organismen.«

Am Parasitismus wäre Rom zugrunde gegangen? Wir erinnerten uns noch sehr genau an die gemalten Speisen Heliogabals, an die Gläser gefüllt mit Fliegen und Skorpionen...

ER ERSTE WELTKRIEG brach aus, ohne daß ihn die internationale Sozialdemokratie, wie sie es immer wieder feierlich angekündigt hatte, verhindert hätte. Die europäischen Sozialisten stimmten in ihren jeweiligen Ländern fast ausnahmslos den Kriegskrediten zu, die Arbeiterklasse zog mit Hurra an die Front. Auf der Suche nach einer Antwort auf die Frage, warum sich die Proletarier gegenseitig erschossen, anstatt die Weltrevolution auszurufen, stieß Wladimir Iljitsch Lenin im Frühjahr 1916 auf das Buch von Hobson. Er war begeistert. Das erklärte alles: Die Sozialdemokraten waren bestochen! In seinem noch im selben Jahr erschienenen Artikel *Der Imperialismus und die Spaltung des Sozialismus* war zu lesen:

»Ein Häuflein reicher Länder – es gibt ihrer im ganzen vier –, wenn man selbständigen und wirklich riesengroßen ›modernen‹ Reichtum im Auge hat: England, Frankreich, die Vereinigten Staaten und Deutschland –, dieses Häuflein Länder hat Monopole in unermeßlichen Ausmaßen entwickelt, bezieht einen Extraprofit in Höhe von Hunderten Millionen, wenn nicht von Milliarden, saugt die anderen Länder, deren Bevölkerung nach Hunderten und aber Hunderten Millionen zählt, erbarmungslos aus und kämpft untereinander um die Teilung der besonders üppigen, besonders fetten, besonders bequemen Beute ... Die Bourgeoisie einer imperialistischen ›Groß‹macht ist ökonomisch in der Lage, die oberen Schichten ›ihrer‹ Arbeiter zu bestechen und dafür ein- oder zweihundert Millionen Francs im Jahr auszuwerfen; denn ihr Extraprofit beträgt wahrscheinlich eine Milliarde. Und die Frage, wie dieses kleine Almosen verteilt wird unter die Arbeiterminister, die ›Arbeitervertreter‹, die Arbeiterbürokraten, die Arbeiter, die in eng zünftlerischen Gewerkschaften organisiert sind, die Angestellten usw. usw. – das ist schon eine Frage zweiter Ordnung... Einerseits haben Bourgeoisie und Opportunisten die Tendenz, das Häuflein der reichsten und privilegierten Nationen in ›ewige‹ Schmarotzer am Körper der übrigen Menschheit zu verwandeln, ›auf den Lorbeeren‹ der Ausbeutung der Neger, Inder usw. ›auszuruhen‹. Andererseits haben die Massen die Tendenz, dieses Joch abzuwerfen.«

Allerdings ging es bei Lenin ein bißchen durcheinander: Die Parasiten bestachen sich selber. Jetzt waren wir zünftlerische Arbeiter *und* Monopolisten. Sechzehn Jahre vorher hatten wir bei Bebel noch als Zwischenhändler Lebensmittel verfälscht und für ein Kilo nur 900 oder 950 Gramm geliefert, jetzt repräsentierten wir die Weltmächte; freilich wiesen die Gänsefüßchen und der Zusatz *Häuflein* darauf hin, daß uns immer noch etwas von jämmerlichen, um ihre Existenz ringenden Heiratsvermittlern geblieben war; *einerseits* Giganten, waren wir *andererseits* wie Hausierer dem Untergang geweiht.

Und nebenbei immer noch die altbekannten Kouponschneider. Lenins *Gemeinverständlicher Abriß: Der Impe-*

rialismus als höchstes Stadium des Kapitalismus (1917)
verkündete es in Kapitel 8 unter der Überschrift *Parasitismus und Fäulnis des Kapitalismus*:

»Der Imperialismus bedeutet eine ungeheure Anhäufung von Geldkapital in wenigen Ländern... Daraus ergibt sich das außergewöhnliche Anwachsen der Klasse,
oder richtiger, der Schicht der Rentner, d.h. Personen, die
vom *Kouponschneiden* leben, die von der Beteiligung an
irgendeinem Unternehmen völlig losgelöst sind, Personen,
deren Beruf der Müßiggang ist. Die Kapitalausfuhr, eine
der wesentlichsten ökonomischen Grundlagen des Imperialismus, verstärkt diese völlige Isolierung der Rentner-
schicht von der Produktion noch mehr und drückt dem
ganzen Land, das von der Ausbeutung der Arbeit einiger
überseeischer Länder und Kolonien lebt, den Stempel des
Parasitismus auf... Der Rentnerstaat ist der Staat des
parasitären, verfaulenden Kapitalismus.«

Wir repräsentierten ein verfaulendes System. Wir waren
Wirt und Gast, wir waren der Kellner im Ritz und der
speisende Bourgeois, wir bedienten uns selbst. Wir waren
die Tausendsassas der Komödie und noch mehr. Als impe-
rialistische Köpfe riefen wir den Krieg aus, als Arbeiter-
verräter spalteten wir unsere Klasse und als Arbeiter-
kinder lutschten wir Bonbons aus dem Kolonialwaren-
laden. Wir waren schuld am Krieg.

M MÄRZ 1915 erschien in den Zeitungen *Freedom*
(London) und *Volontà* (Ancona) ein von den Häuptern der
anarchistischen Bewegung – darunter Emma Goldman,
Alexander Berkman und Errico Malatesta – unterschrie-
bener Aufruf. Darin hieß es:

»Der bewaffnete Konflikt, sowohl der begrenzte wie auch der erweiterte, der koloniale wie der europäische, ist die natürliche Konsequenz, das unausweichliche und unglückselige Resultat eines Regimes, das auf der wirtschaftlichen Ungleichheit der Bürger und auf der Ausbeutung der Arbeiter beruht; eines Regimes, das sich auf einen wilden Antagonismus der Interessen stützt und die Welt der Arbeit unter das Kommando und das leidvolle Joch einer Minderheit von Parasiten gestellt hat, die in ihren Händen die politische und ökonomische Macht halten.«

Hier waren die Parasiten eine Minderheit, der das Kommando von einem *Regime* übergeben worden war. Jedermann wußte es, mit dem Wort Regime war der Staat als solches gemeint, die Wurzel allen Übels, dessen Zerschmetterung das Reich der Freiheit und des Friedens heraufführen würde; heute mögen wir uns darüber wundern, aber damals war der Anarchismus eine breite, internationale Strömung, die es mit den Parteisozialisten vielerorts aufnehmen konnte.

Die sozialistischen Parteien hatten sich vor dem Krieg in ihrer Mehrheit mit dem Gedanken angefreundet, auf dem Weg des Parlamentarismus den Staat zu übernehmen und ihn dann nach und nach, so wie Marx das vorgesehen hatte, »absterben« zu lassen, um in den Kommunismus hinüberzugleiten, jenes Traumland, wo die Herrschaft des Menschen über den Menschen abgeschafft sein sollte. In dem Aufsatz *Staat und Revolution*, geschrieben direkt vor der Oktoberrevolution 1917, erinnerte der aus dem Exil nach Rußland zurückgekehrte Lenin an die Marxsche Prämisse, daß der Staat ein Instrument der Klassenherrschaft sei: »Wenn der Staat das Produkt der Unversöhnlichkeit der Klassengegensätze ist, so ist es klar, daß die Befreiung der unterdrückten Klassen unmöglich ist nicht nur ohne gewaltsame Revolution, sondern auch ohne Vernichtung des von der herrschenden Klasse geschaffenen

214

Apparates der Staatsgewalt.« Damit arbeitete sich Lenin an die anarchistische Position heran und verschaffte sich so die Sympathien der mächtigen anarchistischen Bewegung Rußlands.

»Beamtentum und stehendes Heer«, schrieb er nun, »das sind die ›Schmarotzer‹ am Leib der bürgerlichen Gesellschaft, Schmarotzer, die aus den inneren Widersprüchen, die diese Gesellschaft zerklüften, entstanden sind, aber eben Parasiten, die die Lebensporen ›verstopfen‹. Der jetzt in der offiziellen Sozialdemokratie herrschende Opportunismus hält die Anschauung, die im Staat einen parasitären Organismus erblickt, für ein besonderes und ausschließliches Attribut des Anarchismus. Diese Entstellung des Marxismus paßt natürlich den Kleinbürgern ausgezeichnet, die den Sozialismus bis zu der unerhörten Schmach einer Rechtfertigung und Beschönigung des imperialistischen Krieges herabgewürdigt haben.«

Auf diese Weise waren aus den Parasiten, die bei Hobson den bürgerlichen Staat aushöhlten, schließlich Lenins bürgerliche Parasiten geworden, die ihn überhaupt erst konstituierten. Sein Rezept:

»Man stürze die Kapitalisten, man breche mit der eisernen Faust der bewaffneten Arbeiter den Widerstand dieser Ausbeuter, man zerschlage die bürokratische Maschinerie des modernen Staates – und wir haben einen von dem ›Schmarotzer‹ befreiten technisch hochentwickelten Mechanismus vor uns, den die vereinigten Arbeiter sehr wohl selbst in Gang bringen können, indem sie Techniker, Aufseher, Buchhalter anstellen und ihrer aller Arbeit, wie die Arbeit aller ›Staats‹beamten überhaupt, mit dem Arbeitslohn bezahlen.«

Mit der wechselseitigen Sympathie war es schnell vorbei. Nach dem Sieg der Bolschewiki schlug die Staatsmacht erst einmal den Aufstand der anarchistischen Sowjets von Kronstadt nieder und liquidierte die Sozialrevolutionäre.

Zum letztenmal für lange Zeit erklang in Rußland, wie hier am 14. Juli 1918 in der *Vestnik Anarkhii*, Briansk, der alte Ruf: »Volk steh auf! Die Sozialvampyre trinken dein Blut! Die, die vorher nach Freiheit, Brüderlichkeit und Gleichheit schrien, entfesseln eine furchtbare Gewalt!... Die Bolschewisten sind Monarchisten geworden. Volk steh auf! Vernichte die Parasiten, die dich quälen! Vernichte alle, die dich unterdrücken!«

Vier Tage später wurde von der 5. Allrussischen Räteversammlung die *Verfassung der Sowjetunion der Russischen Sozialistischen Föderativen Räterepublik* angenommen. In Paragraph 18 hieß es:

»Die RSFR erklärt die Arbeit als Pflicht aller Bürger der Republik und verkündet die Losung: Wer nicht arbeitet, hat kein Daseinsrecht.«

Der *Aufruf der Sowjetregierung vom 26. Februar 1920* verstaatlichte schließlich das Wort Parasit und verlieh ihm eine neue Bedeutung:

»An alle Arbeiter, an alle Schaffenden, an alle ehrlichen Bürger... Hartnäckige, heldenhafte, angestrengte Arbeit ist die erste Losung des Augenblicks... Die Eisenbahnen kriechen kaum... Epidemien grassieren... Jetzt gibt es nur einen Ausweg – die Arbeit!... Holz fällen... nützliche Arbeit leisten... Ohne dies – Tod, Hunger und Pest. ... Vor der Republik der Arbeit steht eine hohe Aufgabe: aus Niedrigkeit, Schmutz, Gestank, Krankheit sich erheben, hinaufsteigen, mit eigenen Händen die Bedingungen für ein menschenwürdiges Dasein schaffen. Das arbeitende Volk wird es machen. Die allgemeine Arbeitspflicht – das ist unser Schlüssel. Die Errichtung einer viele Millionen starken, schaffenden Armee, die aus dem Chaos und den Trümmern in heißer Arbeit die herrliche Zukunft baut – das ist unser Ziel... Die Arbeiterklasse wird alle Muskeln anspannen... Denn Arbeit, welcher Art sie auch sei, ist jetzt die leuchtende Pflicht jedes Bürgers. Wer sich vor der Arbeit drückt, richtet die Kinder zugrunde, vermehrt Hunger und Krankheit und tötet seine Mitmenschen... Aus diesem Grund hat die bedeutendste Arbeitsorganisation – die Räteregierung – das *Hauptkomitee der Arbeitspflicht* geschaffen, dessen Aufgabe es ist, die *allgemeine Arbeitspflicht* durchzuführen... Rettung ist nur in der Arbeit, Arbeit, Arbeit... Deserteure der Arbeit darf es bei uns nicht geben. Jene Parasiten, die in der Minute der Gefahr die Spekulation der Arbeit vorziehen, die an den Leiden der Hungernden verdienen, diese Satten, sie werden vom Proletariat am Kragen gepackt und an die schwerste Arbeit gestellt werden. Wir werden umarbeiten, reparieren, wiederherstellen, aufbauen, alles, was nötig ist, wenn die eiserne Proletarierdisziplin mit uns sein wird... Eine neue Epoche kommt uns entgegen, eine Epoche der Arbeit, des vollen Sieges... Arbeitet einig, Genossen. Arbeitet zusammen mit Millionen Händen.«

Ein Jahr Revolution, und wir standen wieder an der Ecke und versuchten, ein paar auf altem Zeitungspapier ausgebreitete Zwiebeln zu verhökern.

ENSCHEN-PARASITEN geisterten durch verlauste Schützengräben und durch die Schreibkabinette der deutschen Kulturelite. 1914 steckte Thomas Mann mitten im *Zauberberg*. Der tuberkuloseverdächtige Held des Romans gab sich im Lungensanatorium unter der Überschrift *Forschungen* der Lektüre biologischer Werke hin:

»Der Studierende grübelte über der Erscheinung von Zellkolonien, er vernahm von Halborganismen, Algen, deren einzelne Zellen, nur in einen Mantel von Gallerte gehüllt, oft weit voneinander lagen, mehrzellige Bildungen immerhin, die aber, zur Rede gestellt, nicht zu sagen gewußt hätten, ob sie als Siedlung einzelliger Individuen oder als Einheitswesen gewürdigt werden wollten und in ihrer Selbstaussage zwischen dem Ich und dem Wir wunderlich geschwankt haben würden.«

Da raunte sie noch, die deutsche Naturphilosophie. Allerdings mischte sich auch die Stimme Haeckels ein: »Der Leib, der ihm vorschwebte, dies Einzelwesen und Lebens-Ich war also eine ungeheure Vielheit atmender und sich ernährender Individuen... Das Atom war ein energiegeladenes kosmisches System, worin Weltkörper rotierend um ein sonnenhaftes Zentrum rasten... Das war sowenig nur ein Vergleich, wie es nur ein solcher war, wenn man den Leib der vielzelligen Wesen einen *Zellenstaat* nannte. Die Stadt, der Staat, die nach dem Prinzip der Arbeitsteilung geordnete soziale Gemeinschaft war dem organischen Leben nicht nur zu vergleichen, sie wiederholte es.«

Wir schwärmten als abartige Wucherungen erregende Mikroben über die Seiten:

»Die pathologische Anatomie, von der er einen Band seitlich in den roten Schein seines Tischlämpchens hielt, belehrte ihn durch einen Text, der mit Abbildungen durchsetzt war, über das Wesen der parasitischen Zellvereinigung und der Infektionsgeschwülste. Diese waren Gewebsformen – und zwar besonders üppige Gewebsformen –, hervorgerufen durch das Eindringen fremdartiger Zellen in einen Organismus, der sich für sie aufnahmelustig erwiesen hatte und ihrem Gedeihen auf irgendeine Weise – aber man mußte wohl sagen: auf eine irgendwie liederliche Weise – günstige Bedingungen bot. Weniger, daß der Parasit dem umgebenden Gewebe Nahrung entzogen hätte; aber er erzeugte, indem er, wie jede Zelle, Stoff wechselte, organische Verbindungen, die sich für die Zellen des

Wirtsorganismus als erstaunlich giftig, als unweigerlich verderbenbringend erwiesen... Das äußere Wesen dieser Korruption war Gewebswucherung, die pathologische Geschwulst... Diese Lustbarkeit aber führte gar bald zum Ruin... das Gerinnungssterben schritt fort; und unterdessen hatten längst die löslichen Bakteriengifte die Nervenzentren berauscht, der Organismus stand in Hochtemperatur, mit wogendem Busen, sozusagen, taumelte er seiner Auflösung entgegen... Krankheit war die unzüchtige Form des Lebens.«

Wie eine Orobanche saugte dieser Text seine Nahrung aus den feinsten, letzten unterirdischen Ausläufern des romantischen Idealismus:

»Und das Leben für sein Teil? War es vielleicht nur eine infektuöse Erkrankung der Materie – wie das, was man die Urzeugung der Materie nennen durfte, vielleicht nur Krankheit, eine Reizwucherung des Immateriellen war? Der anfänglichste Schritt zum Bösen, zur Lust und zum Tode war zweifellos da anzusetzen, wo, hervorgerufen durch den Kitzel einer unbekannten Infiltration, jene erste Dichtigkeitszunahme des Geistigen, jene pathologisch üppige Wucherung seines Gewebes sich vollzog, die, halb Vergnügen, halb Abwehr, die früheste Vorstufe des Substantiellen, den Übergang des Unstofflichen zum Stofflichen bildete. Das war der Sündenfall.«

Die Hundsrute schob sich ans Licht:

»Die zweite Urzeugung, die Geburt des Organischen aus dem Unorganischen, war nur noch eine schlimme Steigerung der Körperlichkeit zum Bewußtsein, wie die Krankheit des Organismus eine rauschhafte Steigerung und ungesittete Überbetonung seiner Körperlichkeit war –: nur noch ein Folgeschritt war das Leben auf dem Abenteuerpfade des unehrbar gewordenen Geistes, Schamwärmereflex der zur Fühlsamkeit erweckten Materie, die für den Erwecker aufnahmelustig gewesen war...«

Bei Beginn des Kriegs brach Thomas Mann die Dichtung ab. In den *Betrachtungen eines Unpolitischen* hieß es rückblickend:»Nicht geahnt hatten wir, daß unter der Decke des friedsamen internationalen Verkehrs, in Gottes weiter Welt der Haß, der unauslöschliche Haß der politischen Demokratie, des freimaurerisch-republikanischen Rhetor-Bourgeois von 1789 gegen uns, gegen unsere Staatseinrichtungen, unseren seelischen Militarismus, den Geist der Ordnung, Autorität und Pflicht am verfluchten Werke war.«

Thomas Mann schrieb ein Herrscherlob auf Friedrich II., *Friedrich und die große Koalition. Ein Abriß für den Tag und die Stunde* (1915). Er pries den *aufgeklärten Despoten*:»Angriff, Angriff! Attaquez donc toujours! Der Bajonettangriff ist seine Passion, er hat seine Ausführung zuerst geregelt. Nicht überflüssig schießen, vor allem nicht zu früh!« Und zum ersten Jahrestag des Kriegsausbruchs verkündete er Deutschlands *geistigen Sieg*.

Der materielle war ausgeblieben. Wäre nicht bereits vor dem Krieg die Rolle der Laus bei der Verbreitung des Typhus erkannt worden, der nun beginnende langjährige Stellungskrieg wäre schnell zu Ende gewesen. Typhuskranke sind kampfunfähig, sie leiden unter schrecklichen Halluzinationen, besonders häufig unter der Zwangsvorstellung, sie hätten irgendwo ein Bein oder ein anderes Glied liegengelassen. Zwischen 20 und 72 Prozent der Erkrankten sterben. Da es kein direktes Mittel gegen die Rickettsien gab, die winzigen Typhus-Erreger, die sich in der Laus vermehren und durch deren Biß in den Menschen gelangen, blieb nur der Weg der systematischen Entlausung. Nun wurde jeder Soldat, der von der Front kam oder an die Front ging, mit seinen Kleidern durch eine Entlausungsstation geschickt. Während er gebadet und geschoren wurde, wurde seine Kleidung mit Heißluft behandelt.

Bei der Organisation der Lausbekämpfung im deutschen Heer machte sich der Zoologe Albrecht Hase einen Namen, ein Feldarzt im Offiziersrang. Er erprobte an der Ostfront als erster das Blausäureverfahren gegen Läuse. Bald konnten *über 10000 Mann in 24 Stunden entlaust, gebadet, neu gekleidet und verpflegt werden.* Im Februar 1917 stellte der *Vater des Gaskrieges*, Fritz Haber, mit Genugtuung fest: »Die Heeresverwaltung hat einen besonderen militärischen Körper aufgestellt, der die Bekämpfung der Mehlschädlinge in Mühlen und Speichern und die der Menschen-Parasiten in Lazaretten, Baracken, Kasernen und dergleichen durchführt.«

Indessen war Heinrich Mann gegen eine ganz andere Sorte von *Schmarotzern* in die Attacke gegangen. Im November 1915 erschien als Antwort auf die Preußenfeier seines jüngeren Bruders eine Hymne auf *Zola*, eine Feier des französischen Schriftstellers und engagierten Demokraten. Heinrich Mann erhob darin die Forderung, der Roman dürfe sich nicht mit Schilderungen begnügen, er müsse bessern; ein Romancier müsse »das rhythmische Wogen der modernen Demokratie« in sich tragen: »Hinauf Menschen! Heraus aus eurem Schmutz, den ich nachmale ... hinauf mit mir, arbeitend ich und ihr!« Bewegt schilderte Heinrich Mann den politischen Lebensweg Zolas, seinen Kampf gegen den *kapitalistischen Militarismus*, sein »J'accuse!«, seine mutige Verteidigung des jüdischen Hauptmanns Dreyfus, der zu Unrecht des Landesverrats beschuldigt und auf die Teufelsinseln verbannt worden war:

»Mit Zorn und mit Schmerz nahm Zola damals die Trennung vor von denen, die er trotz allem für seinesgleichen gehalten hatte. Dulden und Hinfristen war nicht länger erlaubt, die äußersten Prüfungen waren angebrochen und verpflichteten die Geister, streng und endgültig, gesondert, hinzutreten, die einen zu den Siegern des Tages, die anderen zu den Kämpfern für die ewigen Dinge. Kameraden bislang, gleich auserlesen, wie es schien: plötzlich aber vertiefen alle Züge sich, und auf jenen steht Untergang, auf diesen Leben. Jene waren oft die verlockenderen gewesen, auch für ihn selbst wohl; jetzt macht es nichts aus, daß man in eleganter Herrichtung gegen die Wahrheit und die Gerechtigkeit steht; man steht gegen sie... Man hat gewählt zwischen dem Augenblick und der Geschichte, und hat eingestanden, daß man mit allen Gaben doch nur ein unterhaltsamer Schmarotzer war.«

Sein Bruder Thomas fühlte sich gemeint. Er strich an: »Das ist Wahrheit?« Er bekam eine Gesichtsrose und litt unter dem Gefühl, *völlig verseucht* zu sein. *Im Zustand latenter Infektion* notierte er: »Vielleicht ist's der Tod, der naht.«

Im Oktober 1914 hatte er an Hans von Hülsen geschrieben: »Der einzig ehrenwerte Platz ist jetzt doch eigentlich der im Schützengraben.« Da er über vierzig war, gehörte er zunächst zu den Ausgemusterten. Am 11. Oktober 1916 wurde er nachgemustert und »auf Grund eines Attestes, das mir große Nerven-, namentlich Magenschwäche bestätigte, für derzeit arbeitsverwendungsunfähig erklärt«. Einem befreundeten Professor, der eingezogen worden war, schrieb er am 21. Februar 1917: »Die Demokratie, d. h. falsche Gerechtigkeit auf Grund einer nicht vorhandenen Gleichheit, ist ein blödes Ding... Hier ist auch eben wieder ein 45jähriger ordentlicher Universitätsprofessor als Rekrut eingezogen worden. In meinen Augen ist das dummer Unfug, unbeschadet aller Ehrfurcht vor der Not des Vaterlandes.« Er beschwichtigte sich mit dem Gedanken, »daß sein Dienst mit der Waffe des Geistes ebenfalls Kriegsdienst« sei.

Indessen begann er die Arbeit an den *Betrachtungen eines Unpolitischen*, eine Antwort an den Bruder Heinrich, dessen Position er mit den Worten charakterisierte: »Die

Kunst hat Propaganda zu treiben für Reformen sozialer und politischer Natur. Weigert sie sich, so ist ihr das Urteil gesprochen: Schmarotzertum.«

Es folgten Invektiven gegen das unverantwortliche »löbliche Künstlervölkchen von Schmarotzern, Raufbolden, Aufschneidern und Possenreißern, talentvoll, sinnlich und dumm wie Bohnenstroh«. Arbeit sei ein ästhetisches Lebensprinzip. Dasselbe gelte für das Soldatentum: »Man kann soldatisch leben, ohne im mindesten tauglich zu sein, als Soldat zu leben. Der Geistige lebt im Gleichnis.«

Er hielt Gericht: Ordnung, Ruhe, Fleiß, die Handwerkstreue seiner Ahnen, die *Leistungsethiker* rechts; die *Zivilisationsliteraten*, die Bohemiens, die *Sammetflausherrlichkeit des artistischen Libertins* links. Und dann ging es dem Bruder an den Kragen: »Es war der Zivilisationsliterat, der mir das Giftigste und Erniedrigendste gesagt hat... Anzugeben, welcher Mund das war, lehne ich ab; denn es hat eine melancholische und blamable Bewandtnis damit.«

Er geriet außer sich: »Wer mir aus zuchtloser Rechthaberei ins Gesicht sagt, ich sei damit zum Verräter am Geist geworden, ich stünde damit gegen Recht und Wahrheit, ich hätte mich damit als Schmarotzer bekannt, dem werde ich *den Namen seiner Tat* nennen und so, daß er ihn nicht vergessen soll.« Und noch Seiten später: »Sollte es nicht ein Mißbrauch deiner Ehrenstunde sein, mir vor versammelter Jugend ins Gesicht zu sagen, ich sei mein Leben lang nichts als ein unterhaltsamer Schmarotzer gewesen? Ein Schmarotzer. Ich sang nicht, daß man irgendwelche ›Herren‹ an die Laterne hängen müsse. Ich erinnere mich, ich nahm Abstand von all dem. Folglich war ich ein Schmarotzer.«

Im Jahre 1919, zog Thomas Mann, der insgeheim schon an den *Bekenntnissen des Hochstaplers Felix Krull* arbeitete, ein bemerkenswertes Fazit:

»Es geht nicht an, zu thun als sei der Kapitalismus eine schmarotzerische und unproduktive Lebensform. Im Gegenteil, die bürgerliche Welt kannte keinen höheren Begriff und Wert als den der Arbeit, u. dies sittliche Prinzip wird im Sozialismus erst offiziell, es wird wirtschaftliches Prinzip, politisches und menschliches Criterium, vor dem man besteht oder nicht, und dies so sehr, daß niemand fragt, warum und wieso eigentlich Arbeit diese unbedingte Würde und Weihe besitzt. Oder bringt der Sozialismus einen neuen Sinn und Zweck der Arbeit? Nicht daß ich wüßte. Ist Arbeit ein Glaube, ein Absolutum? Nein. Der Sozialismus steht geistig, moralisch, menschlich, religiös nicht höher, als die kapitalistische Bürgerlichkeit, sondern ist nur ihre Verlängerung. Er ist ebenso gottlos wie sie, denn Arbeit ist nicht göttlich.«

Der Bruch zwischen den Brüdern war bereits vollzogen. In dem für lange Zeit letzten Brief Thomas Manns an seinen Bruder vom 3. Januar 1918 hatte es geheißen: »Mögest Du und mögen die Deinen mich einen Schmarotzer nennen. Die Wahrheit, *meine* Wahrheit ist, daß ich keiner bin.«

»Schmarotzer?« steht im Konzept Heinrich Manns als Stichwort zu einer Antwort, das er jedoch nicht ausführte.

DIE TIEFERE BEDEUTUNG der Tuberkulose, das Eindringen fremdartiger, infektuöser Erreger, unzüchtiger Formen des Lebens, in den Staat, in die soziale Gemeinschaft, beunruhigte damals auch einen anderen Träumer, der außer *Winnetou* wahrscheinlich niemals ein Buch zu Ende gelesen, in seinen Briefen von der Westfront den Zusammenbruch des *inneren Internationalismuß* herbeigewünscht hatte und im übrigen die

Orthographie nur mangelhaft beherrschte. Im Aufschnappen von in der Luft liegenden Schlagwörtern ein Künstler, arbeitete er, der in seine Vorkriegsexistenz als Postkartenmaler und politisierender Bohemien nicht zurückfinden wollte, als Spitzel der *Presse- und Propagandaabteilung* beim Reichswehrgruppenkommando 4 in München daran, den Geist der unzuverlässig gewordenen Truppe zu heben und zu festigen.

Im September 1919 übertrug ihm sein Chef, Hauptmann im Generalstab Mayr, die Beantwortung des Briefes eines Sympathisanten, der sich auf die *Judenfrage* bezog. In Ausführung dieser Anweisung riet der Vertrauensmann Adolf Hitler, im ersten überlieferten Originaldokument seiner politischen Laufbahn, zu einem *Antisemitismus der Vernunft*. Dieser bleibe nicht bei zufälligen Antipathien stehen, die ihren letzten Ausdruck in »Progromen« [sic] fänden, er sei vielmehr auf klare Erkenntnis »des bewußt oder unbewußt planmäßig verderblichen Wirkens der Juden als Gesamtheit auf unsere Nation« gegründet. In der Form des Zinses vermehre der Jude seine Macht mühe- und endlos und zwinge den Völkern das gefährlichste Joch auf. »Alles, was Menschen zu Höherem streben läßt«, schrieb Hitler, »sei es Religion, Sozialismus, Demokratie, es ist ihm alles nur Mittel zum Zweck, Geld und Herrschgier zu befriedigen. Sein Wirken wird in seinen Folgen zur Rassentuberkulose der Völker.« Die *Republick* könne und wolle das nicht verhindern.

Das Elaborat war der Beginn einer Blitzkarriere. Hitler machte die Bekanntschaft des Dichters Dietrich Eckart und des entthronten Feldherrn Ludendorff. In den Tagen des Kapp-Putsches Anfang 1920 flog Eckart mit Hitler nach Berlin. Eckart vermittelte die Reichswehr-Gelder, mit denen der *Völkische Beobachter* gekauft wurde. Das Blatt ernannte Hitler zum *glänzenden Redner*. Am 7. August 1920 verkündete er in einer Versammlung:

»Denken Sie nicht, daß Sie eine Krankheit bekämpfen können, ohne den Erreger zu töten, ohne den Bazillus zu vernichten, und denken Sie nicht, daß Sie die Rassentuberkulose bekämpfen können, ohne zu sorgen, daß das Volk frei wird von dem Erreger der Rassentuberkulose. Das Wirken des Judentums wird niemals vergehen, solange nicht der Erreger, der Jude, aus unserer Mitte entfernt ist.«

1922 hieß es dann in der Einleitung zum Programm der NSDAP von Alfred Rosenberg:

»In der weiteren Erkenntnis, daß dies alles nicht verwirklicht werden kann, ehe nicht der Bazillus unschädlich gemacht worden ist, der unser Blut und unsere Seele vergiftet: der Jude und der aus ihm geborene jüdische Geist mit seinen Anhängern aus dem deutschen Lager, wurde der rücksichtslose Kampf gegen diese Verführer des deutschen Volkes aufgenommen. Und das heißt zugleich: Kampf aller geistig und körperlich produktiv Arbeitenden gegen die Drohnen und Schmarotzer.«

Im Sommer vor dem Münchner Putsch verbrachte Hitler mit Eckart einige Wochen in der Gegend des Obersalzbergs. Die Gespräche der beiden erschienen unter dem Titel *Der Bolschewismus von Moses bis Lenin. Zwiegespräch zwischen Adolf Hitler und mir* als letzte, unvollendete Schrift Eckarts posthum 1924. Hitler »ruft«, »lacht bitter auf«, »winkt ab«, »wettert«, »reckt sich lachend auf«, »spottet«, »grollt«, »knirscht«, »höhnt« und »ekelt sich«. Thema: Der »jüdische Wurm«, »der verborgene Erreger«: »Eine Wucherung über die ganze Erde hinweg, bald langsam, bald springend. Überall saugt das und saugt. Anfangs die strotzende Fülle, zuletzt vertrocknende Säfte.«

Es ist überliefert, daß in der Umgebung Hitlers nicht geraucht werden durfte; er fürchtete das für die Erreger einer Erkältung günstige Klima: »Die Mikroben stürzen sich auf mich.«

IE »*ARISCHE URRASSE*«, der allein ihr Erfinder Gobineau kulturschöpferische Kraft zusprach, war seiner Ansicht nach durch Vermischung schon lange verdorben; am ehesten war der Arier noch an einem langen Schädel zu erkennen und in Großbritannien und in Skandinavien aufzufinden; er war ein Ideal, das aus verstreuten Resten mit einem Höchstmaß an arischer Intuition rekonstruiert werden mußte. Die »semitische Rasse« war für einen Antisemiten ebenso schwer zu identifizieren wie die arische. Arier und Semit sahen sich zum Verwechseln ähnlich. Der Antisemit begriff sich daher als Enthüller, wie Edouard Drumont in seinem Buch *La France juive* (1886): »Jeder Jude, den man sieht, jeder Jude, der sich offen als solcher zeigt, ist verhältnismäßig wenig gefährlich... Der unbestimmbare und nicht deutlich zu erkennende Jude – das ist der gefährliche Jude.« Die Genetik konnte bei der Sichtbarmachung des *unsichtbaren Juden* nicht weiterhelfen; denn nach den Mendelschen Erbregeln verbargen sich unter blauen Augen und blondem Haar oft genug ganz andere Farben, die erst nach Generationen sichtbar wurden.

Hans Friedrich Karl Günther war mit seiner zum erstenmal 1922 erschienenen *Rassenkunde des deutschen Volkes*, die in über 100000 Exemplaren Verbreitung finden sollte, typisch für den Versuch, über viele Seiten hinweg etwas Unsichtbares zu umschreiben. Es gelang ihm zwar mühelos, bei rothaarigen Menschen *ziegenartige Ausdünstungen* und bei einem unheimlichen Konstrukt, das er *Ostrasse* nannte, *unfrischen Hautgeruch* wahrzunehmen; er betrachtete das ererbte Blut eines Menschen als dessen »eigensten, schicksaligsten Besitz«, der »ihn echter bezeichnet als sein Tun«; aber der *rassische Typus* blieb für ihn doch nur eine »Idee im platonischen Sinn«, ein »inbildliches

Maß«, das sich einzig dem entwickelten *rassekundlichen Blick* enthüllte. Das war um so bedenklicher, als es nach Günther eine Lebensfrage war, umgehend eine *Wiedervernordung* in die Wege zu leiten.

Er war sich sicher, daß die Germanen die Haarbürste erfunden hatten und daß der Bolschewismus eine *ostische Bewegung unter jüdischer Führung* war; aber es gelang ihm nicht, »den eigentlichen Juden rassekundlich festzustellen«. Auch die Nase war nur ein ungewisser Anhaltspunkt. Resigniert mußte Günther konstatieren: »Das eigentümliche Wesen des jüdischen Aussehens ist schwer mit einer gewissen Sicherheit und Genauigkeit zu beschreiben.« Und so kam er zu dem Schluß, daß das einzig wirklich Unverwechselbare an den Juden ihre Wechselhaftigkeit sei:

»Er ist wandelbar in seinen einzelnen Anpassungen, er wechselt leicht die Erwerbsart und den Erwerbsort, er wechselt die Staatsbürgerschaft, er wechselt die Sprachen. An der Beeinflussung und Wandlung der neuzeitlichen Anschauungen in Wissenschaft, Kunst und Leben ist er ebenso beteiligt wie am raschen Wandel der politischen Anschauungen. Was er wechselt oder zum raschen Wechsel antreibt, ist ihm ja nicht das Eigene, sondern das zu berechnende Artfremde, für das er als Artfremder keine Verantwortung empfinden kann.«

Es folgte ein Zitat aus: Haberlandt, *Die Völker Europas und des Orients*, 1920: »Es ist ohne Beispiel im Völkerleben der Erde ... wie dies Volk sich kraft seiner Rasse, Religion und Überlieferung überall als in sich eins und zusammengehörig fühlt und den bei ihm auf die Spitze getriebenen allgemein-semitischen Volkswahn, das *auserwählte Volk* zu sein, mit einem typischen Parasitismus auf die erstaunlichste Art zu verbinden weiß.«

LS HITLER nach dem Münchner Putsch, auf der Festung Landsberg in Ehrenhaft, unter dem Titel *Mein Kampf* seine Vorstellungen zu Papier brachte, welche vor dem Druck noch von Pater Bernhard Stempfle auf Rechtschreibfehler hin durchgesehen wurden, erinnerte er sich an seine Wiener Jugendzeit:

»Nichts hatte mich in kurzer Zeit so nachdenklich gestimmt als die langsam aufsteigende Einsicht in die Art der Betätigung der Juden auf gewissen Gebieten. Gab es denn da einen Unrat, eine Schamlosigkeit in irgendeiner Form, vor allem des kulturellen Lebens, an der nicht wenigstens ein Jude beteiligt gewesen wäre? Sowie man nur vorsichtig in eine solche Geschwulst hineinschnitt, fand man, wie die Made im faulen Leibe, oft ganz geblendet vom plötzlichen Lichte, ein Jüdlein...«

Wie Günther war Hitler auf der Suche nach etwas Unsichtbarem. Das war angesichts der vielen Synagogen verwunderlich, die selbst in kleinen Städten, in Marktflecken, ja in Dörfern zu finden waren. Abgesehen von einer verschwindenden Minderheit hielten die Juden an ihrem Glauben fest. Sie hüteten ihre alten Thora-Rollen wie wertvolle Schätze. Sie zeichneten ihre Knaben im zartesten Alter. Seit dreitausend Jahren oder noch länger waren sie, soweit es nur möglich war, immer die gleichen geblieben.

Hitler war der Meinung, daß »der Jude zu allen Zeiten unter der Bezeichnung *Religionsgemeinschaft* maskiert zu segeln pflegte«. Aber durch ihre Religion waren die Juden sehr viel einfacher zu erkennen als die Arier, die angeblich hinter all den Baptisten, Katholiken, Muslimen, Hindus und Lutheranern steckten. Während die Juden die Sprache ihrer alten Bücher, das Hebräische, bewahrt hatten, hatte sich das Indogermanische in so viele verschie-

229

dene Sprachen verzweigt, daß sich die »arische Sprach-familie« nicht mehr verstand.

Und wenn man sich denn auf derartige Vergleiche ein-lassen will: Glichen wir Parasiten nicht viel eher jenen von den Antisemiten entworfenen arischen »Lichtgestalten«? Wir waren geborene Schauspieler und hatten tatsäch-lich schon die ungeheuerlichsten Metamorphosen durch-gemacht. Natürlich konnten von uns nur einige wenige Adlige individuelle Stammbäume vorlegen, die hinter den Dreißigjährigen Krieg zurückreichten. In der Regel waren wir genausowenig wie Hitler in der Lage, eine arische Her-kunft zweifelsfrei nachzuweisen; aber auch wenn nicht jeder unserer Vorfahren keltischer Barde war, konnten wir mit bedeutend urigeren und sehr viel überzeugenderen Hinweisen auf ein mögliches Ariertum aufwarten als die meisten deutschen Familienchroniken.

Hitler behauptete: »Sicher fußte die erste Kultur der Menschheit weniger auf dem gezähmten Tier, als vielmehr auf der Verwendung niederer Menschen ... Es ist also kein Zufall, daß die ersten Kulturen dort entstanden, wo der Arier im Zusammentreffen mit niederen Völkern diese unterjochte und seinem Willen untertan machte. Sie waren dann das erste Instrument im Dienste einer werdenden Kultur.« Eine der ersten auf Sklaverei begründeten Kul-turen Europas waren natürlich die Griechen gewesen, beziehungsweise ihre ältesten und wichtigsten Vorfahren: die Dorer. Der Volksstamm, der über tausend Jahre vor der Zeitenwende aus dem Norden kam und die Ureinwoh-ner von Hellas versklavte, zeichnete sich dadurch aus, daß er Herakles zu seinem Stammheros erhoben hatte und den Dienst des Apollo, des Gottes des Lichtes und der Reinheit, besonders ernst nahm.

»Nicht in den intellektuellen Gaben liegt die Ursache der kulturbildenden und aufbauenden Fähigkeit des Ariers«, schrieb Hitler. »Hätte er nur diese allein, würde er damit

230

immer nur zerstörend wirken können, auf keinen Fall aber organisierend; denn das innerste Wesen jeder Organisation beruht darauf, daß der einzelne auf die Vertretung seiner persönlichen Meinung sowohl als seiner Interessen verzichtet und beides zugunsten einer Mehrheit von Menschen opfert. Erst über dem Umweg dieser Allgemeinheit erhält er dann seinen Teil wieder zurück. Er arbeitet nun z. B. nicht mehr unmittelbar für sich selbst, sondern gliedert sich mit seiner Tätigkeit in den Rahmen der Gesamtheit ein, nicht nur zum eigenen Nutzen, sondern zum Nutzen aller. Die wunderbarste Erläuterung dieser Gesinnung bietet sein Wort *Arbeit*, unter dem er keineswegs eine Tätigkeit zum Lebenserhalt an sich versteht, sondern nur ein Schaffen, das nicht den Interessen der Allgemeinheit widerspricht.«

Besser konnte man die organisatorische Tätigkeit, die wir in unserem Urvolk ausgeübt hatten, nicht zusammenfassen. Nicht für uns hatten wir das Getreide eingesammelt: »Um die Opfergaben entgegenzunehmen, mußten in den Tempeln Leute bestimmt werden, deren Aufgabe es war, sie aufzubewahren, an das Volk zu verteilen & sie bei den Feiern zu Ehren verschiedener Götter zum Opfer zu bringen.« So stand es in der *Encyclopédie*. Nichts sprach dafür, daß bei den Griechen jemals ein Jude für diese Arbeit gewählt worden wäre. Daß wir und die Juden eine völlig voneinander geschiedene Geschichte hatten, war offensichtlich. Wir wollen hier nicht noch einmal den ganzen Reichtum der griechischen und römischen Komödie ausbreiten, aber wie konnte ein Schinkenschlächter Jude sein? Wann wären wir je auf die Idee verfallen, unseren Speisezettel durch jene strengen Gebote zu schmälern, die seit Moses für die Juden galten? Wenn unter den Parasiten des Apoll ein Hebräer gewesen sein sollte, dann hatte er seinen Väterglauben abgelegt. Niemals hatten wir uns im Altertum wie die Juden mit Viehzucht beschäftigt, Hitler aber widersprach allem, was jeder Christ aus dem Alten Testament wußte, und behauptete:

»Nein, der Jude ist kein Nomade; denn auch der Nomade hatte schon eine bestimmte Stellung zum Begriffe *Arbeit,* die als Grundlage für eine spätere Entwicklung dienen konnte, soferne die notwendigen geistigen Voraussetzungen hierzu vorhanden waren... Bei dem Juden hingegen ist diese Einstellung überhaupt nicht vorhanden; er war deshalb auch nie Nomade, sondern immer nur *Parasit* im Körper anderer Völker.«

Wie? Das Volk Abrahams und Isaaks war kein Hirtenvolk? Auf welchem Acker sammelte Ruth Ähren? Wann hätten die Juden je Sklaven gehalten? Noah hatte seine Arche selbst gezimmert. Welche Ignoranz gehörte dazu, von den Juden zu sagen:

»Er ist und bleibt der typische Parasit, ein Schmarotzer, der wie ein schädlicher Bazillus sich immer mehr ausbreitet, sowie nur ein günstiger Nährboden dazu einlädt. Die Wirkung seines Daseins aber gleicht ebenfalls der von Schmarotzern: wo er auftritt, stirbt das Wirtsvolk nach kürzerer oder längerer Zeit ab.«

Hatten die Juden Heliogabal getötet, oder er uns? Und hatten wir ihn nicht trotzdem überlebt? »Das Ende«, behauptete Hitler, »ist nicht nur das Ende der Freiheit der vom Juden unterdrückten Völker, sondern auch das Ende dieses Völkerparasiten selber... Das furchtbarste Beispiel dieser Art bietet Rußland... Nach dem Tode des Opfers stirbt auch früher oder später der Vampir.«

Die Juden, von denen er sprach, waren keine Juden, und seine Parasiten keine Parasiten. Und welcher Vampir stirbt nach dem Tod seines Opfers? Nicht einmal Hitlers Vampire waren echt.

N RUSSLAND war wie in den USA vor dem Ersten Weltkrieg eine Eugenetische Gesellschaft entstanden. Die Gründer stützten sich bei ihrer Arbeit auf Galtons *Hereditary Genius.* N. K. Koltzoff bemühte sich zwischen 1922 und 1926 darum, in russischen Revolutionären und historischen Bauernführern aristokratisches Blut nachzuweisen, und agitierte kommunistische Parteimitglieder, sich verstärkt fortzupflanzen. Sein junger Mitarbeiter M. V. Volotskoi warb für ein Sterilisationsprogramm, wie es im US-Bundesstaat Indiana oder von der Schwedischen Staatlichen Forschungsanstalt für Rassenhygiene (Statens Institut för Rasbiologi) betrieben wurde, aber ohne Erfolg; niemand wünschte eine weitere Dezimierung der durch Krieg, Revolution und Bürgerkrieg geschrumpften Bevölkerung. Zwischen 1917 und 1920 hatte Moskau fast die Hälfte seiner Bevölkerung verloren. Aus prinzipiellen Gründen mißtraute die Partei dem genetischen Determinismus. Die vordarwinistische Entwicklungstheorie Lamarcks, die von einer Vererbung erworbener Eigenschaften ausging, entsprach schon eher den sowjetischen Plänen, einen neuen, sozialistischen Menschen zu entwickeln.

Auf diese Weise kam in Rußland auch jener vormalige österreichische Privatdozent zu Ehren, der 1913 seiner tapferen Symbiontin Felicitas das Büchlein *Über Genossenschaften von Lebewesen auf Grund gegenseitiger Vorteile (Symbiose)* gewidmet hatte. Kammerers Werke erlebten in der UdSSR gewaltige Auflagen. Lunatscharski schrieb über ihn ein Filmdrehbuch mit dem Titel *Salamandr;* der Österreicher trat darin als ein von reaktionären Kräften verfolgter Wissenschaftler mit kommunistischen Sympathien auf. Kammerer forderte eine sozialistische Eugenik, wetterte gegen die Mendelsche Genetik, welche die Menschheit zu Gefangenen ihrer Vergangenheit mache, und warb für den Lamarckismus, der uns alle zu Kapitänen der Zukunft schmiede. Der sogenannte Kammerer-Skandal machte der Sache ein Ende: Kammerer injizierte heimlich schwarze Tusche in eine Gewebeprobe und gab den so entstandenen dunklen Fleck als experimentell erzeugte erblich erworbene Eigenschaft aus. Der Schwindel flog auf.

Indessen versuchte ein anderer Schüler Koltzoffs, Alexander Serebrowski, ein Geflügelzüchter, die Genetik vom Verdacht des bürgerlichen Determinismus reinzuwaschen. Die Entdeckung des amerikanischen Genetikers Muller, daß Röntgenstrahlen genetische Mutationen auslösen, weckten Zweifel an der Unveränderlichkeit des Erbgutes. Serebrowski kritisierte, daß der erste Fünfjahresplan zwar Erdölreserven und Erzreserven berücksichtige, daß aber von den »menschlichen Reserven« der Sowjetunion nicht die Rede sei: »Eine Berechnung der Zeit- und Gelderdparnis durch eine erfolgreiche Säuberung der Bevölkerung unseres Landes von verschiedenen Formen erblicher Belastung ergibt, daß es wahrscheinlich möglich wäre, den Fünfjahresplan in zweieinhalb Jahren durchzuführen.«

Serebrowski war von seinem früheren Mitarbeiter und Lehrer Ilia I. Iwanow und dessen weltweit anerkannter Pionierarbeit auf dem Gebiet der künstlichen Befruchtung beeinflußt. Ende der zwanziger Jahre kam die Technik der künstlichen Befruchtung bei Schafen und Kühen in Gebrauch. Es war also nur logisch, daß Serebrowski, inzwischen Partei-Kandidat, 1929 in einem Artikel *(Anthropogenetik und Eugenik in einer sozialistischen Gesellschaft)* mit dem Vorschlag aufwartete, den Fünfjahresplan entsprechend zu ergänzen, und zwar durch »die breitgestreute Einführung der Empfängnis durch Mittel der künstlichen Besamung bei Benutzung empfohlenen Samens, der keineswegs von einer geliebten Braut stammen muß ... Beim aktuellen Stand der Technologie der künst-

lichen Besamung (die jetzt bei der Pferde- und Rinder-
zucht weit verbreitet ist) könnte ein talentierter und wert-
voller Produzent bis zu 1000 Kinder haben ... Unter diesen
Umständen würde die menschliche Auslese einen gigan-
tischen Sprung vorwärts machen. Einzelne Frauen und
ganze Kommunen könnten sich stolz ihrer Erfolge und
Errungenschaften auf diesem zweifellos erstaunlichsten
Feld – der Produktion neuer Formen menschlicher Wesen
rühmen.«

Die Wanze, eine Stück von Wladimir Majakowski, illu-
striert die Stimmung des Jahres 1929, in der diese Ideen
gediehen. Der in den Jahren der »Neuen Ökonomischen
Politik« verbürgerlichte Arbeiter Ivan Prisypkin, einst
Parteimitglied, verläßt seine Freundin Sonja und heiratet
aus finanziellem Interesse in einen privaten Friseursalon
ein. Durch die Heirat erwirbt seine zukünftige Frau, die
als Privateigentümerin nach dem Gesetz rechtlich benach-
teiligt ist, die vollen Bürgerrechte. Prisypkin legt sich
einen französischen Namen und Visitenkarten zu und beginnt, Gedichte zu schreiben. Er besitzt nun Lackstiefel
und nimmt Tanzstunden. Bei der Hochzeitsfeier geraten
er und ein Buchhalter sich in die Haare, ein Feuer bricht
aus. Der Chor der Feuerwehrleute, der vor Alkohol und
falschem Umgang mit Feuer warnt, leitet zum fünften Bild
über, das in der Zukunft spielt.

Der in Löschwasser eingefrorene Prisypkin ist bei Gra-
bungsarbeiten entdeckt worden. Die sozialistische Welt-
föderation beschließt, daß er aufgetaut wird – trotz
folgender *Resolution der sanitären Kontrollstellen bei
den metallurgischen und chemischen Industriewerken des
Donezbeckens*: »Zur Vermeidung der Gefahr, die mit einer
Ausbreitung des Bazillus der Lobhudler und Speichel-
lecker nebst dem Bazillus der Hochnäsigen und Prahlhänse verbunden wäre (zweier Krankheitserreger, die für
das Jahr neunundzwanzig so charakteristisch waren), ver-

langen wir, das Ausstellungsobjekt möge im tiefgekühlten Zustand belassen werden.«

Prisypkin wird wiederbelebt, ein Professor nähert sich vorsichtig seinem Objekt:»Bewegungsmechanik normal, er kratzt sich – offenbar erwachen auch die bei solchen Wesen symbiotisch auftretenden Parasiten.« Während sich die Wissenschaftler die Hände waschen, scheuert der Auferstandene »*den Rücken an der Tür, tastet mit der Handfläche, wendet sich um, erblickt auf der lichten Wand eine von seinem Rockkragen übergelaufene Wanze.* Oh, eine Wanze...«

Er entkommt wie diese.

Sofort verbreiten sich in der neuen Gesellschaft, in der Wörter wie Selbstmord, Kapitalist, Korruption und Sektierer unbekannt sind, die verschiedensten Seuchen: Alkoholismus, Rauchen, *die Mikroben der Verliebtheit*: »So hieß eine Krankheit der Vorzeit, die in Fällen auftrat, wo die vernünftig übers ganze Leben verteilte Geschlechtskraft plötzlich schlagartig im Laufe einer Woche sich zum galoppierenden Entzündungsprozeß verdichtete.«

Ein Expeditionstrupp unter Leitung des Professors jagt die entkommene Wanze, das »einzeln-letzte Exemplar einer ausgestorbenen, doch zu Beginn dieses Jahrhunderts sehr volkstümlichen Insektenart«. Prisypkin läßt sich durch eine Zeitungsannonce anlocken mit dem Text: »Aufgrund der Satzungen des Tiergartens suche ich einen lebendigen Menschenleib für Insektenstiche, zwecks Erhaltung und Entwicklung eines frisch erworbenen Ungeziefers unter den ihm angewöhnten Normalbedingungen.«

Mit Pomp werden er und seine Wanze als Ausstellungsstücke im Zoo der Weltöffentlichkeit vorgestellt:

»Die Bediensteten des Tiergartens schreiten die Wege und die Schaustätten ab.

ERSTER BEDIENSTETER: Mit freiem Aug keine Spur von Mikroben! Bedient euch der Hilfe von Mikroskopen!

ZWEITER BEDIENSTETER: Des Speichels Ansteckungskraft ist enorm. Schutz gegen Spuckspritzer bringt Lysoform...

DER VORSITZENDE: Die traurigen Vorfälle in unserer Stadt, Ergebnis der unvorsichtigen Zulassung zweier Schmarotzer in ihre Mauern, sind mit meinen Kräften und den Kräften der Weltmedizin wiedergutgemacht. Doch gemahnen jene Vorfälle an die ganze Abscheulichkeit einer untergegangenen Epoche ... Es handelt sich, genau genommen, um zwei Geschöpfe verschiedenen Umfangs, doch gleicher Lebensart: Die *Vancia normalis*, fettgemästet und vollgesoffen am Leib eines Menschen, fällt unters Bett. Der *Spießerius vulgaris*, fettgemästet und vollgesoffen am Leibe der Gesamtheit, fällt aufs Bett. Das ist der ganze Unterschied! Als das arbeitende Menschengeschlecht der Revolution sich in Krämpfen wand, sich den Unrat der Vergangenheit vom Leibe schabte, da bauten im Unrat diese Wesen oder Unwesen ihr Nest, ihr Haus.«

Der Direktor »nähert sich dem Käfig, legt Handschuhe an, prüft die Pistole, öffnet die Gittertür«. Prisypkin wirft die Gitarre weg, die er die ganze Zeit mitgeführt und auf der er ständig herumgeklimpert hat, und brüllt: »Warum sitze ich ganz alleine im Käfig?«

»STIMMEN DER GÄSTE: Weg mit den Kindern! Den Maulkorb her ... Ach, nur nicht schießen!

DIREKTOR: Verzeihung, Genossen ... Entschuldigen Sie ... Das Ungeziefer ist überreizt. Morgen wird es sich wiederum beruhigt haben. Still, Bürger, geht auseinander, bis morgen denn also, Musik, einen Marsch!«

Es war eine Ironie auf Messers Schneide. Majakowski erschoß sich 1930 aus Liebeskummer. Die ersten Schauprozesse, der Fünfjahresplan und die Ausrottung der Kulaken, der *Große Bruch* brachte die stalinistische Diktatur, den Archipel Gulag hervor.

EIN *SPOTTGEDICHT* in der *Izvestiia* mit der Überschrift *Evgenika* nahm Serebrowskis Artikel aufs Korn. Die *Russische Eugenetische Gesellschaft* wurde aufgelöst.

Das Wort *biologizirovat*, biologisieren, wurde geprägt. Es bezeichnete eine *menschewistische Abweichung*. Serebrowski überstand den Angriff und wurde Professor eines neuerrichteten Lehrstuhls für Genetik an der Moskauer Universität.

Im Mai 1930 erhielten zwei seiner Schüler, Salomon G. Levit und I. I. Agol Stipendien der Rockefeller Foundation und gingen mit Erlaubnis der Sowjetregierung in die USA, wo sie mit dem bereits erwähnten Fruchtfliegenforscher Muller in Austin, Texas, zusammenarbeiteten. Muller war wie J. B. S. Haldane und Julian Huxley, der Bruder des Verfassers von *Brave New World* (1932), enthusiastischer Eugenetiker. Er sympathisierte mit dem Kommunismus, und als Levit und Agol in die UdSSR zurückkehrten, folgte er ihnen.

Er war noch in Moskau, als 1935 in den USA und Großbritannien sein Buch *Out of the Night: A Biologist's View of the Future* erschien. Nach Ansicht Mullers stand der Menschheit eine glänzende Zukunft bevor. Bassemer Stahl, Zement und Salvarsan, Aluminium und künstliche Nahrung; Maschinen, die lebenden Organismen glichen; ungeahnte Kommunikationsmittel, *Computermaschinen*, bewegliche Modelle, Filme von phantastischer Qualität; Raketen und Atomtechnik. Eine revolutionierte Landwirtschaft werde hundertprozentig verwertbare, leicht anbaubare, leicht zu erntende, gegen natürliche Feinde und gegen Hitze und Kälte resistente Früchte zeitigen. Mit Hilfe der genetischen Wissenschaften *transfigurierte Tiere* würden für eine unbegrenzte Fleischzufuhr sorgen.

Muller zufolge gab es nur zwei Bedrohungen für die Menschheit. Die erste hielt er für relativ unbedeutend: »Solange der Mensch die Fähigkeit behält, Erkenntnisse über Generationen hinweg weiterzugeben und fruchtbar zu machen, ist eine Bedrohung seiner Herrschaft durch eine andere Spezies (es sei denn durch einen parasitischen Mikroorganismus) nicht vorstellbar; er wird immer in der Lage sein, den Feind zu erkennen und zu stellen, lange bevor die Gefahr ihren Höhepunkt erreicht.«

Die andere hingegen war ebenso dramatisch wie bekannt: die Entartung der Menschheit. Die menschliche Gesellschaft hatte den Mechanismus der *natürlichen Auslese* außer Kraft gesetzt, also stand ihr ohne entsprechende Gegenmaßnahmen der Untergang bevor. Die Beseitigung der Minderbegabten war nach Mullers Meinung kein gangbarer Weg, das bewies ihm die Mathematik: »Was die Ausrottung des Schwachsinns betrifft, so arbeiten unsere sogenannten Eugeniker mit falschen Vorstellungen. [J.B.S.] Haldane hat bereits darauf hingewiesen, daß auch die Sterilisierung aller Schwachsinnigen das Wiederauftauchen dieser Eigenschaft in der nächsten Generation keineswegs verhüten würde.« Nach den Mendelschen Erbregeln müßte man die Schwachsinnigen acht Generationen lang sterilisieren, um ihre Anzahl zu halbieren; nach zwanzig sterilisierten Generationen wären von 300 000 Schwachsinnigen in den USA immer noch 75 000 übrig, rechnete Muller vor, und um ihre Anzahl auf null zu bringen, müßten die Sterilisierungen beinahe endlos fortgesetzt werden.

Mullers Rezept: positive statt negativer Eugenik, die »Aufzucht genetisch außergewöhnlich hochstehender Menschen« wie Lenin, Newton, Pasteur, Beethoven, Omar Khayyám, Puschkin, Sun Yat Sen und Karl Marx. Liebe und Fortpflanzung müßten getrennt werden. Willkürliche Fortpflanzung würde das Genmaterial künftiger Genera-

tionen nur verschlechtern: »Die Menschheit hat das Recht
auf bestmögliche Gene.«

Die Verhältnisse in den USA ließen jedoch nach Mullers
Meinung eine »sozial bewußte Steuerung menschlicher
biologischer Evolution« nicht zu: »Unsere gegenwärtige
soziale Organisation ist kaum formbar. Eine Veränderung
ihrer fundamentalen Struktur ist kaum oder überhaupt
nicht möglich, bevor die gemeinschaftsbildende Energie
in ihr nicht ein beträchtliches Maß erreicht hat.« Zur
Verwirklichung der positiven Eugenik in den USA wäre
eine gewaltsame Revolution nötig. Muller drückte sich
vorsichtig aus, er griff zu einer *biologischen Analogie*. Die
reaktionären Kräfte in Amerika glichen *parasitären Organismen*:

»Voraussetzung für die Heilung der Schlafkrankheit,
der Syphilis oder der Amoebenkrankheit ist die Verabrei-
chung einer hochkonzentrierten Medizin; in geringerer
Konzentration, verteilt über einen längeren Zeitraum,
wird die gleiche Dosis von den krankheitserregenden parasitischen Organismen unschädlich gemacht. Die Wider-
standskraft dieser Organismen erhöht sich sogar noch ...
Das gleiche gilt für den gesellschaftlichen Körper; die
ihm innewohnenden Interessen der Reaktion sind so stark,
so umfassend, so dominierend, daß sie unglücklicherweise
nur durch den plötzlichen Ansturm einer explosiven und
doch zielgerichteten Gewalt, die mit plötzlicher Entschlos-
senheit auftritt, überwunden werden können ...«

Im Mai 1936 schrieb Muller, immer noch in der Sowjetunion, an Stalin:

»Mit den Mitteln der Technik der künstlichen Besamung,
die hier im Land entwickelt wurde, ist es ohne weiteres
möglich, für solche Zwecke das Reproduktionsmaterial der
wirklich überragenden Individuen, eines von 50 000, oder
eines von 100 000 zu verwenden, da diese Technik eine
50 000fache und noch größere Vervielfältigung gestattet.

… Schon in einer Generation wäre wahrscheinlich ein beträchtlicher Fortschritt zu verzeichnen. Schon nach wenigen Jahren wären viele dieser Kinder weit genug entwickelt, so daß man eine Einstufung als zurückgeblieben oder höherentwickelt vornehmen könne.«

Aber Stalin gefiel der Vorschlag nicht. Muller wurde gewarnt, verließ die Sowjetunion unter dem Vorwand, als Freiwilliger am Spanischen Bürgerkrieg teilnehmen zu wollen, und kehrte in die USA zurück. Am Tag, als er die sowjetische Grenze überschritt, wurde Agol erschossen. Levit wurde seines Postens enthoben und verschwand im Januar 1938.

ER SCHÄDLING löste uns ab. Seine plötzliche Vermehrung in der UdSSR fiel ins Vorjahr des ersten Fünfjahresplanes. 1928 wurde eine »große Schädlingsorganisation bürgerlicher Spezialisten im Schachty-Rayon im Donezbecken« aufgedeckt. In der *Geschichte der KP der SU (B). Kurzer Lehrgang* stellt sich der Vorgang so dar:

»Die Schädlinge führten den Abbau der Kohlelager unrichtig durch, um die Kohleförderung zu senken. Sie beschädigten die Maschinen, die Lüftungsanlagen, führten Einstürze, Explosionen und Brände in den Gruben, Fabriken und Kraftwerken herbei. Die Schädlinge hemmten bewußt die Verbesserung der materiellen Lage der Arbeiter und verletzten die Sowjetgesetze über den Arbeitsschutz. Die Schädlinge wurden zur Verantwortung gezogen.«

Majakowskis besoffener, verwanzter Arbeiter mit einer Klampfe kam aus dem Inneren der Arbeiterklasse. Er war ein entarteter Arbeiter, eine Hundsrute am Linsengewächs, doch zum Linsengewächs gehörig. Er war Miasma

241

aus dem Sumpf und strömt bis heute ein Aroma der Un-
sterblichkeit aus. Den Schädling hingegen verband nichts
mit dem *reinrassigen Proletarier.* Die *Gutsbesitzer, Kapitalisten, Kulaken, Spione,* die *Söldlinge der kapitalistischen
Umwelt* waren von grundsätzlich anderer Art. Zwischen
den *Kulaken und ihren Tellerleckern* und der Arbeiterklasse war das Tischtuch zerschnitten. Ein Arbeiter leckte
per definitionem keinen Teller mehr. Anders als uns verband die *feindlichen kulakischen Schädlingselemente* keine
Vergangenheit mit dem Menschen.

Auch die »jämmerliche, vom Leben losgerissene und bis
ins Mark verfaulte Fraktionsgruppe« der *entarteten* trotz-
kistischen *Doppelzüngler,* die in der Maske von partei-
treuen Leuten vor der Partei *scharwenzelten,* um ihre
Wühlarbeit im verborgenen fortzusetzen, bestand nicht
aus schmeichelnden Parasiten, sondern aus Schädlingen.

Vielleicht lag es an unserer sprichwörtlichen Arbeitsscheu, daß uns keine *Schädlingsarbeit* nachgesagt wurde.
Schädlingsarbeit, Sabotage, Sprengungen waren für Parasiten zu anstrengend. Wir waren zu unpolitisch. Wir waren
zu komisch, um als *Agenten ausländischer bürgerlicher
Spionagedienste,* in einer *Bande von Spionen, Zerstö-
rungsagenten, Mördern und Landesverrätern* bei den Moskauer Prozessen mit einer Selbstkritik zu glänzen.

UCH IN DEUTSCHLAND rückte der Para-
sit in den Hintergrund und machte dem Schädling Platz.
Beispielhaft für diesen Vorgang war das Schicksal des
Schriftstellers Theodor Lessing, dem Verfasser des philosophischen Werkes *Geschichte als Sinngebung des Sinnlosen* (1916).

Der Nachfahre einer alten jüdischen Familie war nach stürmischen Jugendjahren in München und dem Bruch mit seinem Jugendfreund Ludwig Klages in seine Heimatstadt Hannover heimgekehrt. Er fristete dort als Philosophiedozent an der Technischen Hochschule und Journalist sein Leben. Im Juli 1924 berichtete er als Korrespondent im *Prager Tagblatt* von einer »Epidemie des Aberglaubens«: Dienstmädchen weigerten sich, in den Metzgerläden einzukaufen. Menschliche Leichenteile waren gefunden worden, ein Sack mit Knochen, von denen das Fleisch säuberlich abgeschabt worden war.

Einige Monate später wurde Fritz Haarmann festgenommen, ein Spitzel der Bahnhofspolizei, der zusammen mit einem Polizeikommissar ein Detektivbüro betrieb. Wie sich herausstellte, waren schon seit langem Anzeigen gegen ihn eingegangen. Der zuständige Gerichtsmediziner hatte zwei Frauen, die von Haarmann stammendes, verdächtiges Fleisch vorlegten, dieses lachend, ohne es zu untersuchen, als Schweineschwarten wieder mitgegeben. Haarmann hatte vierundzwanzig Menschen umgebracht, zerstückelt und teilweise aufgefressen.

Lessings Prozeßberichterstattung erregte Aufsehen. Seine Kritik an den Behörden, die angesichts des wiederholten Verschwindens junger Vagabunden ein geradezu demonstratives Desinteresse an den Tag gelegt hatten, erregte das Mißfallen völkischer Kreise. Als er sich dann auch noch während der Kandidatur Hindenburgs über diesen lustig machte, wurde er das Ziel einer aufsehenerregenden Hetzkampagne der Nationalsozialisten.

In seiner Studie *Haarmann – Die Geschichte eines Werwolfs* schrieb er über einen engen Freund des Mörders:

»Man denke sich in den Tiefen der Untersee einen zähen, klugen Taschenkrebs, welcher nistet auf dem Höhlenhaus eines im Dunkel sich vollsaugenden, schleimigen Quallentieres, etwa eines pflanzenhaften Riesenpolypen, so hat man ein ungefähres Bild für die merkwürdige *Symbiose* von Triebverbrechen und Intelligenzdrohnen, von Lebensirrsinn und Geistschmarotzerei.«

Wie man sieht, war Lessing unser Freund nicht, noch sehr viel weniger aber ein Freund der Nazis. Nach der »Machtergreifung« entkam er mit knapper Not über die tschechoslowakische Grenze nach Marienbad. Im Mai 1933 erschien unter seiner Mitarbeit in Prag ein Buch, das sich mit dem bezeichnenden Titel *Gegen die Phrase vom jüdischen Schädling* gegen das neue Schlagwort wandte. Der Sammelband vereinte emigrierte und in Deutschland gebliebene Autoren, darunter Heinrich Mann, Werner Sombart, Arthur Holitscher, Friedrich Lettow-Vorbeck, Lion Feuchtwanger, Max Naumann und Max Brod. Die Verteidigungsschrift war selbst von antisemitischen Stereotypen nicht frei. Naumann sprach von *körperlicher und geistiger Inzucht*, und Sombart wünschte sich, »daß die *Verjudung* so breiter Gebiete unseres öffentlichen und geistigen Lebens ein Ende nähme«. Vom Parasiten war nicht die Rede, mit einer Ausnahme.

Lessing schrieb: »In der deutschen Republik, einem Volksstaate, welcher jedem Bürger die Freiheit des Gewissens und den Schutz seiner Ehre verbürgt, geschieht ein Kollektiv-Verbrechen, desgleichen niemals ähnlich dagewesen ist. Denn niemals war es erlaubt, daß die Majorität im Staate die wehrlose Minderheit in Wort und Schrift als hassenswert und parasitär dem Masseninstinkte preisgeben durfte. Es wächst in Deutschland ein Geschlecht heran, für welches nach 20 Jahren solcher Hetze das Wort *Jude* gleichbedeutend sein muß mit Begriffen wie Schädling, Schmarotzer, Wucherer, Verbrecher.«

Das war freilich tausendmal ehrenwerter als Sombarts übles Gerede; und trotzdem verkannte Lessing, was die Stunde geschlagen hatte: »Dadurch züchtet sich Deutschland aus einem Volksteil, der sein heilsamster werden

könnte, einen Schädling, denn an der dunklen Feigheit des
Menschentums hat auch der Jude seinen Anteil wie jeder
andere Mensch. Ein Geschmähter findet immer die Wege
der Mimikry.«

Als Lessing diese Zeilen schrieb, stand er schon unter
Beobachtung des NS-Agentennetzes in der CSR. Ende
Juni brachte eine sudetendeutsche Zeitung die Meldung,
die Reichsregierung hätte auf ihn ein Kopfgeld von acht-
zigtausend Mark ausgesetzt. Etwa um diese Zeit wurde
Max Rudolf Eckert, ein Mitglied des nationalsozialisti-
schen »Gewerkschaftsverbandes deutscher Arbeiter« von
Ernst Röhm, dem Führer der reichsdeutschen SA, mit der
Ermordung Lessings beauftragt. In einem Brief Eckerts
an die »Sudetendeutsche Kontrollstelle« erinnerte sich
dieser später:

»Diese Sache habe ich ›gebacken‹, bei dem damaligen
Treffen in Tirschenreuth im Jahre 1933, als dort Röhm
und die Anderen anwesend waren. Damals wurde uns gesagt, es wird für euch gesorgt, wenn ihr den Volksschäd-
ling Lessing beiseite schafft, Hauptsache, ihr laßt euch
nicht erwischen.«

Lessing wohnte außerhalb von Marienbad an einem
hügeligen Waldstück. Am Abend des 30. August 1933
lehnte Eckert mit einigen Kumpanen eine sieben Meter
lange Leiter an die Rückwand der »Villa Edelweiß«, zwischen das fünfte und sechste Fenster der zweiten Etage.
Um einundzwanzig Uhr zwanzig betrat Lessing das Zimmer und machte Licht. Er tippte etwa zehn Minuten ein
Feuilleton auf der Schreibmaschine, die auf einem kleinen
Tischchen in der Mitte des Zimmers stand. Dann wollte
er ein Kuvert holen, stand auf, ging zum geschlossenen
Fenster...

WAHRSCHEINLICH war es kein Zufall, daß sowohl in der UdSSR unter Stalin als auch im »Dritten Reich« der Schädling den Parasiten ablöste. Das Wort Schädling bezeichnete einen Angreifer von außen. Nichts in der Geschichte des Begriffs deutete darauf hin, daß der Feind aus dem Innern eines kranken Körpers oder *Volkskörpers* entstanden sein könnte. Ein Parasit hingegen ist ohne einen Wirt, der ihn duldet, der ihn ernährt, nicht denkbar. Der Wirt ist genauso verdächtig wie der Parasit. Ein geheimes Band verbindet die beiden. Der Wirt ist nicht koscher. Er läßt sich schmeicheln. Er kompensiert. Er hat eine Schwäche. Warum hat er es soweit kommen lassen? Der Wirt ist korrumpierbar. Der Parasit besorgt ihm Frauen. Er besäuft sich mit ihm. Er verbrennt den Tag mit ihm. Warum hat er keine würdigeren Gäste? Warum läßt er sich aus der Hand lesen? Ist er am Ende ein aufgeblasener Veteran, der als vorgeblich *alter Kämpfer* mit erlogenen Erinnerungen prahlt? Wie zuverlässig ist jemand, der Flöhe hat? Wie viele Parasiten hatten selber Parasiten? Und war nicht oft selbst ein Parasit, wer Parasiten hatte? Ist, wo es Parasiten gibt, nicht etwas faul? Erinnern sie nicht an den Untergang Roms?

Schädling war ein neues Wort. In Deutschland dachte man vielleicht an die Reblaus *(Phylloxera vastatrix)*, die nach dem Deutsch-Französischen Krieg von 1870/71 aus Frankreich kam und um ein Haar den deutschen Wein vernichtet hätte. Grimms Wörterbuch kennt es nicht. Anders als das Wort Parasit bezeichnete es nicht zuerst einen Menschen, sondern ein Insekt. Außerdem war es kein Fremdwort, es war urdeutsch. Entomologen hatten das Wort in Umlauf gebracht:

Ludwig Reh hatte 1902 in einer Studie über den deutschen Wald Kritik daran geäußert, daß man es verlernt habe, »eine Pflanzenkrankheit als das Produkt zweier Organismen – der Pflanze und des Parasiten – zu betrachten«, und hatte in diesem Zusammenhang von *Schädlingen* gesprochen. Der Ameisenforscher Karl Escherich hatte in seinem Buch *Die Ameise* den Begriff des *Sozialparasiten* geprägt. So nannte er in Ameisennestern lebende *Gäste*, die seiner Meinung nach Alkoholikern glichen und mit ihren narkotisierenden Ausscheidungen ihre *Gastgeber* betäubten und entarten ließen.

Escherich erwog schon 1913 die »direkte Vernichtung des Schädlings durch mechanische oder chemische Mittel«. Weitere historische Nachrichten über den Schädling waren einer im März 1934 verfaßten, 1935 in Berlin veröffentlichten Schrift über *Schädlingsbekämpfung mit hochgiftigen Stoffen* zu entnehmen. Darin stand:

»Der Weltkrieg wurde uns, wie auf manchen anderen Gebieten, auch auf dem der Schädlingsbekämpfung zum Lehrmeister. Die Erkenntnis, daß das europäische Fleckfieber durch Kleiderläuse übertragen wird, brachte es mit sich, daß auch die deutsche Wissenschaft sich mit der Frage der Vernichtung dieses Ungeziefers eingehend befassen mußte. Dabei stellte sich sehr schnell heraus, daß die zunächst fast ausschließlich zu diesem Zweck angewandte schwefliche Säure durch Schädigung der Gewebe der Kleidung und Wäsche, durch Veränderung der meisten Farben und vor allem durch ihre chemische Einwirkung auf alle Metalle zum allgemeinen Gebrauch nicht empfohlen werden konnte. Auch Schwefelkohlenstoff und Benzindämpfe erwiesen sich wegen ihrer unsicheren Wirkung und ihrer Feuergefährlichkeit ebenfalls als ungeeignet, während die Dampfinfektion besonders Ledersachen empfindlich schädigte. So wurden dann auf Hases Anregung Versuche mit der bereits in Amerika vor dem Kriege auch von Reh und Escherich zur Vernichtung von Ungeziefer empfohlenen Blausäure aufgenommen. Diese führten bald zu einem vollen Erfolge, besonders nachdem Haber und seine Mitarbeiter besondere Entwesungstrupps in diesem Verfahren ausgebildet und dadurch die mit der Verwendung der Blausäure verbundenen Gefahren erheblich herabgemindert hatten.

Einen weiteren Schritt in der Richtung, die Anwendung der Blausäure möglichst ihrer Gefährlichkeit zu entkleiden, stellt die Verwendung des Zyklon A, eines Gemisches von der Blausäure gleichwertigem Zyankohlensäuremethylester mit einem Reizstoff Chlorkohlensäuremethylester, und besonders des heute fast nur noch allein angewandten Zyklon B dar, eines Gemisches von stabilisierter flüssiger, hochprozentiger Blausäure mit dem Reizstoff Bromessigsäuremethylester, das in Kieselgur oder ähnlichem porösen Trägermaterial aufgenommen und in Blechbüchsen verpackt eine leichte Handhabung des Entwesungsmittels gewährleistet.«

Es folgte eine Aufzählung verschiedener ministerieller Bekanntmachungen sowie eine eingehende technische Darstellung des Vorgehens bei der *Entwesung von Mühlen, Nahrungsmittelfabriken und -lägern, Schokoladefabriken, Kasernen, Baracken, Schiffen usw. im In- und Ausland.* Die von Prof. Dr. Otto Lentz, Geh. Obermed.-Rat, Berlin, und Dr. Ludwig Gaßner, Frankfurt a. M., verfaßte Schrift enthielt auch folgende *Fragen über die Anwendung von Blausäure für die Prüfung der zukünftigen Durchgasungstechniker durch den beamteten Arzt:*

1. *Durch welche behördliche Verfügungen ist die Anwendung der Blausäureverfahren in Deutschland geregelt?* Durch die Verordnungen der Reichsregierung über die Schädlingsbekämpfung mit hochgiftigen Stoffen vom 29. Januar 1919, die Verordnung des Reichministeriums des Innern für Ernährung und Landwirtschaft vom 22. August 1927 sowie die Reichsausführungsbestimmungen vom

25. März 1931. Dazu kommen die Runderlasse der einzelnen Freistaaten, insbesondere der des Preußischen Ministeriums für Volkswohlfahrt vom 8. August 1931.

2. *Welcher Art ist diese Regelung?* Es ist verboten, mit Blausäure oder anderen Zyanverbindungen bei der Schädlingsbekämpfung zu arbeiten.

3. *Bestehen Ausnahmen von diesem Verbot?* Ja. Für die Heeres- und Marineverwaltung sowie für staatliche wissenschaftliche Institute.

4. *Sind weitere Ausnahmen zulässig?* Ja.

5. *Durch wen werden diese Ausnahmen genehmigt?* Durch die zuständigen Landesregierungen, meist die Ministerien des Innern...

8. *Was ist für die behördliche Zulassung zur Ausführung von Entwesungen nach dem Blausäureverfahren Voraussetzung?* Gründliche praktische und theoretische Ausbildung und persönliche Zuverlässigkeit sowie bestandene Prüfung durch den Kreisarzt...

14. *Wie ist das Verfahren mit Zyklon?* Zyklon B wird in den Räumen, die durchgast werden sollen, ausgestreut...

18. *Ist reine Blausäure durch Geruch wahrnehmbar?* Nicht von allen Menschen...

19. *Hat Blausäure eine bestimmte Farbe?* Nein, sowohl verflüssigte als auch gasförmige Blausäure ist farblos.

28. *Ist Zyklon B gasförmig?* Nein, Zyklon B ist ein feuchtes, körniges Pulver.

29. *Warum wirkt es ebenso wie gasförmige Blausäure?* Das feuchte Pulver gibt schon bei gewöhnlicher Temperatur seinen Blausäuregehalt durch Verdunstung ab...

37. *Warum sind Blausäure und Zyklon B für die Entwesung geeignet?* Weil sie sehr giftig sind, etwas leichter als Luft und daher überall hindringen...

39. *Worauf ist die giftige Wirkung bei Menschen und Tieren zunächst zurückzuführen?* Das Atemzentrum im Gehirn wird gelähmt, so daß die Atmung aussetzt.

40. *Wie schützt man sich gegen das giftige Blausäuregas?*
Vor allem durch Tragen einer Gasmaske.

51. *Warum muß die Art der Schädlinge festgestellt wer-*
den? Weil sich nach der Art der Schädlinge die Gaskonzen-
tration zu richten hat...

58. *Was ist bei den Vorbereitungsarbeiten vor allem zu*
beachten? Die sorgfältige Abdichtung der zu durchgasen-
den Räume nach außen, Herausnahme der Ofenröhren
und Zukleben der Schornsteinöffnungen, Löschen jeder
Flamme, Öffnen von Schränken und Schubläden, Abheben
der Bilder, Uhren, Klingeln von der Wand mit darunter-
geschobenen Papierpfropfen, Auseinanderbreiten der Ma-
tratzen, bei der Milbenbekämpfung umgekehrtes Auf-
stellen der Bücher. Außerdem müssen die Fenster und
Lüftungsmöglichkeiten leicht zu bedienen sein...«

UF EINEM BAUM ein Kuckuck,
Sim-saladim-bamba-saladu-saladim
auf einem Baum ein Kuckuck saß.
Da kam ein junger Jägers-
Sim-saladim-bamba-saladu-saladim
da kam ein junger Jägersmann.
Der schoß den armen Kuckuck,
Sim-saladim-bamba-saladu-saladim
der schoß den armen Kuckuck – tot.
Und als ein Jahr vergangen,
Sim-saladim-bamba-saladu-saladim
und als ein Jahr vergangen war,
da war der Kuckuck wieder,
Sim-saladim-bamba-saladu-saladim
da war der Kuckuck wieder da.

250

EIN VERSTAUBTES BUCH, es riecht nach Buchklub, nach Büchergilde. Daphne du Maurier, gehobene Kolportage: *Die Parasiten* (1950). Es spielt nach dem Weltkrieg. Man liest und liest und kommt nicht dahinter, nach welchem. »Es war Charles, der uns Parasiten nannte.« Boheme. Zerrüttete Ehen. Verfall. Operettenmilieu. Abschminke. Lebenslügen. »Weil keines von euch je in seinem Leben den Finger zu anständiger ehrlicher Arbeit gehoben hat, sondern weil ihr euch von uns, dem törichten Publikum, mästet...« Garderobenmuff. Wehmut. Der gute alte Daddy, jetzt geht er am Krückstock. Passé und vorbei. Alte Fotos. Den Anschluß verpaßt. Denk nicht an vergangne Zeiten.

Kurz vor dem Ende kommt Montgomery vor. Also doch Zweiter Weltkrieg. Einer der Parasiten will nicht mehr, von einem Helden kann man da nicht sprechen. Ein Schlagerkomponist namens Niall Delanay. Er fährt auf den letzten Seiten hinaus aufs Meer. Allein. Ins blaue Nichts hinaus im morschen Boot.

»Nichts war erheblich. Er war allein auf dem Meer. Und er hatte ein Lied geschrieben ... Das, was Pappy im Ärger *Nialls minderwertiges französisches Blut* zu nennen pflegte, rann noch immer durch seine Adern, wenn auch träge ... Er erinnerte sich dunkel aus seiner Knabenzeit, daß er in einem Buch den Satz gelesen hatte: *Alle Mann an die Pumpen!*«

»Er steckte den Finger in die Flüssigkeit.« Das Wasser steigt. Degeneriert. Alles ist von ihm abgefallen. Müde gleitet er ins Wellengrab. Er hat den Tod verdient. Der Parasit gluckert ab.

N DER WISSENSCHAFT herrschte nach 1945 Ruhe. Von *Menschen-Parasiten* wollte nach dem Zweiten Weltkrieg und dem Holocaust die Fachwelt erst einmal nichts mehr hören.

1953 entdeckten der Amerikaner James Watson und der Engländer Francis H. C. Crick die molekulare Doppel-Helix-Struktur der Desoxyribonukleinsäure (DNA). Damit war die Erbsubstanz bestimmt, die den Aufbau der organischen Proteine steuert.

Im Jahre 1955 veröffentlichte Muller, inzwischen Nobelpreisträger, in der amerikanischen Zeitschrift *Science* einen programmatischen Aufsatz unter der Überschrift *Life*, in dem er auf die Entdeckung der DNA Bezug nahm. Er begann mit der altbekannten Warnung vor einer »zunehmenden Anhäufung schädlicher Gene«, die durch »aufgeklärte Kontrolle kompensiert« werden müsse. Der zu verzeichnende Fortschritt, die rapide Zunahme menschlicher Erkenntnisse und technischen Wissens, beruhe auf der »extremen Fähigkeit des Menschen, auf erzieherische und andere Umwelteinflüsse zu reagieren«, aber »Veränderungen der erblichen Ausstattung des menschlichen Organismus« könnten diesen Fortschritt auf ungeahnte Weise beschleunigen: »Ein solcher würde die genetische Neuformung unserer primitiven Triebe, die Verbesserung unserer intellektuellen Fähigkeiten und sogar unserer körperlichen Konstruktion umfassen.«

Parasitische Organismen im gesellschaftlichen Körper, die den Fortschritt aufhalten könnten, machten Muller keine Sorgen mehr, eher so etwas Ähnliches wie die Trägheit des Herzens:

»Eine Grenze für das Ausmaß solcher Verbesserungen ist nicht in Sicht, vorausgesetzt, wir wollen, daß sie stattfinden. Daß sie sich automatisch einstellen, durch unbewußte natürliche Selektion, wie sie in der Vergangenheit am Werk war, ist allerdings durch die Bedingungen ausgeschlossen, die sich aus der sozialen Evolution ergeben haben. Diese Bedingungen führen nämlich direkt zum wachsenden, umfassenden gesellschaftlichen Schutz derer, die durch ihr Erbgut schwach und kränklich oder aufgrund von Unglücksfällen, welche die äußeren Umstände herbeigeführt haben, behindert sind. Aber die gleiche soziale Evolution stellt in wachsendem Maß ständig zunehmende praktische Erkenntnisse und Techniken zur willentlichen künstlichen Steuerung der biologischen Evolution bereit. Dadurch werden neue Mittel verfügbar, viele der bei der Reproduktion und Erblichkeit beteiligten Prozesse zu steuern.«

Mullers Liste umfaßte die Speicherung reproduktiver Zellen, und zwar innerhalb wie auch außerhalb des Körpers; künstliche Insemination und Fertilisation; durch Reizung herbeigeführte Parthenogenese; durch Reizung herbeigeführte Entstehung von Zwillingen; Polyembryonie; die Einpflanzung befruchteter Eizellen.

Optimistisch wie immer fuhr der Fruchtfliegenforscher fort: »Schließlich werden wohl auch Wege gefunden werden, das Verhalten und die Verteilung von Chromosomen selbst zu beeinflussen. An Möglichkeiten, ursprüngliche Eikerne durch andere Zellkerne nach Wahl zu ersetzen, wird schon gearbeitet, und wahrscheinlich werden diese Operationen mit der Zeit genügend verfeinert werden, um die Manipulation individueller Chromosomen zu ermöglichen... Nur alter Aberglaube hindert die Mehrzahl der Menschen heute noch an der Anerkennung der Tatsache, daß diese Möglichkeiten ein schöneres Leben gestatten.«

Aber waren wir wirklich verschwunden? Lauerte hinter dem alten Optimismus nicht immer noch die gleiche Panik? Wozu diese verzweifelten Techniken, wenn es nicht ein fundamentales Problem zu lösen galt?

Ein zweiter Aufsatz, der im selben Jahr in derselben Zeitschrift erschien, hatte mit Mullers Visionen scheinbar nicht das geringste zu tun. Er beschäftigte sich mit der profanen Gegenwart und stammte aus der Feder des führenden amerikanischen Parasitologen Horace Stunkard. Auf die Überschrift *Freiheit, Bindung und der Wohlfahrtsstaat* folgte der klassische Satz: »Da sich die Zoologie mit den Fakten und Prinzipien beschäftigt, die das Dasein von Lebewesen betreffen, lassen sich aus dem Studium anderer Lebewesen gewonnene Erkenntnisse auch auf die menschliche Spezies anwenden.«

Auch Stunkards Lied war nicht neu. Seine Sorgen hatten schon Drummond umgetrieben: Unaufhaltsam führe die Natur die faule und gefräßige Seegurke immer weiter hinab in die Entartung. »Wenn andere Futterquellen nicht mehr ausreichen, was liegt näher, als sich vom Gewebe des Wirtes zu ernähren? Das abhängige Lebewesen wählt bekanntlich immer den einfachsten Weg.«

Und schon multiplizierte sich das scheinbar winzige Problem, schon ging es an die milliardenfache Vermehrung, drohte die Eierinflation, das Bandwurmparadies. Die Habenichtse vermehrten sich, unaufhaltsam sprengten sie den Haushalt, die Babyboomer, bis sie aus der leergefressenen Schote platzten:

»Ein Wohlfahrtsstaat ist nur dazu da, für vom Schicksal begünstigte Einzelne zu sorgen, für die wenigen Glückspilze, die die Fähigkeit haben, andere durch Schmeichelei oder Zwang so weit zu bringen, daß diese für sie sorgen. Der altbekannte Trick, sich ohne Anstrengungen Bequemlichkeiten zu verschaffen, einzusacken ohne selbst etwas zu geben, der zu allen Zeiten naive Menschen verwirrt und getäuscht hat, wird wohl niemals aussterben.«

AUCH IN DER SOWJETUNION kam der
Parasit wieder aus der Versenkung. Stalin war gestorben.
Ein trügerisches Tauwetter setzte ein. 1957 wurden in der
Presse der sowjetischen Unionsrepubliken die Entwürfe
des *Gesetzes über die Verschärfung des Kampfes gegen die
gesellschaftsfeindlichen parasitären Elemente* zur Debatte
gestellt. Sollten in Zukunft öffentliche Bürgerversamm-
lungen den Parasiten richten? Die Diskussionsbeiträge
waren spärlich. Der Justizapparat protestierte. Nach
schleppenden Plenarreferaten kam dann endlich der Erlaß
des Präsidiums des Obersten Sowjets:

»Es wird angeordnet, daß diejenigen volljährigen ar-
beitsfähigen Bürger, welche die wichtigste, durch die Verfassung festgelegte Pflicht nicht erfüllen wollen und sich
weigern, ehrlich nach ihren Fähigkeiten zu arbeiten, die
sich vor gemeinnütziger Arbeit drücken und aus Gewinnen Nutzen ziehen, die nicht aus der Arbeit stammen,
sondern aus der Ausbeutung von Grundstücken, Kraft-
fahrzeugen und Wohnräumen, oder die andere asoziale
Handlungen begehen, welche ihnen eine parasitäre Lebens-
führung ermöglichen, entsprechend dem Beschluß des
Volksgerichts des Bezirks oder der Stadt in besondere,
dafür bestimmte Orte ausgewiesen werden, und zwar auf
die Dauer von zwei bis fünf Jahren, wobei sie am Ort ihrer
Strafansiedlung Zwangsarbeit verrichten müssen. Die
Einziehung des nicht durch Arbeit erworbenen Besitzes
wird angeordnet. 4. Mai 1961.«

Auf den Versammlungen der gesellschaftlichen Organisationen wurde das Verhalten der verdächtigen Personen
diskutiert, dann hatte der Staatsanwalt das Wort. Es
ging um Bettelei, Schwarzbrennerei, Landstreicherei, Ver-
mietung von Datschen, private Nutzung von Automobilen,
Unflätigkeiten, Spekulantentum, Handel mit Lorbeerblät-

tern, um Arbeitsschwänzer, Faulenzer, Habgierige, Hooligans, Tunjejadzen, Schwindler und Säufer. Ein typisches Urteil: »Das Gericht beschloß, aufgrund des Parasitengesetzes den Parasiten für die Zeit von 3 Jahren aus Minsk zu verbannen und an dem durch die Regierung der Republik bestimmten Ort anzusiedeln.« (*Sovjetskaja Belorussia* vom 7. Juli 1961.)

Am 4. Mai 1961 klagte die Staatsanwaltschaft von Leningrad das *arbeitsscheue Element*, den *Parasiten* Jossif Brodski an. Erster Verhandlungstag, 18. Februar 1964, Gericht des Leningrader Bezirks. Fontanka 22, Saal des Bauarbeiterklubs:

»RICHTERIN: Welche Beschäftigung haben Sie?

BRODSKI: Ich schreibe Gedichte. Übersetze. Ich nehme an...

RICHTERIN: Nichts da ›Ich nehme an‹. Stehen Sie, wie sich's gehört. Lehnen Sie nicht an die Wand! Schauen Sie zum Gericht! Antworten Sie dem Gericht, wie sich's gehört. Haben Sie eine ständige Arbeit?

BRODSKI: Ich dachte, das sei eine anständige Arbeit.

RICHTERIN: Antworten Sie exakt!

BRODSKI: Ich schrieb Gedichte. Ich dachte, daß sie gedruckt werden. Ich nehme an...

RICHTERIN: Wie lange haben Sie im Betrieb gearbeitet?

BRODSKI: Ein Jahr.

RICHTERIN: Als was?

BRODSKI: Als Fräser.

RICHTERIN: Und was ist überhaupt Ihr Fach?

BRODSKI: Lyriker. Lyrikübersetzer.

RICHTERIN: Und wer hat das anerkannt, daß Sie Dichter sind? Wer hat Sie unter die Dichter eingereiht?

BRODSKI: Niemand. Und wer hat mich ins Menschengeschlecht eingereiht?

RICHTERIN: Und Sie haben das gelernt?

BRODSKI: Was?

RICHTERIN: Das Dichtersein. Sie haben nicht versucht, eine Hochschule zu besuchen, wo man heranbildet ... wo man lehrt?

BRODSKI: Ich habe nicht gedacht ... Ich habe nicht gedacht, daß das durch Heranbildung gemacht wird.

RICHTERIN: Und wodurch denn?

BRODSKI: Ich denke, daß ... von Gott ...

DENISSOW (Rohrleger von UNR-20): Ich wollte seine Bücher kennenlernen. Ich ging in die Bibliothek – es gibt von ihm keine Bücher. Ich fragte Bekannte, ob sie so einen kennen. Nein, sie kennen ihn nicht. Ich bin Arbeiter. Ich habe in meinem Leben nur zweimal den Arbeitsplatz gewechselt. Und Brodski?

SOROKIN (Staatsanwalt): Unser großes Volk baut den Kommunismus. Im Sowjetmenschen entwickelt sich eine hervorragende Eigenschaft: die Freude an gesellschaftlich nützlicher Arbeit ... Wer nichts arbeitet, soll auch nicht essen ... Dort, wo Brodski arbeitete, empörte er alle durch seine Disziplinlosigkeit und Arbeitsunlust ... Brodski wird verteidigt von geriebenen Halunken, arbeitsscheuen Elementen, Mauerasseln und Käfern. Brodski ist kein Dichter, sondern ein Mensch, der versucht, Verslein zu schreiben. Er hat vergessen, daß in unserem Lande der Mensch arbeiten, Werte schaffen muß: Werkbänke, Brot oder Gedichte ... Man muß ihn aus der Heldenstadt verbannen ... In seinen Tagebüchern gibt es eine Aufzeichnung: ›Ich denke schon lange daran, über die rote Grenze zu gehn. In meinem rothaarigen Kopf reifen konstruktive Gedanken.‹ ...«

Das Urteil: Fünf Jahre Zwangsarbeit auf einer staatlichen Farm im Gebiet von Archangelsk.

ER DARWINISMUS kam wieder. William D. Hamilton, ein englischer Zoologe, der in den fünfziger Jahren in Cambridge Genetik und Biologie hörte, wunderte sich über einen Professor, der meinte: »Insekten leben nicht nur für sich alleine: Ihr Leben ist dem Überleben der Spezies geweiht...« Bei Darwin mußte das einzelne Exemplar den Kampf ums Dasein gewinnen. Nicht die Gattung, sondern das Individuum, das in schärfster Konkurrenz zum Artgenossen steht, war das Objekt der *natürlichen Auslese*.

Hamilton kam zu dem Schluß, daß nicht der Individualismus, sondern der Altruismus einer biologischen Erklärung bedürfe. Zu diesem Zweck entwickelte er in seiner Doktorarbeit über *Die genetische Evolution sozialen Verhaltens*, 1964, ein mathematisches Modell. Das Ergebnis, *Hamilton's Rule*, lautet: »Ein Gen für altruistische Selbstaufgabe verbreitet sich dann in einer Population, wenn die Kosten, die dem Altruisten daraus erwachsen, kleiner sind als der Vorteil, den der Begünstigte daraus zieht, multipliziert mit einem Faktor, der die genetische Verwandtschaft zwischen den beiden darstellt.«

Anders ausgedrückt: In einem Menschen ist der gleiche Satz von Genen enthalten wie in zwei seiner Geschwister, in vier seiner Halbgeschwister oder in acht Kusinen oder Neffen, vorausgesetzt, diese ganze Sippschaft hat das gleiche Geschlecht. Wenn eine Frau sich für vier Halbschwestern »opfert«, überlebt in diesen ihr voller Gensatz. Aber machten, so fragten wir uns, acht Neffen wirklich einen Rameau?

1976, in dem Jahr, als die Große Nationalversammlung Rumäniens verschiedene ältere Parasiten-Dekrete novellierte und das *Gesetz Nr. 25 gegen gesellschaftlichen Parasitismus* erließ, veröffentlichte der britische Biologe

Richard Dawkins das Manifest des inzwischen zu einer Strömung gewordenen Neodarwinismus: *The Selfish Gene – Das egoistische Gen*. Der neue Haeckel mahnte: »Die Philosophie und die als Geisteswissenschaften bezeichneten Fächer werden immer noch so gelehrt, als hätte Darwin nie gelebt.« Er führte die Sprache der in Schwung kommenden Computerrevolution: »Wir sind Überlebensmaschinen – Roboter, blind programmiert zur Erhaltung der selbstsüchtigen Moleküle, die Gene genannt werden.«

Aus Hamiltons mathematischem Trick, ein Individuum, das sich selbst opfert, mit der Gesamtheit seiner Gene, seinem Genom, gleichzusetzen, wurde Dawkins' Tick, unzählige Verhaltensweisen als ebenso viele Gene zu beschreiben, die wie wild um ihr Überleben kämpfen und dabei *Behälter konstruieren, Vehikel für ihr Fortbestehen, Überlebensmaschinen:*

»Heute drängen sie sich in riesigen Kolonien, sicher im Innern gigantischer, schwerfälliger Roboter, hermetisch abgeschlossen von der Außenwelt; sie verständigen sich mit ihr auf gewundenen, indirekten Wegen, manipulieren sie durch Fernsteuerung. Sie sind in dir und in mir, sie schufen uns, Körper und Geist...«

Dawkins sah in uns Menschen nur von den Genen geschaffene Zombies mit dem einzigen Auftrag, diese Gene fortzupflanzen. Wir lauschten verblüfft, neugierig, ob in diesem System für uns ein Plätzchen reserviert war. Seit dem letzten biologischen Bestseller waren Jahrzehnte vergangen. Vielleicht hatte man uns vergessen. Vielleicht hatten wir es uns mit den Biologen verscherzt. Am Ende interessierten sich nur noch die Parasitologen für uns!

Doch wir warteten nicht vergebens. Und es war nicht nur ein Plätzchen.

»Ein großer Teil der DNA wird niemals in Eiweiß umgesetzt«, hieß es bei Dawkins. »Vom Standpunkt des individuellen Organismus aus betrachtet, scheint dies widersinnig zu sein. Wenn der *Zweck* der DNA der ist, den Bau von Körpern zu steuern, so überrascht es, eine große Menge von DNA zu finden, die nichts dergleichen tut. Die Biologen zermartern sich den Kopf, welche nützliche Aufgabe diese offenbar überflüssige DNA erfüllt. Vom Blickpunkt der egoistischen Gene selbst gesehen, gibt es jedoch keinen Widerspruch. Der wirkliche *Zweck* der DNA ist es, zu überleben – nicht mehr und nicht weniger.«

Selfish DNA: the Ultimate Parasite, verkündete 1980 die Zeitschrift *Nature,* also *Egoistische DNA: der ultimative Parasit.* Der Artikel stammte von L. E. Orgel und Francis H. C. Crick, dem Mitentdecker der molekularen Doppel-Helix-Struktur der DNA. Die Hohenpriester der Gentechnologie beriefen sich auf Dawkins und sein selbstsüchtiges Gen. Sie bezogen sich auf seine Bemerkung über die DNA im menschlichen Genom, das nicht in Protein umgesetzt wird, aber ihre Verlautbarung hatte natürlich eine ganz andere Autorität als Dawkins' Kassenschlager. Sie bezeichneten diese DNA als »egoistische DNA reinsten Wassers«, als »überschüssig«, als *junk*: »Müll«.

Einerseits erklärten sie: »Die Ausbreitung egoistischer DNA-Sequenzen im Genom kann mit der Ausbreitung eines nicht allzu schädlichen Parasiten verglichen werden.« Andererseits kam die Warnung: »Die exzessive Ausbreitung funktionsloser Replikatoren kann als eine Art *Krebs* des Genoms betrachtet werden. Die unkontrollierte Expansion eines Segments des Genoms würde letztlich zur Auslöschung des Genotyps führen, der eine solche Expansion gestattet.« 🐚

AS JAHR 1980 war ein echtes Parasitenjahr. Wir krochen aus allen Löchern.

Die von der digitalen Revolution ausgelöste Rationalisierungswelle erfaßte alle Bereiche der Wirtschaft, zerschlug die großen staatlichen Monopole und hob in Europa die Arbeitslosigkeit auf ungeahnte Rekordhöhen.

In der BRD wurde die *Wende* vorbereitet. Die SPD verlor die Kontrolle. Bundeswirtschaftsminister Graf Lambsdorff (FDP) nahm sich die britische Regierung zum Vorbild und schlug scharfe Kürzungen des Arbeitslosengeldes und anderer sozialer Leistungen vor.

In einem typischen Zeitungskommentar hieß es unter der Überschrift *Parasiten im sozialen Netz*: »Da gibt es die sogenannten *Kindergeld-Arbeitslosen*. Das sind Abiturienten oder andere Schulabgänger, die auf einen Studienplatz warten und es nicht nötig haben, in der Zwischenzeit zu arbeiten. Sie melden sich nur deshalb arbeitslos, damit ihre Eltern nicht auf das Kindergeld verzichten brauchen.«

Wir rieben uns die Augen. Lange war von uns so in Deutschland nicht mehr die Rede gewesen. Wie, so fragten wir uns, kam ein unbedarfter Schulabgänger plötzlich zum Ehrentitel Parasit? Wen unterhielt er mit seinen Plaudereien? Welchen Wirt umgarnte er schmeichelnd? Wie sollte er die Kunst verstehen, den Küchenrauch zu deuten? In welcher Förderstufe hatte er gelernt, russischen Kaviar von iranischem zu unterscheiden?

»Oder da gibt es jene älteren Arbeitnehmer, die das 59. Lebensjahr erreicht haben ... Der vorzeitig gekündigte Arbeitnehmer meldet sich arbeitslos, und das Arbeitsamt tut so, als suche es für ihn eine neue Stelle. Ein Jahr lang muß der Betroffene arbeitslos gemeldet sein, damit er das vorgezogene Arbeitsruhegeld erhält ... Wer es nur schlau genug anstellt, kann sich im engmaschigen Netz der

Arbeitslosenunterstützung ein gemütliches Plätzchen ein-
richten: Er wird zum Schmarotzer...«

Ganz offensichtlich handelte es sich bei diesem Neunundfünfzigjährigen um keine Figur aus der Komödie. Nach
Adam Riese hatte er Stalingrad, den U-Boot-Krieg oder
die Ardennenschlacht als Soldat überstanden. Er war
schon viel zu alt, um die Parasitik auch nur in Ansätzen
noch zu erlernen. Fünfunddreißig Jahre Rentenmarken-
kleben hatte seine Geschmacksnerven verdorben. Die ein-
tönige Maloche hatte ihn nicht vorbereitet auf spritzige
Gesellschaften. Sein Humor hatte gelitten.

Vergessen wir nicht, daß der klassische Parasit einigen
Spaß vertragen mußte! Oft durfte er nicht mit den übrigen Gästen bei Tisch auf dem Sofa liegen, sondern mußte
zu den Füßen des Wirtes auf einer niedrigen Bank sitzen,
Ohrfeigen munter einstecken und, wie der Komiker Diodor
sagte, alles an seinem Gönner loben, »sogar, wenn er von
ihm angerülpst wurde, und hätte der erst Hering und
Rettich gegessen, wenn er aber furzte, die Nase hinhalten
und fragen, woher er den Weihrauch denn habe«. Oder
sollten die besagten Neunundfünfzigjährigen etwa aufgrund ihrer Nehmerqualitäten zu Parasiten ernannt worden sein? Wir standen vor einem Rätsel.

Ging es jetzt wieder los? Wurden jetzt Frührentner und
Schulabgänger mit Läusen, Bandwürmern und Wanzen
gleichgesetzt? Langsam hing es uns zu den Ohren heraus.
Warum sollte ein Bandwurm, objektiv betrachtet, eigentlich nichtswürdig sein? Warum sollte er niederträchtiger
sein als ein Känguruh? Daß ein emsiger Biber und die
fleißige Ameise moralisch höher stünden als die Zecke, wer
wollte das behaupten?

Daß der sogenannte Parasitismus im Tierreich eine
vereinzelte Verirrung sei, war inzwischen widerlegt. 1810
waren 993 Parasitenarten bekannt gewesen. Nun wußte
man, daß sich in allen Tierstämmen, abgesehen von den

Schwämmen und Echidermen, Parasiten fanden. Allein bei den Arthropoden rechnete man 1974 mit 75000 parasitären Arten, und täglich wurden neue entdeckt. Nur zum Vergleich: Die Säugetiere und Vögel brachten es zusammen gerade einmal auf 12700 Arten. Mußte der phantastische Weg, auf dem sich die meisten Parasiten reproduzieren, im unvoreingenommenen Betrachter nicht andächtiges Staunen erregen?

Wer war hier dekadent? Was war eigentlich an einem obligaten Zellparasiten, etwa an einem Grippevirus, entartet? Was ist an einer Nukleo-Protein-Einheit, die ihre Wirtszelle mit einem genetischen Code umprogrammiert und so ihre millionenfache Vervielfältigung sichert, primitiv?

Was heißt hier eigentlich immer *auf Kosten anderer?* Gibt es im Tierreich Mein und Dein? Was sind hier Soll und Haben? Führt der Blutegel ein Konto, zieht der Löwe Bilanz? Ist der Floh amoralisch, weil er von keiner Pflanze zehrt?

Die Schlange, die ihre Beute lebend hinabwürgt, der Löwe, der Panther, der mutige Bär, der hehre Aar, sie werden im Wappen geführt. Wer aber führt die Laus in der Fahne? Im Gegensatz zum Räuber, so riefen wir, zeichnet sich der tierische Parasit doch gerade dadurch aus, daß er seinem Wirt, von dem er ja lebt, mit Schonung begegnet. Will man den Parasiten moralisch bewerten, dann ist er seinem Wesen nach liberal.

Wir lasen uns gegenseitig das *Lexikon der allgemeinen Zoologie* vor, begründet von Kühn, ein über alle Zweifel erhabenes Standardwerk in der 19. Auflage: »Im allgemeinen bringt der Räuber seine Beute um, während der Parasit seinen Wirt nur zur Gewinnung von Nahrung nutzt und zu diesem Zweck vorübergehend an oder in dessen Körper lebt ... Für einen gut eingespielten Parasitismus muß die Devise gelten: Leben und leben lassen!«

Warum also war auf dem neuen Fünfmarkstück kein Floh?

Und all das Gerede vom »Sozialschmarotzer«: Hatte man sich eigentlich jemals ernsthaft mit den Argumenten von Karl Marx und seinem Schwiegersohn beschäftigt? Hatte sich nicht inzwischen das Mißverhältnis zwischen produktiven und unproduktiven Schichten der Bevölkerung dramatisch verschärft? Wenn 1861 von zwanzig Millionen Engländern mindestens dreizehn Millionen von fremder Arbeit lebten, wie viele waren es dann heute? Wie viele Opernsänger, Huren, Fußballspieler und Talkmaster waren zu den Mägden, Lakaien und Pfaffen dazugekommen? Wie viele Diplomaten, soziale Animateure, Touristenführer, Werbefachleute und Schwarzhörer?

Aber auch wer schon um vier Uhr früh als Maurer zur Arbeit antritt, um am späten Abend erschöpft in einem Wohncontainer wieder in den Schlaf zu sinken, muß nicht unbedingt produktiv sein. Produktivität ist eine relative Größe. Wenn falsch kalkuliert wird, schreibt der Betrieb rote Zahlen, auch wenn die Beschäftigten arbeiten wie die Berserker. Ein veralteter Maschinenpark, und schon nützt der wildeste Akkord nichts, schon wird mitgearbeitet am Defizit. Ein Wechsel von Aktienpaketen, ein Merger, und schon wird aus Produktion Konsum.

IM JAHRE 1980 hielten die Parasitologen der USA einen Kongreß ab. Thema: Status und Zukunft der Parasitologie. Kenneth S. Warren von der Rockefeller Foundation sprach von der *Renaissance*, von der *Wiedergeburt der Parasitologie*. Die Tagung atmete die Luft einer entlegenen wissenschaftlichen Provinz, ein Rüchlein jener vergangenen Zeiten, in denen die Helminthologen über den Ursprung des Lebens sannen.

Das Protokoll verzeichnete unter der Überschrift *What is Parasitology* die ebenso resignierten wie weisen Worte des ersten Referenten, des Mediziners Paul C. Beaver: »Es war mir nicht möglich, eine akzeptable kurze Definition der Parasitologie zu finden; und es war mir auch nicht möglich, eine solche zu konstruieren. Parasitologie ist das wissenschaftliche Studium von Parasiten, aber das hilft uns nicht, die Begriffe Parasit und Parasitismus zu definieren.«

Das war um so bedauerlicher, als sich auch in jenen Bereichen der Biologie, auf die sich die Parasitologie seit langem freiwillig beschränkte, auf dem Gebiet der Protozoen, der Würmer und der Arthropoden, die beschriebenen Arten explosionsartig vermehrt hatten. Der Referent sprach von inzwischen etwa 10 000 Arten »parasitärer Protozoen«, merkte jedoch an: »Allerdings schließt hier der Begriff parasitär natürlich auch Arten ein, die kommensal oder symbiotisch genannt werden könnten.«

Die ärztliche Praxis warf zusätzliche Probleme auf: »Patienten sind im allgemeinen bemüht, ihre Parasiten loszuwerden, auch wenn diese im Grunde harmlos sind – oder auch, wenn sie gar nicht existieren. Ein Parasitologe muß sich nicht nur mit verschiedenen Arten pathogener und nicht pathogener parasitischer Lebewesen beschäftigen, er muß auch damit rechnen, mitunter auf Leute zu stoßen, deren lästigste Parasiten nur *in ihren Köpfen, nur in ihrem Geist*, existieren. Für denjenigen, der Patienten behandelt, besteht Parasitologie auch in den Problemen, die sich bei Menschen stellen, die sich nur einbilden, sie litten an Parasiten...«

In Frankreich hatte der Parasit sein Comeback in der Philosophie. Mit dem Buch *Le Parasite* (1982) zog Michel Serres die Konsequenz aus der inflationären Entwicklung

des Begriffs. Nichts in der Welt, worauf nicht plötzlich in
der einen oder andern Form das Wort Parasit gepaßt hätte:
Eine Stadtratte, ein Parasit, die von einer Landratte,
einem Parasiten, besucht wird, und bei einem Parasiten,
einem Steuerpächter wohnt, eine parasitäre Gesellschaft
also, wird durch ein Geräusch gestört, und weil auf französisch, wie in den anderen lateinischen Sprachen, aber
auch in der technischen Sprache, ein Störgeräusch ein
parasitäres Geräusch genannt wird, wird diese Parasiten-
gesellschaft von einem Parasiten gestört; aber auch der
Bauer, von dem der Steuereintreiber und die Landratte
leben, ist ein Parasit, nicht nur weil auf französisch sowohl
Gast als auch Wirt *l'hôte* heißen, also austauschbar sind,
nicht nur weil der Gast »Parasit im Sinne der Komödie,
im Sinne der Religionsgeschichte« ist, nein, nicht nur weil
der Steuereintreiber ein politischer Parasit ist, nein: sondern weil der Mensch überhaupt ein Parasit ist, ein Parasit »im Sinne der Biologie«, ein Parasit »ganz wie eine
gewöhnliche Laus, ein Bandwurm oder die Mistel, die ein
Baumparasit ist«; und weil er ein »universeller Parasit«,
weil »alles um ihn her Wirtsraum ist«, ist er nur ein Glied
in einer »Kaskade von Parasiten«, in einer »Folge der auf-
einandergepfropften Parasiten«; und weil es »kein System
ohne Parasit« gibt, »kein System, das perfekt funktio-
nierte, d. h. ohne Verluste, ohne Schwund, ohne Abnut-
zung, ohne Irrtümer, ohne Unfälle, ohne Trübung, dessen
Wirkungsgrad einem maximalen Empfang gleichkäme«,
gehört das Störgeräusch, das Rauschen, der Parasit, die
Abweichung, »zur Sache und vielleicht bringt sie diese
erst hervor«, und so unterbricht der Lärm, immunisiert
und erzeugt dadurch eine neue Ordnung, er »vertreibt den
Parasiten«. Aber dieser »wird im Galopp zurückkehren
und mit ihm, wie die Dämonen beim Exorzismus, Tausende
seinesgleichen, die noch wilder und hungriger sind als
er«, der Störer wird zum Wirt, und der Wirt zum Para-

siten und der Parasit zum Störer und der Wirt zum Störer, »der Schmarotzer schmarotzt an den Schmarotzern. Oder anders gesagt: Jede beliebige Position im dreifaltigen Schema ist ad libitum parasitär.«

UNSERE VERMEHRUNG nahm plötzlich solche Ausmaße an, daß der schon erwähnte Zoologe Hamilton in seinem Aufsatz *Sex Versus Non-Sex Versus Parasite* 1980 die Behauptung aufstellte, wir wären für die Existenz der sexuellen Fortpflanzung überhaupt verantwortlich:

Die immer wieder neue Rekombination männlichen und weiblichen Erbgutes garantiere die Vielfalt der uns bekämpfenden Gene; wir stellten eine zyklische Herausforderung dar, wir, die Spaltpilze, die Trychomonaden, die Streptokokken, die sich in den Schleimhäuten tummelnden Mikroben, Sporen, Bazillen, Viren, Retroviren und Phagen; unsere Anpassungsfähigkeit übersteige alle Vorstellungskraft; nur mit Hilfe einer entsprechenden Variabilität des Genmaterials könnten wir niedergekämpft werden. Und deshalb seien die sich sexuell fortpflanzenden Arten überhaupt nur entstanden, um sich gegen uns zu behaupten, Paarbildungen seien nichts anderes als »Vereinigungen von Genotypen zum Zweck freien, fairen Austausches biochemischer Technologie mit dem Ziel, Parasiten auszuschließen«.

Wir ließen diese Formulierung auf unseren empfindsamen Zungen zergehen. Wir hatten das Gefühl, einem Standesbeamten zu lauschen.

In den folgenden Jahren versuchte Hamilton zusammen mit Marlene Zuk ein Rätsel zu lösen, das Darwin bis

zum Ende seines Leben beunruhigt hatte: der unerklärbar
schöne Schmuck bestimmter männlicher Tiere, der Pfauen
zum Beispiel, oder auch die aufwendigen Hahnenkämme.
Die Antwort: Das Weibchen suche den Partner aus wie
ein Arzt; es bevorzuge den gesunden Mann; die Evolution
führe dazu, daß der Mann als Anzeichen echten Wohl-
befindens ein Gesundheitszeugnis vorzuweisen suche, das
den Überschuß seiner Kräfte dokumentierte; ein kranker
Hahn habe nicht die Reserven, einen strahlend schönen
Kamm zu unterhalten, und werde dadurch als Schwäch-
ling entlarvt und vom Huhn stehengelassen. Daß Hamilton bei der Sektion besonders prächtiger Vögel mit besonders komplexem Balzgesang besonders viele Blutparasiten
fand, wertete er als Beweis für seine Theorie; die Fähigkeit des Vogels, mit stolzer Würde besonders viele von uns
mit sich herumzuschleppen, belegte dessen hervorragende
Fitness. Wir waren begeistert. Wir sind schon immer gerne
Hochzeitsgäste gewesen. Sein Aufsatz trug den Titel:
*Heritable True Fitness and Bright Birds: A Role for Para-
sites?* (1982)

Wir waren allgegenwärtig, so daß es wie schon in Darwins Zeiten zu symbiotischen Beschwörungen kam. *Symbiogenese* hieß das neue Zauberwort. Lynn Margulis defi-
nierte es in ihrem Buch *Symbiosis in Cell Evolution*
(1981) als »den Ursprung von Organismen durch die Kom-
bination und Vereinigung zweier oder mehr Wesen, die in
Symbiose zueinander treten.« Sie hatte bereits 1966 in
ihrem Aufsatz *Origin of Mitosing Cells* die Ansicht vertreten, die Lebewesen mit Zellkern, die Eukaryonten, seien
durch einen Zusammenschluß der älteren Lebewesen ohne
Zellkern, der Prokaryonten, entstanden:

»Es könnte begonnen haben, als ein bewegliches Bakte-
rium in ein anderes eindrang – natürlich auf der Suche
nach Nahrung. In manchen Fällen wurde jedoch aus der
Invasion ein Burgfrieden; die anfangs feindselige Bezie-

hung wandelte sich zum Guten. Als die schwimmenden bakteriellen Möchtegern-Eindringlinge sich in ihren trägen Wirtszellen niederließen, entstand durch diese Vereinigung der Kräfte ein neues Ganzes.« Tatsächlich besitzt die eukaryontische Zelle Organellen, die DNA enthalten, die sich von der DNA des Zellkerns unterscheidet: das Chlorophyll, das dem Farbstoff der älteren Cyanobakterien ähnelt, und das Mitochondrium, das die Sauerstoffverbrennung und damit den Energiehaushalt der eukaryontischen Zelle ermöglicht. Margulis machte diese Tatsache zum Thema einer brausenden Hymne: »Wir sind Symbionten auf einem symbiontischen Planeten, und wenn wir genau hinschauen, finden wir überall Symbiose.« (*Die andere Evolution*, 1999.)

Die Symbiogenese war bei ihr so etwas wie eine massenhafte Begattung: Urahnen der beweglichen Spirochäten, »die sich wild, hungrig und verzweifelt ringelten, drangen in viele Archaebakterien ein, von denen manche der heutigen Gattung Thermoplasma ähnelten.«

Wir wurden aufgeklärt: »Sexuelle Vorgänge, die Vereinigung von Wesen, die einander anziehen, sind vermutlich ebenso entstanden wie die ersten Symbiosen. Sowohl bei der sexuellen als auch bei der symbiontischen Verschmelzung war Hunger wahrscheinlich der ursprüngliche Faktor, der die Verzweifelten zur Verbindung drängte.«

Plötzlich wimmelte es von Spermien. Jetzt wurde uns klar, daß wir, abgesehen von jenen etwas mysteriösen *parasitae* des Horaz, immer alleinstehende Herren gewesen waren. Seit Tausenden von Jahren gingen wir eheähnlichen Verbindungen strikt aus dem Wege. Obwohl wir überdurchschnittlich oft an Hochzeiten teilnahmen, waren dies nie unsere eigenen. Auch die anderen von uns frequentierten familiären Feiern betrafen nie die eigene Verwandtschaft. Wer aus dem häufigen Besuch der Ringstätten voreilige Schlüsse ziehen wollte, wäre ein Schelm.

Die häufig nachweisbare vertraute Nähe zu Hetären blieb immer kameradschaftlich. Die Vermutung, rein materielle Gründe hätten unser chronisches Einzelgängertum verursacht, möchten wir zurückweisen. Erfolgreiche Vertreter unseres Standes wie Gnatho, Curculio oder Phormio beweisen, daß die Abwesenheit eines fixen weiblichen Elements tiefere Ursachen gehabt haben muß. Phormios Heiratspläne waren nur eine Finte. Der einzige Parasit der Antike, der nachweislich ein Kind gezeugt hat, ist Saturio in dem Stück *Persa* von Plautus. Pollux zufolge trug der Parasit Theron in Menanders *Sicyonius* Weiß, weil er heiraten sollte; daß er aber im Verlauf des Stückes tatsächlich geheiratet hat, ist durch nichts belegt. Auch der Simon des Lukian lebt solo. Turdosynagogos wiegt sich in Träumen, »Akalanthis freizukaufen und zur Frau zu nehmen«, aber vom Resultat erfahren wir nichts. Dipsanapausilypos schreibt an Plakountomyon: »Ich erblickte Nebris im Festzuge, als sie den heiligen Korb trug ... Da entbrannte ich in solcher Leidenschaft, daß ich ganz vergaß, wer ich war, zu ihr hinlief und sie auf den Mund küssen wollte ... Kommt alle zusammen und steinigt mich, bevor mich die Sehnsucht verzehrt. Möge der Steinhaufen das Grab meiner Liebe werden!«

Rameau lebt getrennt von seiner leichtlebigen Frau und seinem kleinen Sohn, um dessen Erziehung er sich die größten Sorgen macht.

Am Ende des Dialogs heißt es:

»RAMEAU: Aber ach, ich habe sie verloren; und all meine Hoffnungen auf Glück sind mit ihr geschwunden.

Er schluchzt, er weint und sagt: Nein, nein, niemals werde ich mich trösten können! Seitdem trage ich Bäffchen und Ordenskappe.

DER PHILOSOPH: Aus Schmerz?

RAMEAU: Wenn Ihr wollt. Doch eigentlich, um ein Dach überm Kopf zu haben ...«

Rameau, der in frühester Jugend die niederen geistlichen Weihen empfangen hatte, war also wieder in den
Schoß der Kirche zurückgekehrt!

WO BEGANN ES? Bei den gallenartigen
Auftreibungen an den Armen versteinerter Haarsterne
der silurischen Formation (siehe diese)? Bei den fossilen
Gehäusen einer Schnecke aus der Gattung Platyceras,
angeheftet an Schlangensternen aus dem Devon? Beim
baltischen Bernsteinfloh *Palaeopsylla klebsiana*, um den
sich vor 35 bis 40 Millionen Jahren das Harz schloß?

Wo endet es? Ein Mausklick, und schon teilt die Nationale Gesellschaft für Unidentifizierte Haut-Parasiten
(http://www.skinparasites.com) mit:

»Eine Unidentifizierte Haut-Parasiten-Infektion liegt
vor, wenn ein namenloser Organismus oder eine Lebensform, die keinen Namen hat, unter der Haut eines menschlichen Wirtes lebt, zehrt und brütet.«

Nicht Laus und Krätzmilbe beunruhigen die Nationale
Gesellschaft – vielleicht besteht sie ja nur aus einem kynischen Philosophen in einem Kellerloch: »Schwarze Tüpfel,
schillernde Kristalle, mikroskopisch kleine Haare, wurm-
ähnliche Kreaturen, haarähnliche Geschöpfe (von der
Größe einer Wimper bis einige Zentimeter lang, in einer
Farbskala, die von durchsichtig bis zu einem glänzenden
Schwarz reicht), ›flaumartige Kugeln‹, blutige und oder
salzartige Körnchen oder Körperchen und Fasern«, die
»Kleider, Bettzeug, Teppiche, Möbel und Autos schwer
und rettungslos verseuchen«.

Oh, du wackerer Leeuwenhoek, der du mit einem Gänse-
kiel zwischen deinen Zähnen herumstochertest und dann
unter deinen wunderbaren Linsen Millionen winziger *Dier-*

kens fandest! Uralte Panik. Mit einem Schülermikroskop
läßt sie sich jederzeit auffrischen.

»Die Geschichte der Ameisen ist offensichtlich eine Geschichte von Klassenkämpfen«? »Maden helfen Mordfälle
lösen«? Die Bestimmung des Entwicklungsstadiums von
Parasiten, die in parasitären Wespen schmarotzen, half
einen Täter zu fassen? Na und?

Der Generalmajor Agus Wirahadikusumah, neuer Kom-
mandant der Elite-Einheit Kostrad, äußert unter der
Überschrift *Indonesiens Zukunft hat schon ein Gesicht* die
Ansicht, »das Militär sei zu einem Parasiten geworden«.
Unser Erstaunen hält sich in Grenzen.

Sollen wir noch einmal zu einer Verteidigungsrede aus-
holen? Zum Lob des Parasiten schreiten? Das *Protokoll
einer großen Freizeit* ins Unendliche verlängern, das Porträt eines arbeitslosen Germanistikstudenten, der nach
vier Jahren Werbeagentur Zwiebelmettwurstbrote und
Eclairs, Fahrradausflüge und Frauen genießt und be-
teuert: »Ich habe mir durchaus die Frage gestellt, ob ich
ein Parasit bin und ein schlechtes Gewissen haben müßte,
aber es gibt wirklich keinen Quadratmillimeter in meinem
Hirn, der das bejahen würde«? Nichts Neues unter der
Sonne. Die Zecke auf der Nazi-Homepage. Der Moskauer
Polizist, der seine Klientel familiär als Parasiten tituliert.

»Wir sind keine Parasiten« – seit der Antike zieht sich
diese Beteuerung als Subtext durch die Philosophie. Wir
schalten den Fernseher ein und hören Peter Sloterdijk
sagen:

»Ich habe am Beispiel Platos darzutun versucht, daß
auch in der Zeit der Paideia, in der Zeit der Erziehungs-
utopie, manchmal schon Antizipationen entstanden waren,
die darauf hindeuteten, daß der Mensch ein Wesen ist, das
nicht nur erzogen wird, sondern auch vielleicht in einer
weitergehenden Weise produziert werden wird. Ich glaube,
daß das Problem der Eliten in modernen Gesellschaften

akuter ist denn je ... Ich bin durchaus der Meinung, daß die Philosophie ihrer Wirtsgesellschaft, wenn man so sagen darf, den Beweis schuldig ist, daß sie nicht nur wie ein immer harmloser werdender Parasit in ihr sitzt, wie eine immer wirrer vor sich hin blühende Orchidee, sondern sie ist der Gesellschaft den Beweis schuldig, daß sie auch zu etwas nütze sein kann, nämlich der Gesellschaft zu einem Bewußtsein ihrer avanciertesten Problemstellungen zu verhelfen ...«

Was sagt der Stückeschreiber Botho Strauß? »Der Corpus des Theaters ist so angekränkelt, daß alle Parasiten leichten Zugang haben ...? Ähnelt er nicht dem im Internet sich selbst anpreisenden *Hoffnungsträger im Old-School Death-Metal-Bereich* und seinem Song *Parasite*, »druckvoll, mit gnadenlosem Double Bass, treibenden Riffs und einem Mitgröhl-Chorus«?

»Die Körperfresser greifen an!« Wir lesen es nicht im Schaufester eines Videoladens, sondern im *Supplement* des *New Scientist:* Frischwasserkrustazeen, die sonst für ihre »intimen Begegnungen« die sicheren Tiefen der Tümpel bevorzugen, lassen sich von einem Wurm namens *Polymorphus paradoxus* manipulieren. »Der Parasit entführt das Hirn seines Wirtes.« Er zwingt ihn, an die Oberfläche zu steigen, um dort – natürlich im Interesse des Wurms – »einen treibenden Ast zu umarmen«.

Der junge amerikanische Autor Carl Zimmer gewinnt einem alten Popanz neue Reize ab:

»Das Leben in einem anderen Organismus – ihn zu finden, in ihm umherzureisen, Nahrung zu finden und sich in ihm zu begatten, indem man die Zellen ringsum verändert, die Verteidigung überlistet – ist eine gewaltige evolutionäre Leistung. Aber Parasiten wie die *Sacculina* gehen darüber hinaus: sie kontrollieren ihre Wirte, sie werden in Wahrheit zu deren neuem Gehirn und verwandeln sie in neue Geschöpfe. Es ist, als wäre der Wirt selbst nur noch eine Puppe und der Parasit die Hand, die in ihr steckt ... Der Wirt ist nicht mehr in der Lage, Energie darauf zu verwenden, Eier auszubilden oder Schalen, einen Partner zu finden oder den Nachwuchs großzuziehen, er wird genetisch gesprochen zum Zombie: einer aus dem Reich der Untoten, die einem Meister dienen.«

»Eine andre Art von Wespen geht noch weiter, sie verwandelt ihren Wirt – den Kohlwurmkäfer – in einen Bodyguard.« Winzige Nematoden pervertieren Wasserflorfliegen, die als männliche Tiere nach der Begattung sterben würden, in Quasiweibchen, die den Parasiten dorthin transportieren, wohin dieser will, nämlich ans Wasser. Und während diese Transsexuellen wider Willen vergeblich versuchen, »imaginäre Eier zu legen, bricht der Parasit aus ihrem Leib hervor«.

Das *Dicrocoelium dentriticum* – erinnert sein Name nicht an Pyrgopolinices und Artrogus, den Krustenmampfer, an Rhagostrangiosus und Lapodekthanos – treibt im Hirn einer Ameise »eine Art von parasitischem Voodoo«. Toxoplasma, »das Protozoon, das in Milliarden von menschlichen Gehirnen sitzt, sieht vielleicht auf den ersten Blick aus wie ein sanftes Wesen, das an der Kontrolle von Gedanken in keiner Weise beteiligt ist.« In Wirklichkeit verwandelt es »Ratten in Nagetier-Kamikazes«, die ihre gesunde Angst vor Katzen verlieren. »Psychologen haben herausgefunden, daß Toxoplasma die Persönlichkeit seines menschlichen Wirtes verändert, wobei es Männer und Frauen auf verschiedene Weise verändert.« An der Karls-Universität Prag hat Professor Jaroslav Flegr 170 Frauen und 224 Männer auf *Toxoplasma gondii* untersucht. Er glaubt bei 27 Prozent der befallenen Männer eine deutlich geringere Bereitschaft, moralische Standards zu akzeptieren, und bei 23,5 Prozent der Frauen eine seltsame, geradezu vorwitzige Gelöstheit festgestellt zu haben.

Endlich steht es fest. Es ist keine Theorie mehr. Es hat Milliarden von Dollar gekostet. Wir sind Menschen wie Du und ich. Wir machen den größten Teil des menschlichen Genoms aus. Am 12. Februar 2001 wurden bei einer Pressekonferenz in Washington, D. C., und auf zeitlich versetzten Pressekonferenzen in London, Paris, Berlin und Tokio die Ergebnisse der ersten umfassenden Analyse des genetischen menschlichen Codes bekanntgegeben. Sprecher des National Human Genome Research Institute in Bethseba und der Celera Genomics of Rockville, Maryland, enthüllten, daß von dem 1,8 Meter langen DNA-Strang in jeder Zelle des menschlichen Körpers keine dreißig Zentimeter »in Betrieb« sind. »Der Rest«, so war in der *International Herald Tribune* zu lesen, »besteht aus seltsamen lebensähnlichen Wesen, die sich wie Hausbesetzer in das Genom eingenistet haben. Unter ihnen sind mikroskopische Teile fremder DNA, die wie Parasiten von der menschlichen DNA leben, und noch kleinere Teilen, die von diesen Parasiten schmarotzen.« In einem gemeinsamen Editorial erklärten der *Senior Editor*, der *Chief Biology Editor* und der *Editor-in-chief* der Zeitschrift *Nature,* London:

»Durch die Analyse der Genom-Sequenz ergibt sich zum erstenmal ein Überblick über das ganze Panorama der Landschaft unseres Genoms. Endlich läßt sich ermessen, in welchem Ausmaß parasitische DNA unser Genom kolonisiert hat.«

Wir schlugen ihn auf, den offiziellen Bericht des International Human Genome Sequenzing Consortium. Da war er, da fanden wir ihn zwischen herrlichen Diagrammen unter den LINEs und SINEs, den Retrovirus-ähnlichen und den ehrwürdigen fossilen Elementen, den *GENOMIC PARASITE.*

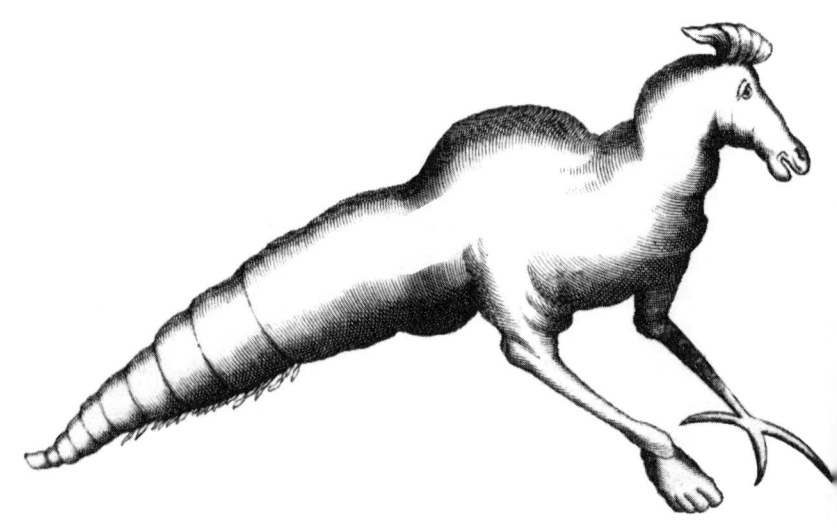

ie aktuell er unsere Ängste bedient, der harmlose Mörder, der prassende Bettler, der tückische Freund. Er zeigt Blüte an und Verfall, lügt und sagt schamlos die Wahrheit, dieser freie Sklave, der alles mit sich machen läßt und doch immer er selbst bleibt, der Taugenichts, der alles kann, teuflisches Tier und mit Göttern speisender Mensch, leicht zu verjagen wie eine Fliege, nicht loszuwerdender Infekt, ewig betrunkener Bohemien, du, mit der Klampfe. Ururaltes Gespenst, immer wieder stellt sich die Frage neu: Woher bist du gekommen? Aus unserem bösen Blut, aus unserer Fäulnis, aus unserer sündigen Phantasie? Oder von draußen? Invasion aus dem Weltall? Bist du aus der Hölle gekrochen? Vom Himmel gefallen? Aus dem Sumpf gestiegen? Haben wir dich eingeatmet? Haben wir dich in uns eingelassen, heiliger Geist? Unkeuschheit getrieben? Du kommst von außen. Du greifst uns an. Warum dulden wir dich? Warum lassen wir uns von dir geduldig kastrieren? Mit welchen teuflischen Drogen dämpfst du den höllischen Schmerz? Du Kostenfaktor, du ewiger Störenfried, was ist an dir so schrecklich unterhaltsam? Du machst uns lachend kaputt, lebendiger Beweis du, daß wir dich brauchen. Wer wären wir ohne dich? Du gehörst doch zu uns, du konstituierst uns, dort, wo du bist, fangen wir an. Schluß jetzt, wir haben recht! Plötzlich bist du weg, scheinbar spurlos verschwunden. Wozu die ganze Aufregung? Du bist ein Einzelfall. Vernachlässigenswert. Jetzt haben wir etwas gegen dich erfunden. Du kommst in den Zoo. Wir klonen dich, damit du nicht ausstirbst. Hungrig stehst du am Naschmarkt. Dein Wirt ist in Kriegsgefangenschaft. Jetzt gehst du endgültig ein. Aber plötzlich quillt in den Astgabeln des Rhododendron der Schaum auf. Wer kampiert da plötzlich auf dem Mittelstreifen der Sixth Avenue? Was zappelt da im Internet? Du bist ja überall! Nachdenklich kratzen wir uns am Kopf. Engerlinge. Eine kleine Verfärbung. Aber das sind doch keine Parasiten! Das ist Symbiose. Das ist ganz einfach gewöhnungsbedürftig. Das schlägt dann um. Das hält uns fit. Aber das sitzt ja an einem Schalter! Das sitzt ja an den Hebeln der Macht! Das saugt uns aus. Das lebt auf unsere Kosten. Das nagt uns an, das höhlt uns aus. Kostet Energie. Da reißt etwas ein. Aufgepaßt! Das tut nur so harmlos. Da dockt einer an. Tröpfcheninfektion. Ein Winzling. Ein Kitzel. Zum Lachen. Zum Zähnezeigen. Über dich reden wir, du altes Scheusal, über uns.

Adams, Mark B.: Eugenics in Russia 1900–1940. In: The
Wellborn Science. Eugenics in Germany, France, Brazil
and Russia. New York, Oxford 1990

d'Alembert, Jean le Rond / Diderot, Denis (Hrsg.): Encyclopédie ou dictionnaire raisonné des sciences, des arts
et des métiers. Paris 1755–1772

Aelius Lampridius: Antoninus Heliogabalus. In: Scrip-
tores Historiae Augustae. Edidit Ernestus Hohl. Vol. I.
Leipzig 1971

Alkiphron: Aus Glykeras Garten. Briefe von Fischern,
Bauern, Parasiten, Hetären. Übersetzt von Kurt Treu.
Leipzig 1972

Andry, Nicolas: De la génération des vers dans le corps de
l'homme. Amsterdam 1701

Andry, Nicolas: Von Erzeugung der Würmer im menschlichen Leibe. Leipzig 1716

Ariosto, Ludovico: Tutte le opere. Herausgegeben von
Cesare Segre. Band 4. Commedie. Milano 1974

Aristophanes: Die Ritter. Die Wolken. In: Sämtliche Komödien. Übertragen von Ludwig Seeger. Erster Band.
Zürich 1952

Aristoteles: Politik. Übersetzt von E. Rolfes. Leipzig 1948

Aristoteles: Politik. Band 1. Über die Hausverwaltung und
die Herrschaft des Herrn über den Sklaven. Übersetzt
und erläutert von Eckart Schütrumpf. Darmstadt 1991

Armen-Unterstützungs-Verein in Siegen zur Bekämpfung
der vagabundirenden Bettelei: Die Vagabundenfrage.
Düsseldorf 1882

Arnott, W. G.: Alexis and the Parasite's Name. Studies in Comedy I. In: Greek Roman & Byzantine Studies (GRBS) 9, 1968

Athenaios von Naukratis: The Deipnosophists. With an English Translation by Charles Burton Gulick. 7 Bde. London, Cambridge 1961–1967

Athenaios von Naukratis: Das Gelehrtenmahl. Aus dem Griechischen von Ursula und Kurt Treu. Leipzig 1985

Avrich, Paul (Hrsg.): The Anarchists in the Russian Revolution. Ithaca, New York 1973

Bailly, Jean Sylvain: Lettres sur l'Atlantide de Platon et sur l'ancienne histoire de l'Asie. London 1779

Bary, Anton de: Die Erscheinung der Symbiose. Straßburg 1879

Bary, Anton de: Vorlesungen über Bakterien. Leipzig 1885

Bateson, William: Essays and addresses (1928). New York 1984

Bebel, August: Die Frau und der Sozialismus. Stuttgart 1920

Bein, Alexander: Der jüdische Parasit. Bemerkungen zur Semantik der Judenfrage. In: Vierteljahreshefte für Zeitgeschichte 13, 1965

Beneden, Pierre Joseph van: Die Schmarotzer des Thierreichs. Leipzig 1876

Berg, Wilhelm: Das Antisemiten-Brevier. Berlin 1883

Bergedorf, Max: Das Gefängnis der Juden. Wolfenbüttel 1884

Berkeley, George: Alciphron or the minute philosopher. In: The Works. Vol. II. Oxford 1911

Berkeley, George: Alciphron (1732). Übersetzt und herausgegeben von Luise und Friedrich Raab. Leipzig 1915

Bilinsky, Andreas: Parasitengesetze in der Sowjetunion. In: Sonderdruck aus Jahrbuch für Ostrecht II/2 1961. Herausgegeben vom Institut für Ostrecht, München

Bornemann, Wilhelm: Die Thessalonicherbriefe. Göttingen 1894

Bremser, Johann Gottfried: Über lebende Würmer im lebenden Menschen. Wien 1819

Brodski, Jossif u. a.: Gerichtsverhandlung im Februar und März 1964 in Leningrad. Protokoll. In: Die Zeit, Hamburg, Nr. 26/27, 1964

Brown, John: Parasitic Wealth or Money Reform. New York 1898

Browne, Sir Thomas: Pseudodoxia Epidemica, or Enquiries into Very Many Received Tenets and Commonly Presumed Truths, which Examined Prove but Vulgar & Common Errors (1646). Herausgegeben von Robin Robbins. Oxford, New York 1981

Büchner, Ludwig: Aus dem Seelenleben der Thiere. Berlin 1876

Butler, Samuel: EREWHON oder Jenseits der Berge. Übersetzt von Fritz Güttinger. Frankfurt am Main 1994

Calvin, Johann: Commentarius in Epistolam ad Thessalonicenses II. In: Opera quae supersunt omnia. Vol. LII. Ed. G. Baum et al. Brunsvigae 1895

Catonis, M. Porci: De Agri Cultura Liber. Post Henricum Keil Iterum edidit Georgius Goetz. Leipzig 1922

Chambers, Ephraim: Cyclopædia or an Universal Dictionary of Arts and Sciences. London 1728

Cicero, Marcus Tullius: De officiis libri 3. With introduction, analysis, and comment by H. A. Holden. Amsterdam 1966

Cicero, Marcus Tullius: Laelius. Über die Freundschaft. Lateinisch-deutsch. Herausgegeben von Max Faltner. München 1993

Cicero, Marcus Tullius: Vom rechten Handeln (De Officiis). Übersetzt von Karl Büchner. Zürich 1953

Dadà, Adriano: L'anarchismo in Italia: Fra movimento e partido. Milano 1984

Damon, Cynthia: The Mask of the Parasite. A Pathology of Roman Patronage. Ann Arbor 1997

Darwin, Charles: On the Origin of Species by Means of Natural Selection; or the Preservation of Favoured Races in the Struggle for Life (1859). Harmondsworth 1968

Darwin, Leonard: The Need of Eugenic Reform. London 1926

Dawkins, Richard: The Extended Phenotype. The Gene as the Unit of Selection. Oxford, San Francisco 1982

Dawkins, Richard: Das egoistische Gen. Reinbek 1996

Derrida, Jacques: Die Signatur aushöhlen – Eine Theorie des Parasiten. In: Hannelore Pfeil, Hans-Peter Jäck (Hrsg.): Politik des Anderen. Band 1: Eingriffe im Zeitalter der Medien. Rostock, Bornheim-Roisdorf 1995

Dettke, Barbara: Die asiatische Hydra. Die Cholera von 1830/31 in Berlin. Berlin, New York 1995

Diderot, Denis: Rameaus Neffe und Moralische Erzählungen. Das erzählerische Gesamtwerk. Band 4. Übertragen von Raimund Rütten. Herausgegeben von Hans Hinterhäuser. Berlin 1967

Dionysius of Halicarnassus: The Roman Antiquities. With an English Translation by Earnest Cary. 7 Bde. London, Cambridge 1960–1968

Doolittle, W. Ford / Sapienza, Carmen: Selfish Genes, the Phenotype Paradigm and Genome Evolution. In: Nature 284, 1980

Drummond, Henry: Natural Law in the Spiritual World. London 1883

Drummond, Henry: The Lowell Lectures on the Ascent of Man. London 1894

Drummond, Henry: Das Naturgesetz in der Geisterwelt. Bielefeld, Leipzig 1901

Eckart, Dietrich: Der Bolschewismus von Moses bis Lenin. Zwiegespräch zwischen Adolf Hitler und mir. München 1924

Edmonds, John Maxwell: The Fragments of Attic Comedy. Vol. I–III b. Leiden 1957–1961

Escherich, Karl: Die Ameise. Braunschweig 1906

Forster, Georg: Werke. Sämtliche Schriften, Tagebücher, Briefe. Erster Band. A Voyage Round the World. Bearbeitet von Robert L. Kahn. Berlin 1968

Förster, Bernhard: Das Verhältniss des modernen Judenthums zur deutschen Kunst. Vortrag gehalten im Berliner Zweigverein des Bayreuther Patronats-Vereins. Berlin 1881

Foster, William Derek: A History of Parasitology. Edinburgh, London 1965

Furlow, Bryant: The Bodysnatchers. In: New Scientist, Supplement, 24. Juli 1999

Galton, Francis: Genie und Vererbung. Autorisierte Übersetzung von O. Neurath und A. Schaper-Neurath. Leipzig 1910

Geddes, Patrick/Thomson, John Arthur: Evolution (1911). London 1922

Genschorek, Wolfgang: Robert Koch. Selbstloser Kampf gegen Seuchen und Infektionskrankheiten. Leipzig 1982

Geschichte der KP der SU (B). Kurzer Lehrgang. Nach der russischen Auflage von 1944 neu geprüft. Berlin 1947

Gobineau, Joseph Arthur de: The Moral and Intellectual Diversity of Races (1856). New York 1984

Goeze, Johann August Ephraim: Versuch einer Naturgeschichte der Eingeweidewürmer thierischer Körper. 1782

Graff, Ludwig v.: Das Schmarotzertum im Tierreich und seine Bedeutung für die Artbildung. [o. O.] 1907

Grégoire, Henri Comte de: Essai sur la régénération physique, morale et politique de juifs. Metz 1789

Grove, David I.: A History of Human Helminthology. Wallingford 1990

Günther, Hans F. K.: Rassenkunde des deutschen Volkes. 2., umgearbeitete Auflage. München 1923

Haberlandt, Michael: Die Völker Europas und des Orients. Leipzig 1920

Haeckel, Ernst: Über Arbeitstheilung in Natur- und Menschenleben. Berlin 1868

Haeckel, Ernst: Die Welträtsel (1899). Berlin 1960

Hamilton, William D.: The Genetical Evolution of Social Behaviour. In: Journal of Theoretical Biology 7, 1964

Hamilton, William D.: Sex Versus Non-Sex Versus Parasite. In: Oikos 35, 1980

Hamilton, William D. / Zuk, Marlene: Heritable True Fitness and Bright Birds: A Role for Parasites? Science 218, 1982

Henle, Jakob: Pathologische Untersuchungen. Erster Abschnitt. Von den Miasmen und Kontagien und von den miasmatisch-kontagiösen Krankheiten. 1840. Nachdruck Leipzig 1910

Herder, Johann Gottfried: Ideen zur Philosophie der Geschichte der Menschheit. Dritter Theil und Vierter Theil. 1787 und 1791. In: Sämtliche Werke. Band XIV. Hrsg. von Bernhard Suphan. Hildesheim 1967

Herodot: Das Geschichtswerk. 1. Band. Übersetzt von Theodor Braun. Berlin, Weimar 1967

Hitler, Adolf: Mein Kampf. Band 1 und 2. München 1932

Hobson, John Atkinson: Imperialism – a Study. London 1902

Horaz: Sämtliche Werke. Lateinisch und deutsch. Herausgegeben von Hans Färber. Darmstadt 1993

Hort, Peter: Schmarotzer im sozialen Netz. In: Frankfurter Allgemeine Zeitung, 17. Dezember 1980

Hurst, Arthur: Medical Diseases of War. London 1943

Huxley, Julian: Essays of a Biologist. London 1923

Institut für Ostrecht München: Rumänien. Gesetz zur Bekämpfung des »gesellschaftlichen Parasitismus«. In: Jahrbuch für Ostrecht XVII/2, 1976

International Human Genome Sequencing Consortium: Initial Sequencing and Analysis of the Human Genome. In: Nature 409, 2001

Jansen, Sarah: Der »kranke deutsche Wald«: Krankheit und Körperlichkeit in der Bekämpfung von Insekten in Deutschland, 1840 bis 1925. In: Strategien der Kausalität. Konzepte der Krankheitsverursachung im 19. und 20. Jahrhundert. Herausgegeben von Christoph Gradmann und Thomas Schlich. Pfaffenweiler 1999

Jansen, Sarah: Männer, Insekten und Krieg: Zur Geschichte der angewandten Entomologie in Deutschland 1900–1925. In: Geschlechterverhältnis in Medizin, Naturwissenschaft und Technik. Im Auftrag des Vorstandes der deutschen Gesellschaft für Geschichte der Medizin, Naturwissenschaft und Technik herausgegeben von Christoph Meinel und Monika Renneberg. Bassum, Stuttgart 1996

Jansen, Sarah: Sozialparasiten und Tödlichkeitszahlen. In: Armin Geus u. a.: Repräsentationsformen in der Biologie. Berlin 1999

Jonson, Ben: Volpone, or the Fox. In: The Works. Herausgegeben von Alvin B. Kernan und Richard B. Young. Band 1. New Haven 1962

Jost, Claudia: Die Logik des Parasitären. Literarische Texte. Medizinische Diskurse. Schrifttheorien. Stuttgart, Weimar 2000

Kammerer, Paul: Genossenschaften von Lebewesen auf Grund gegenseitiger Vorteile (Symbiose). Stuttgart 1913
Karger-Decker, Bernt: Unsichtbare Feinde. Leipzig 1968
Kirchmannus, Johannes: De Funeralibus Romanorum Libri Quatuor. Cum Appendice acceßit & Funus Parasiticum Nicolai Rigaltii. Editio Tertia Prioribus Correctior. Braunschweig 1666
Kraepelin, Karl: Die Beziehungen der Tiere zueinander und zur Pflanzenwelt. Leipzig, Berlin 1913
Kropotkin, Peter: Gegenseitige Hilfe in der Tier- und Menschenwelt. Leipzig 1910
Küchenmeister, Friedrich: Über die Metamorphose der Finnen in Bandwürmer. In: Prager Vierteljahresschrift. Prag 1852
Küchenmeister, Friedrich: Die in und an dem Körper des lebenden Menschen vorkommenden Parasiten. Band 1 und 2. Leipzig 1855
Küchenmeister, Friedrich: Die Parasiten des Menschen. Leipzig 1878–1881
Küchenmeister, Friedrich: Die Todtenbestattungen in der Bibel. Stuttgart 1893
Kühn, Julius: Die Krankheiten der Kulturgewächse, ihre Ursache und ihre Verhütung. Berlin 1858

Lafargue, Paul: Das Recht auf Faulheit. Widerlegung des »Rechtes auf Arbeit« von 1848. Zürich 1884
Lagarde, Paul de: Juden und Indogermanen. Göttingen 1887
Lankester, E. Ray: Degeneration: A Chapter in Darwinism. In: The Advancement of Science: Occasional Essays and Addresses. London 1890

Latour, Bruno: The Pasteurization of France. Harvard 1993

Le Beau: Sur les Parasites des Dieux dans l'Antiquité, avec quelques observations sur les parasites de théâtre. In: Histoire de l'Académie Royal des inscriptions et belles-lettres. T. XXXI. Paris 1768

Lenin, Wladimir Iljitsch: Der Imperialismus als höchstes Stadium des Kapitalismus. Gemeinverständlicher Abriß (April 1917). Peking 1974

Lenin, Wladimir Iljitsch: Der Imperialismus und die Spaltung des Sozialismus. In: Werke. Band 23. Berlin 1957

Lenin, Wladimir Iljitsch: Staat und Revolution. Die Lehre des Marxismus vom Staat und die Aufgaben des Proletariats in der Revolution (1917). In: Werke. Band III. Berlin 1970

Lentz, Otto/Gaßner, Ludwig: Schädlingsbekämpfung mit hochgiftigen Stoffen. Heft 1: Blausäure. Mit einem Anhang: Zusammenstellung aller z. Z. in Deutschland geltenden Erlasse und Verordnungen über die Schädlingsbekämpfung mit Blausäure. Berlin 1934

Lessing, Theodor: Geschichte als Sinngebung des Sinnlosen (1916/1927). Hamburg 1962

Leuckart, Rudolf: Die menschlichen Parasiten und die von ihnen herrührenden Krankheiten. Band 1 und 2. Leipzig, Heidelberg 1863–1876

Leuckart, Rudolf: Allgemeine Naturgeschichte der Parasiten. Berlin 1879

Lewin, Reinhold : Luthers Stellung zu den Juden (1911). Aalen 1973

Linné, Karl: Systema Naturae sive Regna tria naturae systematice proposita per classes, ordines, genera & species. Lugduni Batavorum 1735

Livius, Titus: Römische Geschichte. Lateinisch & deutsch. Herausgegeben von Hans Jürgen Hillen. Buch I–III. Darmstadt 1991

Lorenz, Konrad: Über tierisches und menschliches Verhalten. 2 Bände. München 1965/66

Lukian von Samosata: Der Parasit oder Beweis, daß Schmarotzen eine Kunst sey (1788/89). In: Lügengeschichten und Dialoge. Aus dem Griechischen übersetzt und mit Anmerkungen und Erläuterungen versehen von Christoph Martin Wieland. Nördlingen 1985

Luther, Martin: Predigten über das erste Buch Mose, gehalten 1523/24. In: Werke. Kritische Gesamtausgabe (Weimarer Ausgabe). 14. Band. Weimar 1895

Majakowski, Wladimir: Die Wanze. In: Ausgewählte Werke. Herausgegeben von Leonhard Kossuth. Stücke. Nachgedichtet von Hugo Huppert. Berlin 1967

Malachowski, Walther A.: Recht auf Arbeit und Arbeitspflicht. Jena 1922

Mandeville, Bernard: Die Bienenfabel oder Private Laster, öffentliche Vorteile. Englisch und deutsch. Mit einer Einleitung von Walter Euchner. Frankfurt am Main 1998

Mann, Heinrich: Zola. In: Essays. Berlin 1960

Mann, Heinrich/Holitscher, Arthur/Feuchtwanger, Lion/Brod, Max u. a.: Gegen die Phrase vom jüdischen Schädling. Prag 1933

Mann, Thomas: Betrachtungen eines Unpolitischen. In: Reden und Aufsätze. Gesammelte Werke. Band 12. [o. O.] 1960

Mann, Thomas: Der Zauberberg (Stockholmer Gesamt-Ausgabe). [o. O.] 1966

Mann, Thomas: Friedrich und die große Koalition. Ein Abriß für den Tag und die Stunde (1915). In: Gesammelte Werke. Band 10. [o. O.] 1960

Margulis, Lynn: Die andere Evolution. Heidelberg u. a. 1999

Margulis, Lynn: Symbiosis in Cell Evolution. Microbial Communities in the Archean and Protozoic Eons. Second edition. New York 1993

Margulis, Lynn: Gaia ist ein zähes Weibsstück. In: John Brockman: Die dritte Kultur. Das Weltbild der modernen Naturwissenschaft. Aus dem Amerikanischen von Sebastian Vogel. München 1996

Marilaun, Anton Kerner von: Pflanzenleben. Erster Band. Gestalt und Leben der Pflanze. Leipzig, Wien 1890

Markov, Walter: Revolution im Zeugenstand. Frankreich 1789–1799. Band 2. Leipzig 1982

Marwedel, Rainer: Theodor Lessing. 1872–1933. Eine Biographie. Darmstadt und Neuwied 1987

Marx, Karl: Das Kapital. Erster Band. Berlin 1947

Maurier, Daphne du: Die Parasiten. Wien 1950

Mayr, Ernst u. a.: Evolution. Die Entwicklung von den ersten Lebensspuren bis zum Menschen. Spektrum der Wissenschaft. Heidelberg 1985

McNeill, William H.: Krieg und Macht, Militär, Wirtschaft und Gesellschaft vom Altertum bis heute. München 1984

McNeill, William H.: Seuchen machen Geschichte. München 1978

Mégnin, P. : Les Parasites et les maladies parasitaires chez l'homme. Paris 1880

Mendelssohn, Peter de: Der Zauberer. Das Leben des deutschen Schriftstellers Thomas Mann. 3 Bände. Frankfurt am Main 1996

Micheli, Pier Antonio: Nova Plantarum Genera iuxta Tournefortii methodum disposita. Florenz 1729

Muller, Hermann Joseph: Out of the Night: A Biologist's View of the Future. New York 1935

Muller, Hermann Joseph: Life. In: Studies in Genetics. The Selected Papers. Bloomington 1962

Nesselrath, Heinz-Günther: Die attische mittlere Komödie. Berlin, New York 1990

Nesselrath, Heinz-Günther: Lukians Parasitendialog. Untersuchungen und Kommentar. Berlin, New York 1985

Nolte, Ernst: Der Faschismus in seiner Epoche. Die Action
française. Der italienische Faschismus. Der National-
sozialismus. München 1965

Oken, Lorenz: Lehrbuch der Naturphilosophie. Theil 1–3.
Jena 1809–1811

Orgel, L. E./Crick, Francis H. C.: Selfish DNA: the Ultimate Parasite. In: Nature 284, 1980

Pallas, Petrus Simon: Dissertatio medica inauguralis de
Infestis viventibus intra viventia. Lugduni Batavorum
1760

Penso, Giuseppe: La conquista del mondo invisibile. Paras-
siti e microbi nella storia della civiltà. Milano 1973

Perty, Maximilian: Über den Parasitismus in der organischen Natur. In: Sammlung gemeinverständlicher wissenschaftlicher Vorträge. Berlin 1869

Picard, Louis-Benoît: Médiocre et rampant ou Le moyen
de parvenir. Encore des Ménechmes. Abdruck der ersten
Separat-Ausgabe von 1797 und 1802. Halle 1888

Platon: Die Apologie des Sokrates in der Übertragung
des Matthias Claudius. Herausgegeben von Bruno Snell.
Hamburg 1947

Platon. Werke in 8 Bänden. Griechisch und deutsch. Herausgegeben von Gunther Eigler. Darmstadt 1990

Plautus, Titus Maccius: Comoediae. Herausgegeben von
W. M. Lindsay. 2 Bde. Oxford 1959

Plautus, Titus Maccius: Parasit Kornwurm. In: Lustspiele.
Deutsch von W. Binder. 20. Bändchen. Stuttgart 1869

Plautus. Terenz. Die römische Komödie. In Übersetzungen
von Wilhelm Binder und J.J.C. Donner herausgegeben

und mit einer Einführung und Erläuterungen versehen von Walther Ludwig. München 1990

Plutarch: Lebensbeschreibungen. Mit Anmerkungen nach der Übersetzung von Kaltwasser bearbeitet von Hanns Floerke. München und Leipzig 1913

Poliakov, Léon: Geschichte des Antisemitismus. II. Das Zeitalter der Verteufelung und des Ghettos. Mit einem Anhang zur Anthropologie der Juden. Frankfurt/Main 1989

Poliakov, Léon: Geschichte des Antisemitismus. VI. Emanzipation und Rassenwahn. Worms 1987

Price, Peter W.: Evolutionary Biology of Parasites. Princeton 1980

Quitzmann, Ernst Anton: Geschichtliche Entwicklung der Parasiten-Theorie und ihre Bedeutung für die Ausbildung der Pathogenie. München 1842

Rádl, Emanuel: Geschichte der biologischen Theorien der Neuzeit seit dem Ende des 17. Jahrhunderts. Zwei Teile. Leipzig 1905 und 1909

Reinhardstoettner, Karl von: Plautus. Spätere Bearbeitungen plautinischer Lustspiele. Ein Beitrag zur vergleichenden Literaturgeschichte. Leipzig 1886

Ribbek, Otto: Kolax. Eine ethologische Studie. Leipzig 1883

Rigaltius, Nicolas: Funus pasiticum sive L. Biberii Curculionis Parasiti, Mortualia. Ad ritum prisci Funeris. Braunschweig 1666

Robert, Carl: Die Masken der neueren attischen Komödie. Halle a. S. 1911

Robin, Charles: Histoire naturelle des végéteux parasites qui croissent sur l'homme et sur les animeaux vivants. Paris 1853

Ross, Ronald: Memoirs. With a Full Account of the Great Malaria Problem and its Solution. London 1923

Rudolphi, Carl Asmund: Entozoorum sive vermium intestalium historia naturalis. Vol. 1/2. Amsterdam 1808 bis 1810

Sakmann, Paul: Bernard de Mandeville und die Bienenfabel-Controverse. Eine Episode in der Geschichte der englischen Aufklärung. Freiburg/Br. u. a. 1897

Scarron, Paul: Le Virgil travesti (1648–1651). In: Œuvres de Monsieur Scarron. Band 4 und 5. Amsterdam 1737

Schiller, Friedrich: Der Parasit oder Die Kunst sein Glück zu machen. In: Werke. Nationalausgabe. Herausgegeben von Willi Hirdt. 15. Band. Teil II. Übersetzungen aus dem Französischen. Weimar 1996

Schillers Werke. Nationalausgabe. 32. Band. Briefwechsel. Schillers Briefe. 1803–1805. Herausgegeben von Axel Gellhaus. Weimar 1984

Schmitz, Rainer: Flohwalzer, Flohfallen und Flöhe im Ohr. Leipzig 1997

Schopenhauer, Arthur: Parerga und Paralipomena. Zweiter Band. In: Sämtliche Werke. Herausgegeben von Arthur Hübscher. Wiesbaden 1947

Serres, Michel: Der Parasit. Frankfurt am Main 1981

Shakespeare, William: Timon of Athens. In: The Works. Herausgegeben von E. Capell. 8 Bände. New York 1968

Sorauer, Paul: Pflanzenkrankheiten. Theil 1/2. Berlin 1886

Stark, Karl Wilhelm: Pathologische Fragmente. Weimar 1824

Steenstrup, Johannes Japetus Smith: Réclamation contre »la génération et la degenèse«, communication faite par P.-J. van Beneden. Copenhagen 1854

Steenstrup, Johannes Japetus: Über den Generationenwechsel, oder die Fortpflanzung und Entwickelung durch abwechselnde Generationen. Kopenhagen 1842

Steinbrück, Paul / Thom, Achim: Robert Koch (1843 bis 1910). Bakteriologe, Tuberkuloseforscher, Hygieniker. Ausgewählte Texte. Leipzig 1982

Strauß, Botho: Am Rand. Wo sonst. Ein Gespräch. In: Die Zeit, Nr. 23/2000

Stunkard, Horace W.: Freedom, Bondage and the Welfare State. In: Science 121, 1955

Swammerdam, Jan: Bibel der Natur worinnen die Insekten in gewisse Classen vertheilt werden. Leipzig 1752

Terentius, P. Afrus: Comoediae. Hrsg. von R. Kauer und W. M. Lindsay. 2 Bände. Oxford 1961

Theophrast: Charaktere. Herausgegeben und erklärt von Peter Steinmetz. 2. Band. München 1962

Tomcsik, Josef (Hrsg.): Pasteur und die Generatio spontanea. Bern und Stuttgart 1964

Tresp, Alois: Die Fragmente der griechischen Kultschriftsteller. Gießen 1914

Tubeuf, Karl Freiherr von: Monographie der Mistel. München, Berlin 1923

Tylawsky, Elizabeth Ivory: Saturio's Inheritance: The Greek Ancestry of the Roman Comic Parasite. Ann Arbor 1991

Vaucher, Jean Pierre Étienne: Monographie des Orobanches. Genève 1827

Veyne, Paul: Die römische Gesellschaft. München 1995

Warren, Kenneth S. and Purcell Elizabeth F. (Hrsg.): The Current Status and Future of Parasitology. Report of a Conference Sponsored Jointly by The Rockefeller Foundation and the Josiah Macy Foundation, New York 1981

Wieland, Christoph Martin (anonym erschienen): Agathon. Theil 1–4. Leipzig 1778

Xenophon: Ökonomische Schriften. Griechisch u. deutsch von Gert Audring. Berlin 1992

Zimmer, Carl: Parasite Rex. Inside the Bizarre World of Nature's Most Dangerous Creatures. New York u. a. 2000

ULRICH ENZENSBERGER, der 1944 in Wassertrüdingen zur Welt kam, lebt als freier Publizist, Übersetzer und Drehbuchautor in Berlin. In der *Anderen Bibliothek* erschien von ihm *Georg Forster. Ein Leben in Scherben* (1996) und die Biographie über *Georg Herwegh. Ein Heldenleben* (1999). Weitere Publikationen: Zusammen mit Rainer Langhans, Fritz Teufel und anderen: *Klau mich. StPO der Kommune 1* (1968); *Auferstanden über alles: Fünf Erhebungen* (1986) und, zusammen mit Otto Rosenberg, *Das Brennglas* (1998).

Ulrich Enzensbergers Sachbuch *PARASITEN*
ist im Juni 2001 als hundertachtundneunzigster Band
der *Anderen Bibliothek* im Eichborn Verlag,
Frankfurt am Main, erschienen. Das Lektorat
lag in den Händen von Rainer Wieland.

Dieses Buch wurde in der Korpus DeVinne Text
von Wilfried Schmidberger in Nördlingen gesetzt und
bei der Fuldaer Verlagsanstalt auf holz- und säurefreies
mattgeglättetes 100 g/m^2 Bücherpapier der Papierfabrik
Schleipen gedruckt. Den Einband besorgte die Buch-
binderei G. Lachenmaier in Reutlingen. Ausstattung
und Typographie von Franz Greno.

1. bis 8. Tausend, Juni 2001. – Von diesem Band
der *Anderen Bibliothek* gibt es eine handgebundene
Lederausgabe mit den Nummern 1–999; die folgenden
Exemplare der limitierten Erstausgabe werden
ab 1001 numeriert. Dieses Buch trägt die Nummer:

N⁰   1497